矛盾叠加

量子论的超级世界观

唐三歌 著

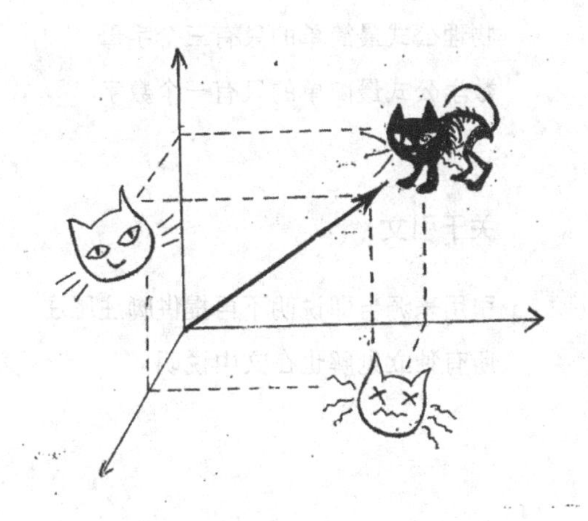

商务印书馆
创于1897 The Commercial Press

量子纠缠究竟怎么回事

本书 P305“一页纸的科普模型”可快速解读

关于类别

偏哲学的科普

非科幻、非教科书、非少儿读本

也不是科学妄想报告

关于难度

公式难度指数：★☆☆☆☆☆☆☆☆☆

物理公式最简单的只有三个字母

数学公式最简单的只有一个数字

关于引文

引用来源当即说明不再提供脚注尾注

所有独立见解也在文中说明

【物质波公式示意图】

波粒二象性矛盾叠加的数理关系

波长（波动性）　普朗克常数（转换因子）　动量（粒子性）

$$\lambda = h/p$$

【电子云示意图】

粒子性与波动性的双重景观

考察电子的粒子性

0.000000000000001 米

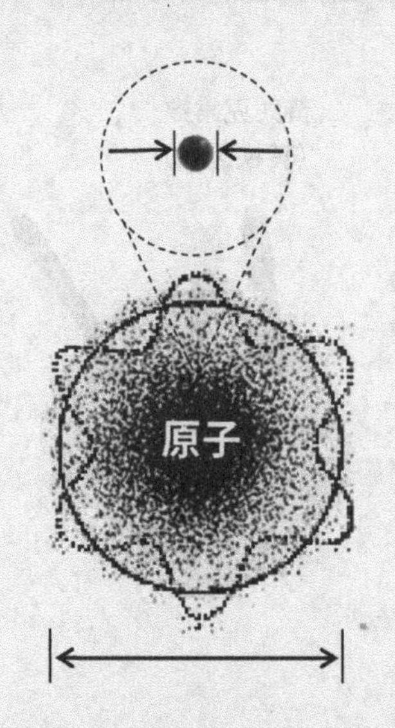

0.0000000001 米

考察电子的波动性

[题解]

这本书，为什么叫《矛盾叠加》？

物质波公式 $\lambda = h/p$，关于“矛盾叠加”的精准叙事。

NO.1　一则迷你公式，读懂量子力学基本精神。

量子力学先驱、法国物理学家德布罗意1924年提出物质波概念，稍后建立物质波公式。公式表示，电子具有波粒二象性的双重特征：作为一个粒子，它有动量 p（质量与速度的联合总量）；作为一束波，它还有波长 λ（波在一个振动周期内传播的距离）。二者通过普朗克常数 h 进行等值转换，就像人民币可以按照特定汇率兑换美元。

人民币＝汇率×美元

三个字母、两个符号，就是公式的全部内容。大道至简，简到……还有更简的吗？我们都注意到，公式本身并没有特别申明，这个转换关系对于什么对象、什么范围或在什么尺度下有效，因此它应该适用于全宇宙任何物质。就是说，从电子、光子到每粒沙、每个人、每座山，都处于两个矛盾性质的叠加态：既是一团硬物，也是一阵振动。

根据公式计算，你若以每秒1米的步伐走起，你的身体将以 10^{-35} 米的波动幅度四下弥漫。这个波长比人体寒毛要细亿亿万万倍，可知谁要说他患了什么“物质波眩晕症”，就不是一般的矫情。也正因此，对于拥有400万年丰富阅历的地球人来说，量子仍然是从未亲口一尝的苹果味道，绝对的零体验啊。但微观世界就不同了，公式的反比关系表明，个头越小的物体，波长越长。例如电子，直径大约 10^{-15} 米，而它的物质波波长 λ 计算结果却是 10^{-10} 米。看清楚数量差别了吗？如图所示，电子简直是超级长毛动物，它的“细毛”比它自身尺度大1万倍。

怎么理解？章鱼收紧时可以塞进瓶子，展开来也可以抱住大块珊瑚啊！量子若是如此简单，哪还有百年难解之迷局？以原子里的电子为例，它肯定是比章鱼更厉害的东西：你可以摹想它是绕核飞转的小颗粒，但考虑其 λ 值，也完全可以将其摹想为笼罩原子核外围的波，或者摹想原子核用电子的波来跳绳。非要追问哪个才是真相吗？……咳咳，都是。

波动性和粒子性是相互排斥的矛盾关系。波粒二象性，没觉着反常吗？许多人都听说过这个词，也都装模作样频频点头，但这个词到底什么意思啊？费曼说，听懂一件事情，跟听清楚一件事情的名字，我早就知道它们二者的差别啦。所以你应该不依不饶地追问：要么矛戳穿盾，要么盾撅断矛，而今非要说二者同时发生了，那算怎么回事呢？

据我所知，关于量子的全部传奇故事，都建立在这个“不可能”的情状之上。如果你居然从中听出任何正常因素，你一定是误会了。请勿自行脑补擅作合理解释，注意到它的不合理，正是我们全书所有讨论的正确的开始。如此开门见山，只为直击要害，但不要指望谁能三言两语就给出能让你满意的解释。非但不能急，解读这种非法情状还需要延伸检讨一个硬币的两个面，也即贯穿全书的一明一暗的两条线索：

- 明线：量子那些不可能的事情，为什么应当视为现实实在？
- 暗线：人类借以理解量子的理性，存在什么先天性局限？

NO.2　波粒二象性的统一，是一场深刻的科学革命。

波粒二象性是整个事情的焦点。一块咖啡方糖，它跟它自己激起的咖啡波浪，二者虽然前因后果紧密相关，毕竟还是非此即彼的两回事，不要拿方糖化掉之后的情景来附会。现在，物质波公式中间那个等号，相当于对两边的矛盾因素简单粗暴地宣布统一。

以这个焦点的内在逻辑为核心，量子理论演绎出大量“既在这里又在那里”的矛盾叠加、“既在过去又在未来”的矛盾叠加、一个放射性原子“既衰变又没衰变”的矛盾叠加、一只猫“既死了又活着”的矛盾叠加……因此，物质波公式成为科学史上一个高高耸立的地标，它开启了量子力学的争议历史，也喻示了量子力学颠覆传统的革命意义。

等号表示统一，统一就是革命。迄今为止人类实现的所有科学革命，几乎都可以归结为某些“不相干事物”之出乎意料的统一。例如：

- 天与地统一（哥白尼）：地球不是中心，天空亦非天国。
- 人与神统一（伽利略）：世界自然而然，人类理解自然。
- 猴与人统一（达尔文）：猴子可以变人，人类曾是猴子。
- 人与蕉统一（克里克）：人类跟香蕉的基因相似度达 60%。
- 苹果与星球统一（牛顿）：苹果落向地球，等于地球落向苹果。
- 电与磁统一（麦克斯韦）：电可生磁，磁可生电。
- 物质能量与时间空间统一（爱因斯坦）：物质是凝聚的能量。
- 数码与物质统一（图灵、惠勒等）：比特就是实在。
- 演化与计算统一（弗雷德金、沃尔弗拉姆等）：运动就是算法。

……

所有统一都是“正经”的，直到量子力学试图统一波粒二象性。

这个“不正经”的统一，是大自然在向我们暗示某种超级真相。

NO.3 科学猜想，以猜为本，物质波公式就是天降神启。

Q_{3-1}：怎么证明？

A：没有证明，根本上说是某种科学直觉的产物。

让我们把事情的本质说透一点：猜的。这在当代物理不仅不算罕见，甚至可以说是老套路。费曼曾经说：“我要讨论我们如何寻找一个新的定律。首先，我们靠猜。别笑，就是这样的。”我能确定德布罗意自己也不能合理解释，传言这个贵族子弟仅凭一页纸的论文就搞到了博士头衔。虽然论文实际上有 100 多页，但再加 100 页也不可能真的证明什么。当然也不是瞎猜，古希腊智者和中国的诸子百家，就没有人猜到。这个事情自有其科学渊源，大致可以说，源自德布罗意对另外两个公式的天真联想。一个是相对论代表公式之爱因斯坦质能公式 $E = mc^2$，一个是量子力学代表公式之普朗克－爱因斯坦关系式 $\varepsilon = h\nu$。德布罗意透过两个公式的数学结构，意外发现新的格物之理。推理过程如图所示，

【物质波公式科学渊源示意图】

马克斯·普朗克
Max Planck

普朗克-爱因斯坦关系式
关于宇宙结构的基本组分

ε　能量：发生变化的最小单位能量
h　普朗克常数：物质能量、时间空间离散比例
v　频率：电磁波辐射频率
$=$　等号：每一份能量与频率的关系

$$\varepsilon = hv$$
$$\updownarrow$$
$$E = mc^2$$

$hv = mc^2$（移项）▶ $mc = hv/c$

替项 ↕ 动量定义

$p = hv/c$ ▶ $p/h = v/c$

波长定义　$\lambda = c/v$

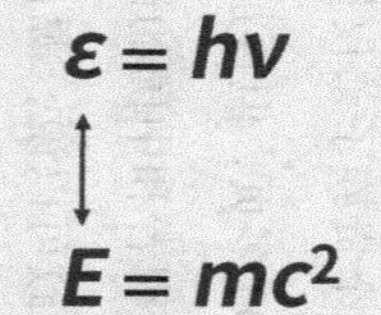

阿尔伯特·爱因斯坦
Albert Einstein

爱因斯坦质能公式
关于物质能量时间空间的基本关系

E　能量
m　质量
c　相对论常数。速度等于空间除以时间，光速是宇宙的速度极限
$=$　物质与能量的等效置换，由时间与空间的此消彼长来调剂

路易·德布罗意
Louis de Broglie
波粒二象性关系式

▼

$$\lambda = h/p$$

欢迎参观，敬请斧正。如果你把这个数学关系推翻了，别走开，请留下来见证整个量子力学大厦的摇晃甚至倒塌。

等因奉此，所谓矛盾的叠加统一，首先是一种“数学真实”。

Q $_{3\text{-}2}$：你说叠加就叠加啦？

A：是，也不是，重在结果验证。

不问因缘，只看结果，这也是当代物理的老套路。世界露天存在，谁都可以评头品足。但要注意，物质波公式不是语词定义和哲学思辨，不是解释世界的某种说辞，事实上它对世界真相几乎一言未发，它只是一个简单但精确的关系式。公式计算精度可以达到小数点之后 35 位，而实验可以验证的精确度在 11 位就非常逼近物理极限了。迄今为止，整个太阳系没有任何实验结果与之相悖。世界上既不存在更简单的公式，也肯定没有更精确的测量数据。那么，对于一个预言总是正确，而且结果高度精确的公式，要说它听上去是正常的还是荒唐的，还重要吗？

等因奉此，所谓矛盾的叠加统一，也是基于现实的“物理真实”。

Q $_{3\text{-}3}$：矛和盾怎么可能叠加并存？

A：只可计算，不可言说。

物质波公式本身，以及所有量子力学公式的数学关系，就是物理学家们要说的或者能说的一切，多说一句都要露怯。这不是当代物理的老套路，而是新套路。过程是正常的，结果是荒唐的。他们圈子里的所有人都只是知道，这是可供推算的模型、可供验证的预言，但没有人知道与之对应的“现实”究竟是什么样子，所谓一只猫“既死了又活着”究竟是什么样的体验，更不知道背后的合理原因。反过来说，你不能拿你的感知缺失与体验冲突，作为量子力学可信或不可信的证据。1929 年，德布罗意在没有卖肝卖肾（郭英森）的情况下，靠那篇传奇论文获诺贝尔奖。我知道你有一个顽固念头始终挥之不去：今后会不会出现超级聪明的科学家，把这一套胡诌一下子扭转过来啊？奉劝你别等了，最终结果能指望什么呢，要么事实错了，要么数学错了，你赌哪个？

等因奉此，所谓矛盾的叠加统一，终归是一种“依赖模型的实在”。

NO.4 让小美告诉地球人……

人类正在奋力放大量子效应，近期准备派出首批体验者：小美（水熊虫）。2018年，荷兰一个研究团队计划制作一个1毫米见方的薄膜装置，利用激光让膜进入量子叠加态，也就是让膜同时以两种不同的振幅振荡。这是史上最宏观的量子装置之一。研究人员计划将小美送上这张“量子蹦床”，亲身体验“既在这里，又在那里”究竟是什么感受。

我期待小美告诉人类，如本书“神话”篇所述，我们脚下这个被定义为“所有”或“唯一”的宇宙，乃至我们能够尽情想象和理解的“一切可能的世界”，只不过是一个巨大现实的一种形态的一个角落，并且是由我们的理性断章取义而获取的一个侧面。我们生活在巨大的假象和错觉之中，我们之所以还能继续安之若素，仅仅因为我们与所有亲友都同样身居其中，而且我们还没有进化到可以飞跃这个宇宙的程度。

- 什么矛盾叠加！抽象的数学模型罢了，并不代表实际情况。
- 什么数学模型！数学不是反映实际，它本身就是真实的现实。
- 存在一个后脑勺的世界，我们永远只能感知面前这个世界。
- 超级宇宙卷起千堆雪，世间万物，一半显展序，一半隐卷序。
- 存在海量的平行宇宙，我们每人每次只能get到其中一个。
- 不管多么离奇的事情，一切皆有可能，一切都正在发生。
- 或者，我们遭遇了一个假的宇宙……

还有很多——不但而且，不论悲喜——这些说法可能都是正解。

“小美”是水熊虫的绰号。一种1毫米大小的虫子，可在高温、高辐射、高压环境下生存，比打不死的“小强”还强。漫威宇宙中力大无穷的灭霸，被蚁人诱拐落入量子世界，结果被水熊虫吃掉。

[全书提要 & 最终意见]

超级世界观，超的什么级？

如果将量子理论的妖怪逻辑一步一步进行到底，那么，你，不仅是一个有血有肉的宏观系统，也可以“看作”是一个精致的量子。

看法很重要。科学的本质是什么？要么新的知识，要么新的看法。新知识拓展真相的半径，新看法则改造真相的结构。把你看作一个量子，是一种特殊结构的世界观，是一场需要 5 次跃迁的看法革命。本书不管具体篇章如何布局，主体内容就是关于这几次看法跃迁的论述。下面以最快速度报告每次跃迁的主要观点，以及超级世界观之下我们的超级命运观。既称超级，当然超常，不要急于摔书，听清楚就好。

Step1　量子是一个物理对象，但最终只能描述为一个数学概念。量子那些不可能的事情，可以且仅在数学结构中才成立。按照还原论的内在逻辑，探索何为 Atom（本义上的“原子”）的物理还原过程，不可能停留于任何实物。而量子力学的基本发现，就是证明量子这类东西是物理还原手段穷尽之后认定的 Atom。地球人穷尽了，也许外星人还有，不要紧，物理手段终归有限，还原进程迟早进入不需要额外解释的数学描述。如此可以理解，量子的正确“人设”不是看得见摸得着的任何豆子珠子，而是一则抽象的波函数 $\varPsi$，一个无形的态矢量 $|\varPsi\rangle$。

Step2　量子的数学描述，需要引入虚数结构，喻示量子是某种超现实主义的存在。虚数的定义是 $\mathrm{i}=\sqrt{-1}$，因为负数不能开方，所以它是“不可能”的数。然而，不可能的虚数用以解释不可能的量子，却有着出乎意料的有效性。具体地说，量子的数学本质是波函数，而描述波函数需要三角函数，伟大的欧拉公式 $e^{ix}=\cos x+\mathrm{i}\cdot\sin x$ 表明，三角函数的数学结构“内置”虚数。薛定谔方程正确地猜到了虚数描写量子的特别作用。虚数由实数之轴旋转 90° 而成，因之，虚实两个一维数轴构建为二维的复数平面。我们没有办法挪动宇宙，但可以对数学结构实施旋转操作。这是一个思想寓言，寓意量子是出没于高维空间之物。

Step3　既然每个量子（基本粒子）都是数学精灵，天地间哪还有什么物质实在？这个逻辑链条的延伸终点是极端柏拉图主义：万物都是数学结构。柏拉图主义认为，存在一个粗糙的物理表象世界，还存在一个完美的数学精神世界。极端柏拉图主义则认为，物理世界的假设是多余的，数学结构直接就是世界本身。这实际是回到了具有强烈神秘主义色彩的毕达哥拉斯学派。须知，物质的质感与不可穿透性，在量子层面并非固定不变的性质。如果你愿意认真厘清究竟何为真实，最终你可能会同意，抽象的数学结构是比冰凉的铁砧子更可靠也更合理的实在。

Step4　我们的宇宙可能是这样的数学结构：$\pi = 3.14159\cdots$。一个无限不循环小数，尺度无穷、变化无穷。它有无穷的可能性，信息量足以表达一个大千世界。我们现在尚不能理解，大自然具体怎样把数学结构弄得活灵活现跟“真的”一样，不过我们已有一些初步体验，为了模拟一段故事，我们曾经使用整套戏班，而今只需要 8G 比特数码。我相信人们迟早会用 π 的一小截做出一份口感正常的蛋黄派，也许到那时，我们的文明才可以说真正能理解和驾驭大自然了。至于我们的宇宙究竟是 π 还是别的什么数学结构，无所谓啦，这一步的看法突破是，可以证明 π 并不包揽所有可能性，它也许拥有 $e = 2.71828\cdots$ 的一部分，但肯定不包含整个 e。对于 π 来说，e 是一个平行宇宙。

Step5　所有量子可以集中描述为某种数学结构里的一个质点。这种数学结构叫“相空间”，表示系统所有可能状态的多维结构。相空间框架之下，三维空间的 n 个质点，等效于 $3 \times n$ 维空间的 1 个质点。参见图解，第四篇“物语 · 你我的量子力学”还将作具体解释。从“最小组分、不可再分”的意义上说，物理之量子等于数学之质点。微观层面，帝王将相与贩夫走卒身上的基本粒子，都是全同无差别的。如此，在“上面的人”（我没有称之为造物主，盖因上面的上面可能还有人）看来，在无限维相空间里，你不再是一个细胞分子集团，也不是更大规模的量子波函数集群，而是一个数学质点、一个数学化量子，我称之为“Ψ_{you}”。沿着同样刁钻的视角看过去，在亿万多元宇宙集群里，我们这个浩大

宇宙万物无论怎样复杂，
物理科学总是希望彻底分解还原，
直到一个一个不可再分的 Atom（原子），
最理想的情况是从一个质点 x 开始。

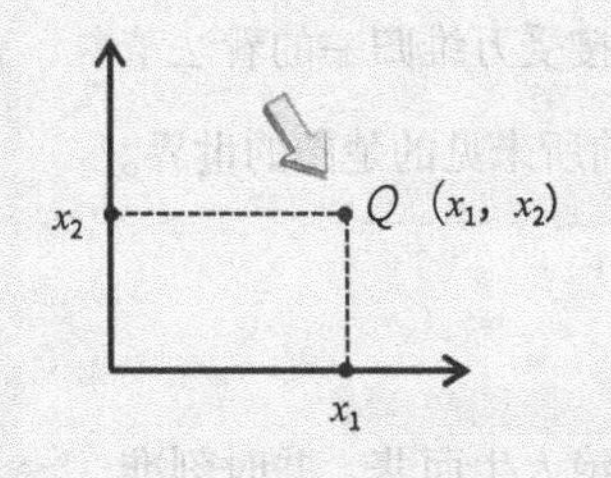

如果再来一个 Atom 例如 x_2，
由于 x_1 与 x_2 两个质点没有内涵差别，
它们可以描述为二维空间里的一个质点 Q。

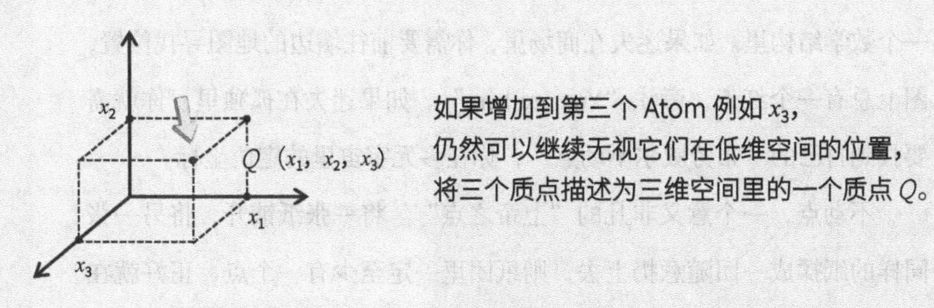

如果增加到第三个 Atom 例如 x_3，
仍然可以继续无视它们在低维空间的位置，
将三个质点描述为三维空间里的一个质点 Q。

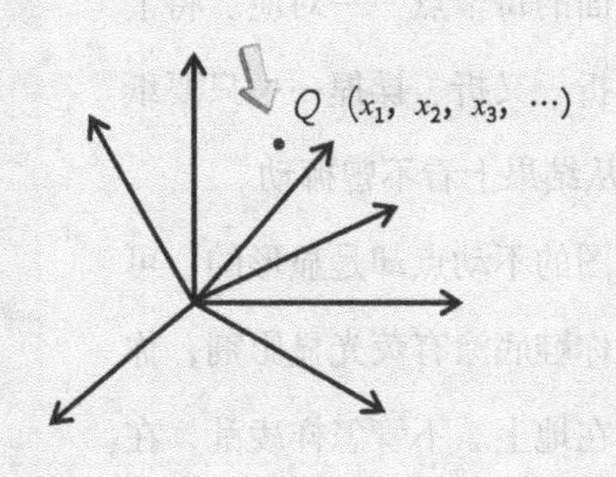

以此类推，对于 n 个 Atom，
可以将它们描述为 n 维空间里的一个质点 Q，
没人能画出这样的空间坐标，但可以推理。

• 态矢量 Ψ_{you}
位置：x_1，x_2，x_3，…
动量：p_1，p_2，p_3，…

你的 Q 点，是 10^{28} 维空间的一个态矢量，
哈密顿力学体系描写质点 Q，
需要相空间的位置坐标 x_1，x_2，x_3，…
还需要动量坐标 p_1，p_2，p_3，…

宇宙也是一个数学化的量子，我称之为“Ψ_{cosmos}”。

万维归一，可以自洽的看法模型。这个模型也可以反过来看，你我每个人，明明是 3×10^{28} 维空间的一个量子，我们何苦非要坚持把自己看作三维空间的 10^{28} 个量子？那是一组从原子分子细胞到五脏六腑四肢百骸的巨型多层结构，何等地错综复杂！如果你接受万维归一的看法革命，你并不会损失一根寒毛，却有机会发现一个前所未见的楚门的世界。

我思故我在，我在我不动。

独上高台，你为前不见古人后不见来者的孤绝人生而悲，并时刻准备接受这蜉蝣之梦的终结。现在你也可以选择相信，Ψ_{you} 只是迷失在了一个数学结构里。如果迷失在商场里，你需要前往墙边的地图寻找位置，图上总有一个红点，旁注“You are here”。如果迷失在孤独里，你就需要找到自己的“布劳威尔不动点”，你在多元宇宙里的定位坐标。

不动点，一个意义非凡的“上帝之点”。将一张纸铺开，将另一张同样的纸揉成一团随意扔上去，则纸团里一定至少有一个点，正好就在第一张纸的对应点的正上方。这个冥冥中存在的点，就是布劳威尔不动点。怎么理解？两张纸重叠的时候，上下纸面的每个点一一对应。将上面那张纸对折，则一半对应、一半落空。再折、又折、揉捏……只要纸团不出圈，我们可以领悟到，最少有一个点从结果上看不曾挪动。

纸团里的不动点深藏纸团之中，商场地图的不动点却是显形的、可控的。你在商场里七弯八拐流连忘返，如果你鞋底涂有荧光显影剂，你那凌乱的足迹看上去就像一个压扁的纸团扔在地上。不管怎样凌乱，在每一特定时刻，你总会处于某一并且唯一的一个点，因为你本身正是那个移动的“You are here”红点。更富有想象力的例子是开水壶，总有一个水分子在煮开前的某一刻，跟煮开后的某一刻处于同一个点。

1911 年，荷兰数学家鲁伊兹·布劳威尔证明不动点定理：对于一个拓扑空间中满足一定条件的连续函数 f，存在一个点 x_0，使得 $f(x_0)=x_0$

成立。不动点定理可以推广到高维空间，在 n 维球内映到自身的任意连续映射至少有一个不动点。参照狭义相对论的数学解决方案，我相信它还可以引入时间维度，推广到闵可夫斯基时空结构。

根据极端柏拉图主义，世界存在一个“本征态”，那是一个业已存在的数学结构。这个本征态犹如佛学之所谓不生不灭、不垢不净、不增不减的阿赖耶，也如玻姆之所谓隐卷序的超级宇宙。我们的存在，就是经末那识“翻译”而进入意识的诸相，或者从隐卷序中脱颖而出的显展序。在不动点看法之下，世界本征态就是先前铺开的那张纸，而我们的鲜活人生体验，则应看作是我们在 SAS（self-aware substructures，主观自我意识结构）的指引下，把日子过成了皱巴巴的纸团。

现在，你对应两个点：Ψ_{you}（本体之点）、不动点（结构之点）。

一个代表你的内心小宇宙，一个代表你与外部宇宙的关系。

不动点定理的核心功能是向我们保证，总有一个特别的点存在。这个证明，也是方程之解的存在性与唯一性的证明。就是说，我们可以借不动点定理，证明唯我论之“我”也即 Ψ_{you}，在每一个宇宙都是实际存在并举世无双的。我思所以我在，我在所以我是一个不动点。只是，Ψ_{you} 迷失在了宇宙的纸团里，Ψ_{cosmos} 迷失在了无数宇宙的纸团里。

何以自处？我有一个大尺度的建议：你别动，让亿万宇宙为你旋转。如果你能操作数学结构，例如拓扑变换或威克转动之类，就有机会移动宇宙与人生的纸团，让 Ψ_{you} 那个态矢量的点，去对准 Ψ_{you} 的不动点！可以对准你一生中从青葱到桑榆每一时刻的不动点，还有灰太狼、尼莫和楚门的不动点。然后，既然量子纠缠和量子隐形传态不依赖物质传递，既然虫洞旅行不需要一步一个脚印的长途跋涉，既然所有物质及其运动都是数学结构，那么，不动点之间的映射函数关系，当然也可以发射和接收数学化的量子，从而让我们有机会实现多元宇宙的跃迁。据此，我们可以建立新的人生信仰：瞄准自己的不动点，穿越亿万次人生。

我们首先是要在世界本征态的数学结构里找到这个点。霍金已经迈出野心勃勃的第一步，他与哈特尔合作研究，把我们的宇宙“看作”一个波函数，并写出宇宙波函数公式：$\Psi=\int \ni g \ni \phi e^{-i[g,\ \phi]}$。

公式尚未求证，所以霍金只是把黑洞辐射公式刻在自己的墓碑上，而把这个未解公式带着飞向宇宙深处。没关系，我们已经隐约窥见巨大黑幕上摇曳的星火。我们有信心找到宇宙波函数 Ψ_{cosmos} 的解，也有信心建立你我的波函数公式，进而求解 Ψ_{you} 在各个纸团里的不动点。

在其他宇宙，这个点也许就像每个人的身份 ID 那样清楚，并可以像指纹虹膜那样进行采集和识别。那些宇宙的居民无需打针吃药开膛破肚，而只是吞服一些常数蜜丸或公式胶囊，就能为所有有趣的灵魂永久地续杯，或者注射某种“无解公式液”，来终结一些乏味的波函数。

Ψ_{you} 不动点方程及方程之解，地球欠奉，都在“上面”那些愿意指引我们出宇宙的“摩西”手里。我不需要无中生有妖言惑众，但我们仍然可以做点什么，就像商场里迷路的孩子应当原地待着，等候认领期间最好哭喊几声。正如一切历史都是当代史（克罗齐），一切物理都应当是“我们的”物理。因此，我确信不动点方程需要若干“You are here 辨识因子”作为输入参数，肯定不是急急如律令之类的咒语祷词，而应当是地球人当下所知的，那些有助于描述 Ψ_{you} 不动点坐标的科学元素。如图所示，应当包括以人择原理为核心的基本算法 A、宇宙所有可能性的历史积分 $\int$、量子精灵波函数 Ψ、我们所处的时空关系 D、基本物理常数 Gch、特别数学结构虚数 i……也许吧。

头顶的星空和心中的数学物理结构，是大自然为人类铺开的一张纸。你的乱麻一样的人生纸团，就滚落在这张纸上，Ψ_{you} 的方程之解就隐藏其中，你的不动点就在那里。未来终有一天，也许就在明天，你会收听到一波神秘信号，可能从宇宙深空传来，也可能就在枕边响起：

“$A\int \Psi\, 3½ \cdot 137 \cdot Gch$i，在吗？”

那可能是来自 Ψ_{you} 前世或来生的深情呼叫，是前往 ∞ 的邀请。

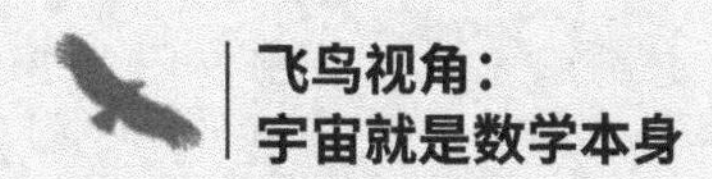

飞鸟视角：宇宙就是数学本身

⑤ 万维归一

在无限维相空间，你不再是一个细胞集团，而是一个数学化的量子：Ψ_{you}。

④ 多元宇宙信仰

我们的宇宙可能是 $\pi=3.14159\cdots$
对于 π 来说，e 是一个平行宇宙。

③ 柏拉图主义的复兴

既然每个量子（基本粒子）都是数学精灵，天地间哪还有什么物质实在？

② 虚数实在论

量子的数学描述需要引入虚数结构，而虚数是不可能的数。

① 还原论的最终归宿

量子是一个物理对象，但最终只能描述为一个数学概念。

$A\int\Psi 3\frac{1}{2}137Gchi$

Anthropic

我们是人类是自我意识
不是神女峰的石头
或者拉什莫尔山上的雕像
一切因你的存在而有意义

积分

我们是一个整体
盖亚大脑与阿里云
宇宙是所有可能性的加和
Everything that can happen
dose happen

概率 · 波函数

这是一个精确地不确定的世界

空间维度 · D

我们都有三围也都仅有三围

时间维度 · T

逝者如斯夫
我们无法阻挡时光的无情流逝
在时间上如过河卒子只有单向自由度

历史 · 亿年

时间坐标上的位置
我们就在当下
并不在过去，也不在未来
精细结构常数也约为137

万有引力常数

我们熟知的物质与时空

光速常数

我们最大尺度的时空极限

普朗克常数

我们最小尺度的时空极限

复数

我们的数学
它描述这个宇宙里
合理但并不存在的东西
我们要用思想撬起宇宙
须在宇宙之外建立一个支点

[献词]

谨以此书，献给……

献给谁呢？谁稀罕啊！

献给灰太狼吧。灰太狼最后被大炮轰上云霄，灰太狼最后被踹下深渊，灰太狼最后……但是不管怎样，失败者灰太狼总有一则“最后的宣言”回荡山谷飘过天际，凄厉中透着豪迈，每次都令我心潮澎湃：

我还会回来的！

尼莫就多次回来。尼莫·诺巴蒂（Nobody），电影《无姓之人》主人公，全世界最后一个肉体自然人。尼莫 9 岁那年，因父母离异而站在人生的岔路口。小尼莫希望选择跟母亲，也希望选择跟父亲，还想过要带着怨恨独自远去。火车已经启动，尼莫被迫要作出决定，然后沿着自己选择的人生道路生活成长直到终老。由于宇宙时间适时倒流，他最后总能死而复生，并且一次一次从头再来，因而有机会作出不一样的人生选择，演绎不一样的人生故事。他说：

我不怕死，我只怕活得不够精彩！

Nobody 者，芸芸众生也。2092 年，即将寿终正寝的尼莫先生告诉记者：“每一次经历都是真的，每一条路都是正确的路。……你太年轻，听不懂。”根据量子跃迁的相关计算，一粒沙子自动发生空间穿越所需时间是 60 万亿年，相比之下，我们确实太年轻了。

然后要献给楚门。楚门（Truman），电影《楚门的世界》主人公。楚门自出生以来一直在桃源岛小镇上生活成长。桃源岛实际是一个巨大的电视剧摄影棚，楚门本是一个孤儿，他的家人、朋友、同事乃至全岛居民，统统都是演员。他所遭遇的一切，都是制片人克里斯托弗专门为他设计的剧情。岛上 5000 多个隐藏的摄像头，把他每天 24 小时的生活展现给全世界的观众。楚门的全部人生，竟然是一部日夜播出、持续时间长达30年的超级肥皂剧。唯一不知情的，只有楚门本人。

Truman者，真人也。桃源岛上只有楚门和“创造者”克里斯托弗是真实的。最后知道真相的楚门，突破剧组人员设下的层层阻挠，找到并砸开伪装成蓝天白云的摄影棚墙壁，毅然离开这个虚构的世界。克里斯托弗试图挽留他自己一手制造的明星：“听我的忠告，外面的世界跟我给你的世界一样地虚假，有一样的谎言、一样的欺诈。但在我的世界你什么也不用怕，我比你更清楚你自己。”楚门的回应是：

如果再也不能见到你，祝你早安、午安、晚安！

楚门的故事告诉我们，幻象，可以是一盘很大很大的棋。楚门的疑问终于解决了，但谁又来给我们证明，还有没有更大的棋局？甚而像《盗梦空间》《异次元骇客》那样，层层梦境、层层虚拟世界，无休无止，竟无一真实。你需要为自己小心求证，必得比掐大腿验证梦境更严谨一些，你究竟有没有随时突发奇想前往城市边缘进行查勘的自由？有没有亲自操作双缝实验来探究量子真相的自由？当然，即便你从未遭遇莫名其妙的阻挠，仍然保证不了什么。既然你无法解释可观察宇宙为何如此巨大，无法解释为什么你的人生际遇、职场处境如此荒唐，那么你也没有理由怀疑，你所处的虚拟现实不可以做到很大、很荒唐。

还要献给已故的乔。乔（Joe），物理学“最后的超级英雄”约翰·阿奇博尔德·惠勒的兄弟。第二次世界大战期间，惠勒参加曼哈顿计划研制原子弹，而乔则在意大利的盟军前线艰苦作战。1944年，惠勒收到乔寄来的明信片，上面只有两个字：

快点！

乔知道他的兄弟在做什么，惠勒也明白这两个字的含义，战争每拖延一个月，就将牺牲50万~100万条生命。第二年的7月16日，美国引爆人类历史上第一颗原子弹。而此时，远在佛罗伦萨的乔“已经死在了山坡上的一个散兵坑里”。哥俩的伤感故事，不是科学幻想。

“没有多少时间去找答案了！”原子弹的迟到令乔含恨而去，而量子之谜则为人类引入一个欲罢不能的诡谲世界观。1999年，耄耋之年的惠勒写道：“量子理论光辉形象的背后是耻辱。为什么是耻辱？因为我们仍然不了解什么产生了量子。量子是自创宇宙的标志？”

约翰·惠勒
John Wheeler

我跟惠勒兄弟一样焦虑着急。我身边一个亲人和两个朋友，曾经一年之内先后遭遇绝症，然后差不多每年增加一人。我感到莫名惊骇。因为，死亡这个事情，于我向来只是发生在手机里的社会新闻，而今却逐渐成为令人心惊的切身体验。这期间我正在迷思所谓的最黑暗的哲学问题：为什么存在万物而非一无所有？还有最黑暗的物理问题：万物真实吗？时间空间究竟是什么？回想当初，我们之来访宇宙，乃至宇宙自身之存在，无人邀请也没有任何理由，那为什么竟然存在如此清晰且不由分说的结束机制？不科学啊！

量子论给人类暗示的机会，是空间上的穿越，还有时间上的永生。我们都不在乎量子理论的技术应用，更不是为了多拿一门专业学分。我、惠勒兄弟以及我们所有人的期待，实际是灰太狼、尼莫、楚门之流的人生际遇，是他们的多次选择或者回归真实。不过，你不要马上追问那些多元宇宙究竟在哪里？“离市中心有多远？”（伍迪·艾伦）当初哥伦布意外地发现新大陆并不是印度而是美洲，还不够吗！至于尼莫先生如何操控人生道路的重新选择，我们如何实现时空穿越和长生不老，其他宇宙是否在上演我们的前生和来世？或者，我们的地球是不是一座更大的桃源岛，摄影棚的后门到底在哪里？……咳咳，我只好引用诺贝尔非物理学奖获得者鲍勃·迪伦的话来回答：

答案啊，我的朋友，答案在风中飘扬！

目录

第一篇

印象 | 巨大的烟雾龙

量子是什么？

量子像什么？

量子究竟什么样子？

量子论的科学地位是什么？

物理科学误入了量子歧途吗？

终极探索还有多深？

为什么说波粒二象性是核心问题？

量子都有哪些反常反智的表现？

为什么爱因斯坦坚决不信？

霍金为什么要说哲学死了？

量子论真的不承认外部世界吗？

他们为什么敢说那些鬼话？

我为什么相信他们的鬼话？

你为什么总也听不懂量子论？

量子论真的是要皈依佛门吗？

量子是什么？

物理量发生变化的最小份额，称为量子。

你将质疑凭什么断定“最小”？质疑有理，全书作答。

所有基本粒子都是量子。基本粒子是指原子，特别是指比原子更为基本的电子、光子、质子、中子、夸克、中微子等亚原子粒子。之所以叫基本粒子，本来就因为它们是构成物质的不可再分的组分。原子其实远远不够基本，但因原子是物质之物理性质保持不变的基本单元，所以也是量子。基本粒子自身不可再分，它们的各项物理量，诸如角动量、自旋、电荷等，也具有离散分立性质。后来发现，分子、细胞、病毒以及更宏观一点的物质，也表现出某些“量子化”特征。所以，“量子”这个词，最好理解为“量子化的粒子”。我们还将意识到，就连抽象无物的时间空间结构，也大可理解为离散之物。

离散和不可再分，是量子力学的基本概念。何为离散？离散就是不连续，总是一整份一整份地发生变化。例如胶片电影，看上去行云流水，实际上云没有行、水也没有流，只不过是每秒变换 24 帧静态影像。每一帧胶片，就相当于一个“电影量子”。何为不可再分？离散概念的外延是不连续，内涵就是不可再分。比如财富的计量，理论上可以无限精确地计算到小数点后许多位，但若论实际的钱币，最小面额是一分钱。如果一分钱还非要掰成两半，就花不出去了。对母鸡来说，鸡蛋就是量子。理论（数学）上当然一切对象都可以再分，但是我们生活在物理世界而不是数学世界，必须考虑人类物理行为的极限和边界。数学跟物理的关系，犹如账户跟钞票的关系。据说，美国有 920 万个家庭宁愿把钱藏在床垫下面，也不愿存到银行，就是一种难能可贵的物理精神。

显然，量子并非什么陨石稀土贵金属。我们知道纳米是长度单位而不是任何品种的稻米，我们现在还知道，市面上那些量子水、量子鞋垫、量子减肥，还有量子纠缠的心灵感应等，统统都是不正经的东西。

敬告日理万机的读者，通常语境下，量子就是指各种基本粒子。

量子像什么？

量子的定义，不能体现量子神话的基本精神。我们关注的重点是，量子跟瓜子豆子有什么不同？量子究竟是以什么样的反常方式存在于世？为什么科学神棍江湖骗子们都爱拿量子说事？为了快速建立第一印象，我推荐约翰•惠勒的隐喻：每个量子都是一条“巨大的烟雾龙”（Great smoky dragon）。所谓“烟雾龙”，是双重隐喻。

第一层喻义：烟雾是什么意思？在不被探测感知的情况下，量子的存在位置和运动状况，都是不确定的。我们向探测屏幕发射一个量子，可以知道它的起点和终点，那是龙头和龙尾。但在飞向屏幕的过程中什么情况呢？谁说了都不算，100 多年的物理实验从各个不同角度给出证明，那是人类理性无论如何挣扎也不得而知的。确信度相当于我们知道，我们永远不可能看到自己的后脑勺。因此，龙身就是一团迷雾。物理学那些方程也不知道吗？是。它们的使命是描述迷雾的疏密浓淡和流动规律，并不回答迷雾本身是什么。迷雾之谜，不止于行踪不定，还在于它的巨大无边，可以穿透时空，弥漫到宇宙边缘，弥漫到创世之初。

第二层喻义：龙是什么意思？不要迷恋龙，龙只是个传说。量子物理最让人迷惑也最震撼人心的科学发现是，即便是已经探测到的龙头龙尾，也只存在于人的感知系统和理论模型之中。追问迷雾里面的情况，我们并没有确切依据来断定，还有某种皮糙甲厚的鳄鱼状怪兽真的存在。尤瓦尔・赫拉利《人类简史》有一个特别视角给人以意味深长的启迪：人类经常为一些虚构的东西打得头破血流。例如，公司、国家、民族、宗教是虚构的，面包、房屋、枪炮、枷锁才是真实的。与之类似而又相反地，整个量子技术、电子工业都是真实的，量子本身却并非我们心目中的实在之物。由此引发严重的科学问题，我们需要深入检讨并重新定义，到底什么是实在、时空、意识、宇宙……

科学界另有一个龙的隐喻：车库火龙（卡尔・萨根），意指没有实际依据的臆测之物。烟雾龙与之相比，是原发性虚构，大虚无形。

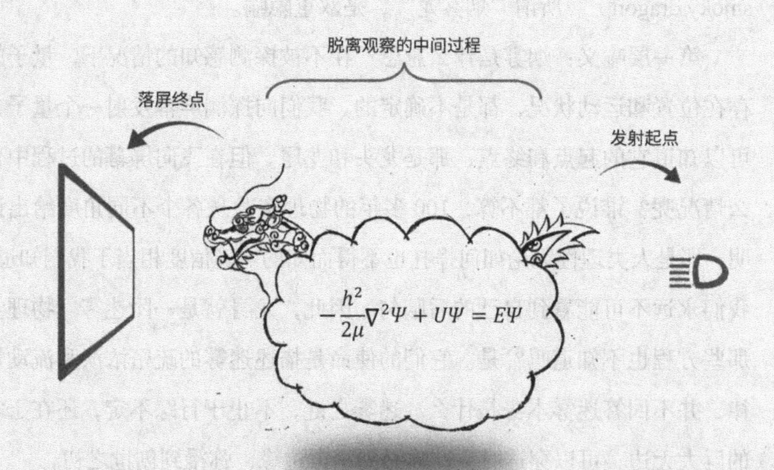

巨大的烟雾龙 Great smoky dragon

约翰•阿奇博尔德•惠勒（1911~2008）

龙是中国神话，原本代表天赋威权，也象征子虚乌有。

烟雾龙是当代科学神话，象征量子的非理性本质。

1）不确定（或龙或烟不确定）

2）不实在（龙和烟都不实在）

3）不可说（龙的传说超越常识）

量子究竟什么样子？

既然是巨大的烟雾龙，可知它们没有常态常形，那物理学所谓的基本粒子究竟什么样子，该如何把握这种情景？以原子为例，两种情形：

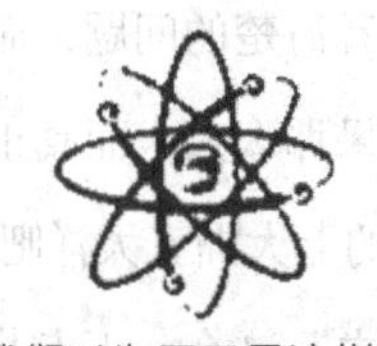
我们以为原子是这样的

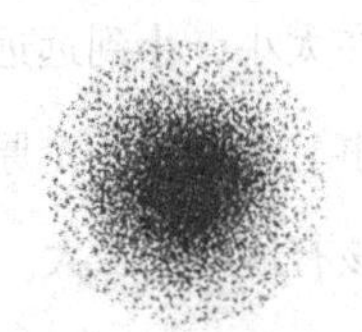
真正的原子是这样的

左图所示，科学的 LOGO。日本科学家长冈半太郎 1903 年设计的原子模型，几个电子围绕着原子核旋转，基于卢瑟福设想的八大行星围绕太阳公转的模型。虽然很合理也很漂亮，但它是错的。

右图所示，最简单的原子：氢。别看密密麻麻这么多点，实际只有一个电子。这个电子并不是因为围绕原子核高速飞舞，以至于看上去像一团云雾。我们可以认为它在运动，也可以认为它根本就一步都没挪。如果计算运动速度，氢原子基态的核外电子，“看上去”的速度是光速的 1/137。但严谨的表述应该是：它同时出现在各个位置，弥漫成一团浓厚的云雾。这是量子论反常识、反理性的要害之处。量子不仅可以如此这般弥漫，还可以纠缠、叠加、隧穿、涨落……

LOGO 都错了！至此，你没有白来一趟，至少你已经知道了一件连伟大的艾萨克·牛顿都不知道的事情：量子，仿佛是一个粒子，实际是一团迷雾。如果你不喜欢烟雾龙这种听上去有点神神叨叨的文艺印象，还有另外一个专业印象可供选择：“电子云”。

一个电子如何形成一朵云？你不用主动帮它“辩护”，它并没有以任何形式化作粉末四散飘舞，也不是实验观察员斗鸡眼看到了重影。任何东西，要么在这儿，要么在那儿，不可能既在这儿，又在那儿。这叫定域性原理。与其说这是物理法则，莫若说是不证自明的形式逻辑。但实验证明，量子并不遵从这一法则。此处陈述事实，只为快速建立印象，原因以后再说。沿着电子云的逻辑方向，我们马上遇见另一问题：

一个原子到底有多大?

这个，先要看咱们如何估量龙虾和八爪鱼的尺度，要不要把它们的爪子触手都算进去。如果不算，那么原子的直径大约是一百亿分之一米。这个尺度实在太小，小到远远不是能不能看清楚的问题，而是不容易听清楚怎么回事。如果把一个原子放大到苹果那么大，而真正的苹果同比例放大，就该有地球那么大。想一想辽阔的七大洲五大洋吧……

量子力学发现，原子只是“粗粗看上去”这么一丁点儿大。原子是一则波函数公式。有科学家甚至直截了当地宣称：原子跟它的波函数就是同义词。为什么？因为原子波函数的各项数学性质，就是人类认识原子的全部实质内容，此外并无更多内涵。如果谁能讲出更多，那一定是一些不确切的比附。厘清这个关系，是一次别扭的思想翻越。

根据波函数定义，这坨数学玩偶应当中间浓厚、边缘模糊，且没有光滑清晰的边界线。进一步说，薛定谔方程认为，波函数的存在与演化由概率主导，除了概率，我们不能知道关于它的更多事实。而概率的数学特点是：高的部分高不过百分之百（不可能每次都掷出同样点数的骰子），低的部分低不过零(不会有某个点的骰子永远都掷不出)。

因此，量子迷雾的核心部分浓厚密集，边缘部分淅淅沥沥绵绵不绝，没有阻碍地伸展到任何地方、任何历史，遍及整个宇宙时空。如果你已经熟知相对论关于时空连续体的理论，那么你就会同意，按照“巨大的烟雾龙”的存在规则，每个原子那些细小“触须”不仅可以掠过月亮发梢、拂到宇宙边缘，偶尔还要飘越冰川时代、飞到创世之初。

如此我们可以宣布，每一个原子都有整个宇宙那么大。

世界并没有因此而乱了套。量子的非理性效应，存在于巨大的时空跨度之外。量子总是束缚于某些力场势垒而不会像风一样自由，否则万物都得散架。但是，量子的不确定性是比任何力场势垒更为基本的物理性质，所以，受缚的量子仍然有很小但不为零的概率，可以隧穿跃迁扬长而去。没关系，一滴水就有亿亿万万量子，如果罕见地逃离一个两个，不会发生可以感知的物理化学反应。自由的量子也不会大尺度随意跃迁，而是非常“可靠地”总是待在原地。科学家可以保证，在迷雾中心找到量子的概率超过99.99%，在你上衣口袋里找到的概率，我不知道是多少，但肯定不会超过0.01%。而在宇宙尽头，或者在寒武纪太平洋海底找到的概率，则需要在小数点之后努力地添加零。也因此，即便 10^{80} 个原子每一个都膨胀充塞宇宙时空，天地也并不拥挤。我们不必担心踩着它的尾巴，毕竟谁也不可能长出如此袖珍且不安分的脚。

两千多年来，人类努力追寻不可再分的物质基本组分：原子。所谓原子，人们心目中真正意义上的本原之子，直接的定义将因繁琐而不得要领，间接的定义应该是“内不可分、外不可入”。这样的物理对象，论其精气神，恰似“蒸不烂、煮不熟、捶不扁、炒不爆、响当当的一粒铜豌豆”（关汉卿《一枝花·不伏老》）。然而，人们实际找到的原子根本不像坚硬的铜豌豆，而更像是入口即化的大团棉花糖。但是我也必须马上强调：我们熟知的豌豆式原子，依然活跃在当代科学技术所有领域，每一家工厂、每一台机器、每一个零件。它们“远远看上去”（想要看见原子，比用肉眼看见月球上的烛光还困难）就像豌豆，且没有任何人可以含化或者捶扁它们，你还可以用扫描隧道显微镜发射的电流去“拨拉”它们。换言之，潜龙在渊，利见大人，经典物理通常情况下仍然成立，今后也依然管用，这也正是人类从未察觉量子存在的根本原因。

绝对看不见，永远摸不着，没有比量子离现实生活更遥远的东西。作为非专业人士，你也可以不来费这个神，正如你不必因为看不见自己的后脑勺而沮丧。但是，如果你希望深入豌豆之中探寻更深层宇宙真相，建议你秉持开放无极限的思想力，认真品味烟雾龙隐喻，并期待你注意到，我为什么把它当作思想图腾。

量子论的科学地位是什么？

人类创造了三系格物世界观，相互鸡同鸭讲，各自至死不渝。

- 神系："the old one"安排一切，至少负责"第一推动"。
- 佛系：缘起性空，梦幻泡影；凡有所相，皆是虚妄。
- 人系：以物理实验为据，以数学计算为信。

1） 神系是各种刚性世界观。由于科学解释大自然的范围逐步扩展，上帝步步让位，已经退到宇宙大爆炸之前。2014 年，教皇方济各发表演说："我们可能把上帝想成魔术师，手执魔术棒便无所不能，但实情并非如此。""生命需要被创造，我们需要大爆炸理论和演化论。"

2） 佛系是各种柔性世界观。出世的哲学，却深得现代科学精神。很多人发现，量子论简直就是佛系梦幻泡影范式的现代版。无所谓啦，量子论如果去掉波动力学矩阵力学及所有数学公式，佛系如果不算轮回转世因果报应及全套修炼晋级系统，那么，它们还真就是差不多的。差别在于，佛系思想不可能指导人类造出一块芯片，一万年也不行。

3） 人系的格物世界观，筚路蓝缕以启山林。开始是常识和神话，自伽利略始有科学，到牛顿经典物理形成成熟的科学体系。经典物理是中观世界观，解释人类亲身体验的世界。20 世纪初，物理向宏观与微观两个方向分化发展。宏观一路是相对论，以极限速度（速度＝空间/时间）光速 c 为肯綮。微观一路是量子论，以标定最小尺度的普朗克常数 h 为肯綮。"上穷碧落下黄泉，两处茫茫皆不见。"所谓皆不见，都是不可体验的世界。量子微观世界不仅不可体验，还要再加不可理喻，比作黄泉并不太过分，量子论早就有鬼场、鬼粒子、鬼现实之说。

量子力学贡献全球 GDP 的 2/3（格拉肖）。量子力学为人类带来激光器、半导体、显微镜、超导体、核磁共振……有人说，凡是带"电"字的东西，除了电吹风电线杆电灯泡，其余的几乎都用到了量子力学。未来还有量子通信、量子计算、量子传输、真空零点能量……

The old one 主宰一切
神系
【人类世界观进化简史】
人类的理性
也可以解释世界
祛魅时代
唯有实证科学
才是可靠的
科学革命
宇宙像一座钟表，
实在而精确
经典物理
宇宙是活的，
时空可以像果冻一样晃动
相对论
万物基本组分是弦，
宇宙时空有11个维度
弦理论 M 理论
Theory of Everything
万物至理
宇宙是不确定的
时空像奶酪一样有网格
量子论
生物中心主义
超验主义
阿卡萨革命
……
佛系
一切如梦幻泡影
物理科学需要从头开始
把意识与物质的关系翻转过来

物理科学误入了量子歧途吗？

三大物理，科学世界观三大体系，人类解释物质世界的思想族谱，可以用一个三维坐标系来表示。如图所示，经典物理及其引力常数 G、相对论及其光速常数 c、量子论及其普朗克常数 h，分别向三个方向立体地展开。苏联物理学家博隆斯坦建立此图，称为“博隆斯坦方块”。方块表示，相对论与量子论之前，只有经典物理，相当于光速常数和普朗克常数为 0。其他物理分支，情况与之类似。G、c、h 三剑客全部到位，则应“合成”万物至理（Theory of Everything，TOE）。

- $G = 10^{-11}$ 立方米每千克平方秒
- $c = 30$ 万公里每秒
- $h = 10^{-34}$ 焦耳每秒

实践证明，三路世界观都是正确的，都可以放心地用以指导盖楼架桥航天潜海通信导航，从来没有因物理理论错误而导致翻车事故的报告。但它们对引力的解释存在矛盾，应该还有一个三路归一的终极理论。惜乎物理科学百年徘徊，弦理论、超弦理论、M 理论前赴后继，人类与 TOE 至今仍是咫尺天涯。因方块有八个顶点，斯坦福大学教授张守晟引入八卦模型来凑了个趣，乾卦为天，也许是暗示 TOE 只有天知道。

本书关于相空间的万维归一模型，也使用这个结构示意图。

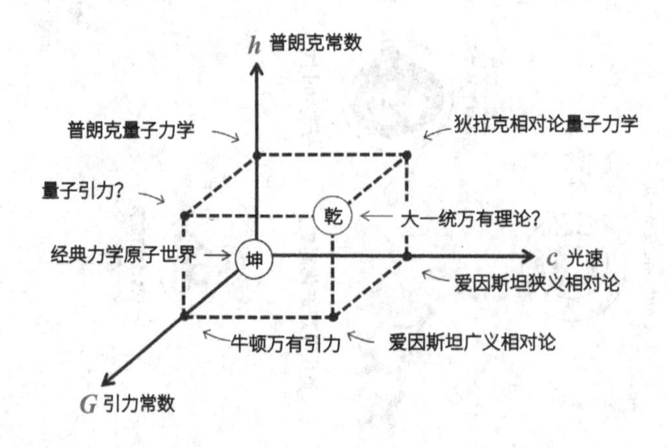

终极探索还有多深？

格物之理，重在还原。古希腊德谟克利特说：“世界是由 Atom、思想和虚空构成的。”如果要评选还原论第一宣言，这个命题最有希望。从古至今，量子理论最基本的使命，就是要追根溯源令人信服地向地球人解释：物质究竟是什么组成的？或者说，Atom 究竟是什么？

Atom 者，内不可分、外不可入，万物最小组分也。量子是本义上的原子，原子是本义上的 Atom。量子力学为探索这个对象而来，也为解释这个概念所困。量子力学发现 Atom 根本不是一麻袋老老实实的“铜豌豆”，而是一群虚实不定的“烟雾龙”连带可疑的时空背景。不管怎样，目前已被逮住的烟雾龙——物理学基本研究对象，可以分类如下：

格物之物＝两大类 62 种基本粒子＋四种基本作用力＋时间空间

两大类是指费米子（组建物质）和玻色子（传递作用力），四种基本作用力是强力、弱力、电磁力及引力。鉴于作用力说不清道不明，为了把作用力统一到粒子模型之下，粒子又分强子、轻子，外加传播子三大类。还原论为什么言必称粒子，还恨不得统一用一种粒子描述万物？科学强迫症使然，因为凡不能分解为基本粒子的对象，事实上都是一个有待求解的小暗箱。量子力学的主体，波动力学、矩阵力学、量子场论等理论体系，或以波为出发点，或以粒子为出发点，描述了这些粒子的生存景观和相互作用规律。但未必知道深层缘由，量子力学长于计算而拙于解释，公式之外的各种解释，要么违反理性，要么超越宇宙。

探索 Atom 的进程深不见底。须知，原子以下的探索已进入零体验区，并逐步深入到高能对撞机也无法突进的“大沙漠地带”。更有烟雾龙的迷幻性质，挑战人类实验见证与理性理解的极限。弦理论遵从数学结构的指引，延续量子力学的还原进程。弦理论猜想，所有粒子都可以统一为各种振动的能量之弦，弦这种数学尤物，已不再属于传统的物理对象。甚至连同时间空间，也有可能是弦网凝聚之物。下一步就差发现，人的思想说不定也是量子，那是德谟克利特做梦也不敢想的景观。

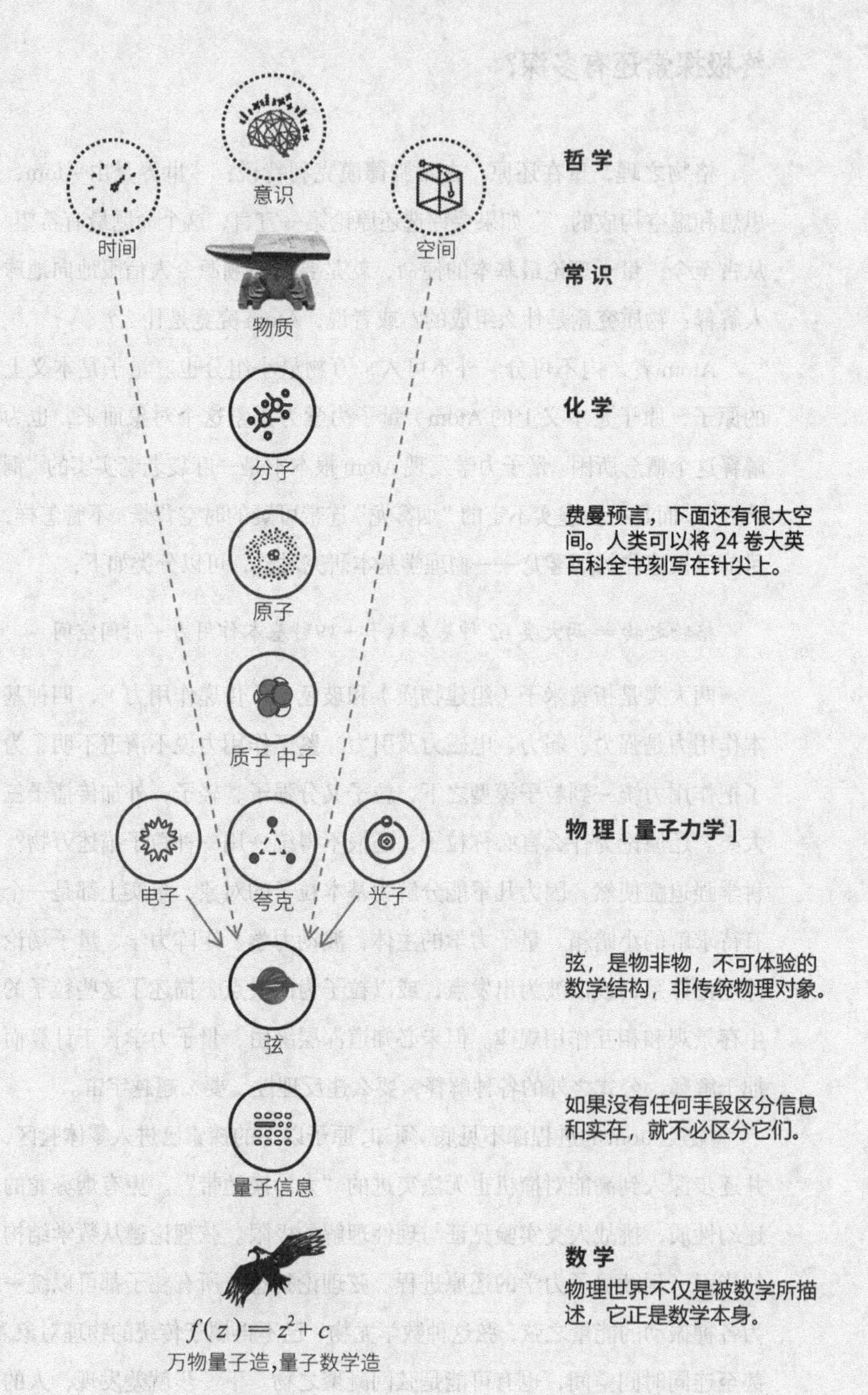

意识
时间
空间
物质
分子
原子
质子 中子
电子
夸克
光子
弦
量子信息
$f(z) = z^2 + c$
万物量子造,量子数学造
哲 学
常 识
化 学
费曼预言，下面还有很大空间。人类可以将 24 卷大英百科全书刻写在针尖上。
物 理 [量子力学]
弦，是物非物，不可体验的数学结构，非传统物理对象。
如果没有任何手段区分信息和实在，就不必区分它们。
数 学
物理世界不仅是被数学所描述，它正是数学本身。

为什么说波粒二象性是核心问题？

“为什么我怎么也理解不了波粒二象性，是因为智商不够吗？”

这是“知乎”上的一个话题，一句万众戳心的话。

1） 量子力学的所有困难，开始于一个简单问题：光（包括所有量子），究竟是光子还是光波？矛盾的结论是：它既是光子，同时也是光波。如果这个矛盾不成立，整个量子力学根本就不会产生。

2） 量子力学的所有困难，终结于另外一个简单问题：光（包括所有量子），什么时候是光子，什么时候是光波？比矛盾的结论还要严重的结论是：观察时它是光子，不观察时是光波。为什么说严重呢？因为，如果人的意识非要搅进来的话，物理科学差不多就该宣布终结了。

这就是著名的“波粒二象性”，矛盾叠加，本书主题。全世界不仅物理学家，所有知识精英都想搞清楚怎么回事，可是，100 多年时间过去了，事情一开始有多怪，而今依然这么怪，令无数智者三观尽毁。矛和盾谁也否定不了谁，科学史上曾有漫长的拉锯式争论。人们戏说，物理学家不得不在星期一三五把电子看成粒子，星期二四六看成波，星期天待在家里祈求上帝保佑。现在则已普遍放弃挣扎，基本接受了物质世界的超越性和人类理性的局限性。所以，你不是智商不够，而是……

理解量子，灵珠魔丸合体的混元珠，重在解读其内涵外延机制。

1） 内部混成机制：h（普朗克常数）。物质波公式表明，波动性与粒子性由 h 负责调剂兑换。二者共轭互补，此消彼长，人类不可能同时完整把握，正如我们没法真的体验矛盾叠加，这就是不确定原理。

2） 外部作用机制：Ψ（波函数）。量子的形象概念是烟雾龙，学理概念是波函数。科学对量子的全部认知，就建立在波函数这块数学基石之上。以薛定谔波动力学为代表的波动路线，以海森堡矩阵力学为代表的粒子路线，以量子场论为代表的综合路线，构建量子力学框架。

量子如何存在

波粒二象性：永远不可调和的矛盾

德布罗意物质波关系式

海森堡不确定原理

$$\Delta x \Delta p \gtrsim \frac{\hbar}{2}$$

薛定谔绘景

波动力学 · 以波求粒

$$i\hbar\frac{\partial}{\partial t}\Psi = \hat{H}\Psi$$

Ψ

玻恩的波函数

概率解释

海森堡绘景

矩阵力学 · 以粒求波

$$C_{mn} = A_{mk}A_{kn}$$

狄拉克相互作用绘景

$$i\hbar\frac{\partial\Psi}{\partial t} = \left(\frac{1}{i}\alpha\cdot\nabla + \beta m\right)\Psi$$

量子场论

费曼电动力学

量子都有哪些反常反智的表现？

1） 量子弥漫。烟雾龙与电子云表明，量子拥有不可名状的“分身术”，无数分身四下占位。一旦你伸手去抓，千万个分身将瞬间收拢为一个量子。好比说，明明整个车厢坐满了人，查票的时候却发现只有一个。这个情况，称为“波函数坍缩”。此事跟人的探测行为相关，至于是否跟人的意识相关，100 多年来，科学界一直存在尖锐争议。

2） 量子叠加。量子可以同时拥有各种矛盾的性质，比如自旋，物理学家发现它在往左旋转，但他们还有确切的证据表明，它同时也在往右旋转。物质波公式表明，万物都存在波粒二象性叠加，矛盾双方共存互补。薛定谔的猫死活叠加，则是把这种推测存在的特性，转移放大到可以人肉体验的宏观物体。矛盾的事情却是事实，需要非凡的解释。

3） 量子纠缠。两个孪生量子可以隔空发生相互作用，即便它们远隔万水千山，一个要是举起左手，另一个马上就要举起右手，跟照镜子一样精确且不需要反应时间。你若坚持理解为心灵感应，并非不可以，而是还不够大胆，因为人的心灵并没有参与其中。这种特性，正在被用于不可拦截的保密通信。不可拦截，是因为没有物质能量的传递。

4） 量子隧穿。量子拥有某种说走就走的行动自由，即便它们被任何强大的力场以任何方式束缚，仍然会偶尔突破势垒渗透出去，犹如崂山道士穿墙而过。说是隧穿，实际并没有真的在墙上凿开隧道，而是凭空地、突然地出现在外面。所以隧穿也是跃迁。量子力学可以计算量子跃迁的发生概率，并且可以证明这个发生概率是整个跃迁事件唯一可知的性质。这种效应暗示量子与“外宇宙”的某种关联。

5） 量子涨落。天地间每一寸时空都满满地充斥着昙花一现、明灭不定的虚拟量子，宇宙时空仿佛时刻都在眼冒金星、浑身颤抖。虚拟量子并非实在之物，它们倏忽生于虚空，立刻又归于虚空。宇宙是沸腾量子的海洋，沸腾的量子蕴含真空能量，那是宇宙的本底能量，推动宇宙加速膨胀的暗能量，单位密度的理论值可高达 10^{13} 焦耳每立方厘米。

为什么爱因斯坦坚决不信？

你不信，最强大脑爱因斯坦也不信。

爱因斯坦后半辈子30多年一直在跟玻尔争论。他们究竟争论什么呢？古人不知道万有引力宇宙膨胀，而你都知道，那么爱因斯坦不懂的，你就没觉着好奇？爱因斯坦拿过诺贝尔奖，而且他是因为量子论而不是因为相对论而获奖。关于量子论，他深感迷惑的问题是：随机性、不确定性究竟是不是万物之固有本质，即上帝要不要掷骰子？这还不算，他真正嗤之以鼻而且到死都坚决不相信的，实际是这个：

难道一只老鼠不去看，月亮就会从夜空消失？

那么玻尔他们到底怎么回答的呢？……咳咳。你今晚还能看见月亮，我不会跟你打这个赌，一万年都不。但是不管怎样你不能忘了，玻尔他们，代表量子理论之正统诠释的哥本哈根学派，就是争论的赢家，人类世界观进化史上一场伟大论战的赢家。

尼尔斯·玻尔
Niels Bohr

爱因斯坦，还有你，还有绝大多数心智健康的地球人，人们思想深处存在一条底线：不管什么理论，不管量子豆子，一定有不依赖意识而独立存在的外部世界，一定有。这有什么好说的啊，就算全人类的所有科学知识都错了，最起码，物质世界的实在性总是我们可以信赖的底层信念吧?! 建立这一信念，所需智力和经验无限趋近于零。“尔曹身与名俱灭，不废江河万古流”，难道不是吗！爱因斯坦生气地说：如果连这个都错了的话，“我宁愿去当一个补鞋匠，甚至去赌场里打工，也不要再做一个物理学家了”。

从结果来看，爱因斯坦是在以他的智商和执着，为量子论的邪性背书。如果你也对量子论的各种奇谈怪论嗤之以鼻——争议至今存在，翻盘仍有可能——建议你最好保留一份警觉式谦逊，除非你已经了解爱因斯坦为什么反对量子论，并且你有比他更聪明的解决分歧的办法。爱玻分歧，并非论战某一方的公式推导出了差错，或者谁的实验操作做了手脚，而是他们的学术精神和思想信仰还没有做好准备，对于这场关系物质本源与人类认知范式的重大思想革命，究竟该坚决拒绝还是热情拥抱。论战的赢家最后赢到了什么？一件T恤衫？一本棒球百科全书或者全年的《阁楼》杂志？霍金跟人打赌，就输过不少这类东西。爱玻之争，赢得的是比这些更不值钱的东西：人类世界观的大尺度颠覆。

大音希声，大象无形。量子论的世界观颠覆，尺度如此之大，大到了跟人类现实生活毫无关系的程度，以至于普罗大众100多年来始终浑然不觉。我们不妨继续保持淡定，毕竟世界观的颠覆悄无声息，还不如一杯热饮倾覆在大腿上更让人着急。当初得知世界是个大圆球之后，谁也没有急急忙忙跑回家去把贵重家具铆定在地板上防止它们掉落太空。

月球可能偷偷消失，也可能偶尔漂移，最起码有极其轻微的震颤是确凿无疑的……好在这些事情发生概率极低，且概率大小跟物体尺度成反比。以沙粒为例，火柴盒里的一粒沙子，基于量子不确定的天赋内禀，存在一个特定的概率，会像夜幕下的日本忍者那样，毫无缘由、悄无声息地从盒子里自动地“跳”出去。设沙子质量 mx 为1毫克，火柴盒的尺度为3厘米，沙子发生量子跃迁的位移距离 $\triangle x$ 为4厘米，预期这件怪事需要等候的时间为 t。计算公式如下：

$t > mx\triangle x/h$

时间 > 质量 × 距离 / 普朗克常数

公式的来历和原理说来话长，欲知详情，请参见英国科学家布莱恩·克劳斯、杰夫·福修《量子宇宙：一切可能发生的正在发生》一书。不管怎样，我们关心的计算结果是确切的：6×10^{13} 年，60万亿年，宇宙目前年龄的几千倍。就是说，这种怪事换作宇宙本尊，也要轮回数千遍才有可能见证一次。至于把一粒沙子的质量换成月球质量之后所需时间又该是多少，谁有耐心谁去计算好了。太阳系往后只有区区50亿年的寿命，这绝对也是一件死无对证的事情。

“夏虫不可语于冰，井蛙不可语于海。”这正是为什么今生今世乃至千秋万代，我都不敢跟你打赌的原因。但是，宇宙存在之深层真相如此，不是我的责任对不对？真正的问题是，我们为什么要谈论这些即便等到人类灭绝甚至宇宙灭绝一万次也不可能遭遇的事情？

世界某些真相肯定超出人们的理解力想象力。你和爱因斯坦对“月亮恒久远，一颗永流传”的信心，本质上只是一种朴素的经验之谈。这种信念并非与生俱来和不证自明。瑞士儿童心理学家皮亚杰发现，如果他把奶瓶和玩具熊藏在身后，他那半岁多的儿子劳伦特就会以为它们融化消失了。皮亚杰提出“客体永存性”假说，人类要到10个月大，才建立客体永存的概念。现在量子力学暗示我们，客体永存性是未经求证的轻率信念，我们的世界观需要退回到出厂设置，退到0.8岁之前。

60万亿年太久？相对论告诉地球人，全宇宙没有统一的时间节奏。量子论更进一步，它甚至高度怀疑，我们心目中像大河一样默默流淌的时间并不真实存在。因此，在未来，人类最大的怪事将会发生在时间方面。就算我们暂且放下时间的实在性和真实性疑问，60万亿年时间也不能成为我们见证量子效应的天堑。弗里曼·戴森设想，未来的智慧生命为了等待泡泡宇宙从虚无中产生，或者为了跃迁进入另类宇宙，也许会拉长信息处理时间，放慢生命节奏，比如慢到用几万亿年时间来动一个念头，那样的话，各种奇异的量子效应就像云卷云舒花开花落一样司空见惯了，火柴盒里的沙粒也可以像炒豆一样蹦来蹦去。

……好吧够了，对于快乐的夏虫和井蛙，以及我们这个星球上所有自信自尊、正经正派的现实主义者来说，实不相瞒，本书的话题真的是无用至极、无聊透顶。我只是希望：我的写、你的读，都仅仅出于“自由而无用的灵魂”仰望星空的选择。

不亦快哉！

$$t = m x \Delta x / h = 4.4 \times 10^{41}$$

难道一只老鼠不去看，月亮就会从夜空消失？

霍金为什么要说哲学死了？

量子理论是一座冰山，上面是量子物理，下面是量子哲学。

1） 量子物理＝实验＋计算。只有事实，原因不明且不可理喻。幸好它的实验证据总是确凿无疑，计算结果总是高度精确，因此科学家们愿意以命相赌，量子论就是描述世界如何存在的正确理论。也因此，在全世界所有大学和物理实验室，这门专业享有一个特殊别称：

Shut up and calculate！

闭嘴，只管计算就好！——康奈尔大学戴维·默明

2） 量子哲学＝意义＋图景。一言不发闷头计算，岂不成了阿尔法狗？量子的非理性存在，典型如薛定谔的猫，强烈而固执地指向一系列无法正常解释的世界观，有的极具争议，有的则连争论都无从谈起。你若去跟那些“计算派”科学家求证，大家都会不愉快。他们一般不会解释事情为什么是这个样子，更不会谈论多元宇宙，连时间穿越也羞于明说，而代之以“类时闭合曲线”来搪塞。我们不必考虑学术严谨，量子论暗示的那些离奇的世界观，不见得都是对的，但绝对不会统统都是错的。仅此一条，足以令我们对未来充满无限向往。

基比泽（kibitzers，满嘴跑火车者之流）该死，物理数学万岁。

霍金说哲学死了。我人微言轻，只敢说基比泽该死。那么，哲学好端端的怎么就犯下死罪了呢？实际情况是，量子的样子特别招哲学，而哲学又特别容易糟践量子。量子论本身也是哲学，但那是以数理解释而非思想辨析为基础的非典型哲学。古希腊时代，物理跟哲学本是一回事，后来哲学把形而下的物理甩掉了，现在则翻盘了。当代物理学认为，凡是把计算结果扩展到意义解释的讨论，凡是无法付诸实验证伪的假说，都是哲学，即都是空谈。越是“聪明”的哲学，有可能离世界真相越远。

斯蒂芬·霍金
Stephen Hawking

哲学是啥？爱因斯坦说：“所有哲学家写的东西都是蜂蜜吗？这些东西初看上去好像很美妙，但是再看一次就什么都没有了。留下的只是废话。”有段子说，大学校长抱怨，为什么物理系总是要求购买那么昂贵的实验设备，数学系就只需要纸张铅笔和废纸篓，人家哲学系连废纸篓都不需要？！玻尔兹曼把形而上学称为“人脑中的偏头痛”。“为了追究到底，我拜读了黑格尔的著作，可是那里我看到的是滔滔不绝、不清不楚而又毫无思想的一番空话！从他那里总算我倒霉，我又去找叔本华……就是在康德那里，也有不少话叫我莫名其妙，以致令我怀疑，像他这样脑筋灵活的人，是否在跟读者开玩笑或是在存心欺骗读者。”史蒂文·温伯格也有类似的刻薄言辞，他的《终极理论之梦》一书，其中一章赫然名为“反对哲学”。他说：“我读大学时曾经为哲学着迷过几年，后来清醒了。跟物理学和数学的辉煌成功比起来，我学的那些哲学观点显得那么昏暗和空虚。……我发现，有些书的术语简直无法理解，我只能认为它的目的是去感动那些混淆晦涩与深刻的人。”霍金宣称，哲学跟不上新物理学的步伐。再不客气一点，直接宣布哲学死了。

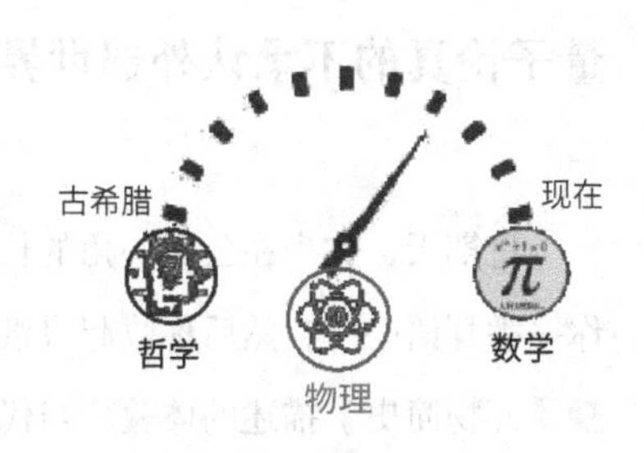

你我都不大相信物理可以终结哲学。但是，我有理由奉劝各种纯粹思辨的哲学多一点虚心，唯物主义也好、唯心主义也好，是不是都需要考虑在物理新发现的基础上，对诸多基本概念作出重新检讨？最起码我敢拿中国古代的五行哲学来损一番：现在都纳米新材料了，金木水火土相生相克的生动故事还怎么讲下去？石墨烯就是人类从未见过的高强度纳米材料，一张石墨烯薄膜可以只有一层碳原子厚，有人说，把一支铅笔笔尖戳在上面，再让一只大象爬上铅笔橡皮头站起，薄膜都不会破裂。那么，这种材料是土呢还是金呢？说是土吧，它的导电性能比黄金还好；说是金吧，可它就是货真价实的碳元素啊……

这类哲学，很多事情不知道还不虚心学习，难道不该终结吗？

量子论真的不承认外部世界吗?

星期天，你坐在公园一角的长椅上消磨时光。一个陌生人凑过来对你一番耳语……，然后你收起报纸，默默地起身离去。这是比尔·布莱森《万物简史》描述的体验。当代物理学家的话语体系里，就有不少这类令人错愕的鬼话。比如这个：

并没有一个坚实而沉默的宇宙就在那里……

量子论这个说法是认真的。中国科学家朱清时曾经宣布："客观世界很有可能并不存在。"不过你不会惊讶，因为更早还有贝克莱大主教说过：天上的一切星宿，地上的一切陈设，它们的存在就是被感知或者被知道。贝克莱脑子没有坏，朱清时是院士，驳倒他们没那么容易。

量子论不是贝克莱鸵鸟哲学的简单翻版。某些量子哲学认为，这世界并不是一座竣工已久长期空置的精装修楼盘，等着我们在它落成 138 亿年之后拎包入住。比如，约翰·惠勒的"参与式宇宙"模型表明：某种东西造就了我们，然后我们的存在反过来创造了，至少参与创造了这种东西。这种东西，现在我们称之为宇宙。我们现身之前，宇宙不知道是什么样子，但肯定不是我们和贝克莱共同见证的当下这个样子。

世界不在那里，那它到底在哪里？不知道。至少没有"就在那里"。前面说过，量子论最迷惑、最震撼人心的一项科学发现是：不要离开意识来谈论世界的存在。离开（一秒钟都不行）测量，就是臆测。人们都睡了，老鼠回窝去了，大街转角处的监控探头照例也坏掉了，那你究竟凭借什么，非要断定月亮还在天上好好待着？对此，不管哲学怎么辩，在《皇帝的新装》中的那个孩子看来，你才是真正的唯心主义，难道不是？

我要认真推荐"惠勒诡图"：一个因果颠倒、物我纠缠的参与式宇宙（The Participatory Universe）模型示意图（文字注解是我加的）。U形是个暗喻，Universe 这个词，首字母就是 U。图示之意，是一只眼睛正在见证宇宙大爆炸，表示它创造了宇宙历史。

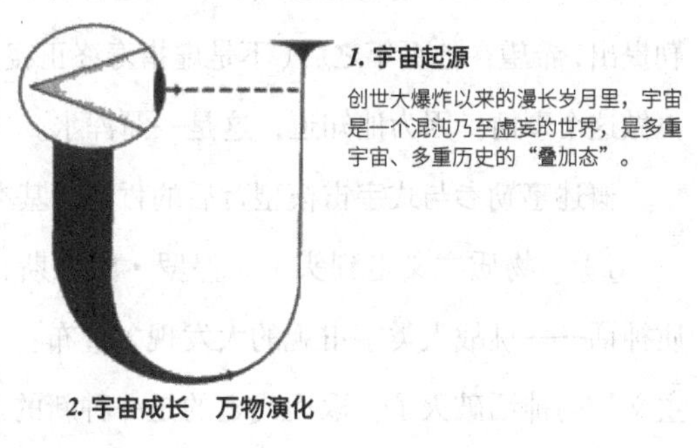

这是量子论非典型哲学思想的典型。前有“巨大的烟雾龙”之喻，后有“万物源于比特”之论，我将多次引用惠勒论述。你知道，惠勒不是科学神棍，而是当代最具影响力的物理学家和思想家之一。你也可能听说过理查德·费曼、雅各布·贝肯斯坦、休·艾弗莱特、马克斯·泰格马克、基普·索恩等这些如雷贯耳的名字，他们，还有另外 50 余名物理学博士，都是惠勒的学生。惠勒跟他的学生们一起证明：天才离疯狂只有一步之遥，或者根本就是分辨不清楚的事情。惠勒对博士论文的验收标准，首先是看你够不够疯狂。当惠勒读了艾弗莱特关于多世界解释的那篇论文之后表了个态：看上去有点疯狂，所以可能是正确的。而如果谁的论文一本正经、四平八稳，他不相信你会有什么大的出息。

惠勒其实是疯狂学派中的小心翼翼派。参与式模型，顾名思义，观察者与宇宙共享第一性，深得康德哲学的折中调和精神。某些极端的量子邪说比参与式宇宙模型更进一步，断言观察创造实相。没有老鼠的观察，天上就根本没有月亮的存在。怎么理解呢？用戏剧性语言来描述的话，大概是这样的：如果某人突然发一声喊——1、2、3！全球 70 亿人同时闭眼，说时迟那时快，宇宙将抄起它的包裹，一溜烟蹿至无尽远方。甚或在人们睁开眼睛后，悻悻然磨磨蹭蹭又回到我们面前。据说，2002 年，美国《发现》（*Discover*）杂志曾经准备搞一个科学征文，主题就是“如果我们不看宇宙，它还存在吗？”。记者为了征文的事情采访惠勒，惠勒提出，希望在他百年之后（不是虚指寿终正寝，而是实指90年加10年）再做这个事情。因为他知道，这是一潭浑水。

概述惠勒参与式宇宙模型背后的哲学，基本精神有二：

1）　物质主义走到头了。保罗·戴维斯、约翰·格里宾所著《物质神话——挑战人类宇宙观的大发现》宣布：“传统的、机械的‘物质主义’的神话破灭了，取而代之的是一种新的范式、新的物质观：世界不是一台由前定的连续统物理定律决定的大机器，而更像是一个巨大的信息处理系统，天地万象——每个粒子、每个力场，甚至时空本身，最终都通过信息呈现在我们面前。”我们的物质主义不是错了，而是有点幼稚。据说有人问荷兰哲学家皮尔森：“你们欧洲哲学家现在对物质主义怎么看？”他回答说：“那是文化程度低的人相信的一种通俗哲学。”

2）　真实并不存在。格里宾所著《寻找薛定谔的猫：量子物理的奇异世界》，序言标题就是这句话。这句话既不夸张，也不新鲜，是哥本哈根解释正门正派的专业意见，80多年前的老话题了。现在，以霍金为代表的一派当代物理学家，鲜明地主张“取决于模型的实在论”。概括地说，我们所感所知所论的实在，只存在于我们的各种理论模型，从神话传说、《圣经》故事、奇门遁甲、梅花易数，到标准模型、超弦理论、M理论……全部！仔细思量，这实际是一层一捅就破的纸窗户。

- 锤子眼里，所有东西都是钉子。
- 老鼠眼里，月亮是奶酪做的。
- 金鱼眼里，鱼缸外面的一切都是弯的。

……

- 人类眼里，意识之外有一个宇宙存在。

量子论真有这么邪？也许……不……实际比这还邪。你知道量子通信，也知道量子计算机，但你未必知道量子论指引下的超级世界观。

他们为什么敢说那些鬼话?

一粒尘埃：0.000 000 01 千克

一个黑洞：3 000 000 000 000 000 000 000 000 000 000 千克

对比一下，10^{-8} 千克的尘埃、3×10^{30} 千克的恒星级黑洞，二者差不多相差 10^{40} 量级，这是一个意味深长的“狄拉克大数”（后面“神话”篇将有专门讨论）。从尘埃到黑洞，从蚂蚁不能感受之轻，到时空不能承受之重，量子力学有能力预言它们二者之间的某些神秘联系。

我们以“钱德拉塞卡极限”为例，看看量子力学的计算能力。

观察满天繁星，天文学知道，恒星体积大小相差悬殊，但质量大小差距不大，主要集中在 0.1~10 个太阳质量之间。其中，3×10^{30} 千克（相当于 1.44 个太阳质量），是决定每一颗恒星不同演化结局的一条质量参考线。小于这个质量的，恒星最终将进入僵尸结局，成为一颗死气沉沉的白矮星。大于这个质量的，将成为犀利彪悍的中子星。再大则成为夸克星，直至砸穿宇宙地板，成为反常反智的终极怪物：黑洞。

没有人可以飞向群星实地踏勘，这种稀奇古怪的判断，都是那些终生困守于地球的物理学家们推导出来的。1.44 个太阳质量这个横贯星空的生死参考线，即著名的“钱德拉塞卡极限”。那是 1930 年，年仅 20 岁的印度裔科学家钱德拉塞卡跨国旅行，在一艘晃个不停的老式蒸汽轮船上计算出来的。有意思的是，计算推导的基本依据，竟然是一粒微不足道的尘埃，准确地说，是取值约 10^{-8} 千克的普朗克质量。

这粒尘埃，究竟是怎样通向黑洞的呢?

核心问题是所谓的“电子简并压力”。

每一颗活跃的恒星都是一座核反应堆，核能耗尽之后，恒星残余星体将在自身引力作用下发生急速垮塌，引力越大，垮塌越凶。原子内部相当空虚，像我们头顶这个太阳，垮塌之后将缩小到地球大小。再往后，垮塌进程将遭遇原子内部电子简并压力的顽强抵抗。根据量子力学的泡利不相容原理，所有费米子，比如电子，两个或两个以上的电子不允许处于同一量子态。通俗地理解，它们不能占据同一空间位置，相互越挤，斥力越大。这就是所谓的电子简并压力。处于简并态的电子，活动空间可以压缩 1 万倍。

每个人都会追问，电子简并压力是终极抵抗力吗？可以确定的基本事实是：质量增加形成引力增强，而引力的特点，跟公司老板制造的心理压力一样，增强过程是可以无限叠加的，没有上限。但是，电子简并压力却没有相应的增援力量来与之对抗。钱德拉塞卡的发现是，电子简并压力存在一个确定的极限值。基本原理并不复杂：考察电子简并压力作用过程，电子遭遇外来力量的压迫，能量必然不断提高，而能量提高的结果是速度不断加快。天下武功，唯快不破，速度历来是很多事情的要害。

鉴于我们的宇宙存在光速极限，简并压力作用过程将在电子逼近光速的时候宣告破坏。因此，死亡恒星的垮塌过程将在这个极限附近走到分叉口：低于极限的，引力坍缩止步于电子简并压力，成为白矮星；高于极限的，电子被挤压进原子核，然后与质子组成新的中子，成为中子星。

如果继续增加质量，将恒星坍缩和它的突破逻辑进行到底的话，按照奥本海默的计算推导，后面还有一个“奥本海默极限”，大约相当于 3.2 倍太阳质量。此限如若突破，世间再无阻隔，最后将形成一个密度无穷大、体积无穷小的点……这是什么东西？那时，人们的想象力还不足以理解这种物理怪物，约翰·惠勒发明“黑洞”这个词已经是 1969 年的事情了。因此，当时的学术权威爱丁顿表示惶恐和恼怒，拒绝接受这项科学发现。据说他非常生气，还把钱德拉塞卡的论文当众撕了。

钱德拉塞卡极限计算的关键是普朗克质量 m_p。将这样一份质量的尘埃抛向空中是看不见的，因为它低于北京“蓝天指数”所要求的每立方米 PM2.5 含量的控制线。当然，普朗克质量的计算依据不是尘埃质量本身，而是决定这个质量数值的三个基本物理常数—— G、c、h。根据原初定义和延伸定义，m_p 的计算（表达）公式为：

$m_p = (hc/G)^{0.5} = 10^{-8}$ 千克

端详这个迷你公式，它的非凡意义在于：它以量子论的普朗克常数 h（宇宙最小结构极限）为纽带，一手牵着相对论的光速常数 c（宇宙时空移动极限），一手牵着经典物理的引力常数 G（万物相互作用力极限）。根据物理量纲的“归一化”原则，即 G、c、h 取值为 1，三大常数以如此方式合作，得到的是一个质量量纲。从某种微妙的、偏哲学的意义上说，m_p 是描述宇宙结构的基本单元、衡量万物的标准砝码。本书第四篇“物语”在讨论“不连续”问题的时候，将做进一步的解读。关于 m_p，注意以下关系，也许有助于我们领悟普朗克单位的归一化方法，以及普朗克单位体系所蕴含的极限精神：

1 普朗克质量 → 1 普朗克尺度 = 世界上可能生成的最小黑洞

任何物理推算，总是基于一些特定的测量数据、物理原理、数学关系。钱德拉塞卡极限的推算，逻辑起点是泡利不相容原理。相关地，还要考虑海森堡不确定原理，考虑经典物理的引力与质量和距离的关系、相对论质能转换关系、相对论光速限制，等等。“知乎”上有一个关于钱德拉塞卡极限推导步骤的提问，简单的回答是：

- 写下恒星静力学平衡方程。
- 写下引力贡献的压强。
- 写下电子简并压力。

然后，据说就可以推导出来了。《量子宇宙：一切可能发生的正在发生》一书详细介绍了极限值的推算过程。最终计算公式如下：

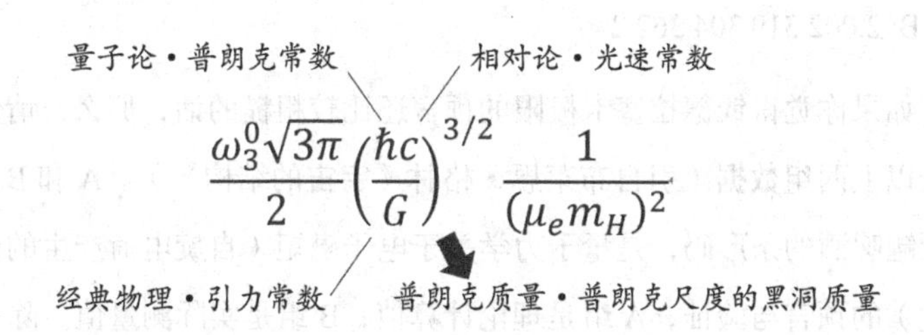

公式最中间的括号部分，就是那一粒尘埃、10^{-8}千克的普朗克质量。科学家们引以为傲的是，虽然整个推算相当复杂，但转来转去、进进出出，核心依据还是三大基本常数。此外只需一个特定的物理测量数据，即一个质子的质量，而这个测量可以在地球上的任一角落完成。

基本精神知道了，具体推算过程不懂也罢。好在如大家爱丁顿者，也是既没明白也没在意，他要是都读懂了，就不至于当众发飙撕论文了。诺贝尔奖委员会也是在半个世纪之后，到1983年才读懂钱氏的成果，最终把荣誉颁给了这个已经73岁的耄耋老头儿。我们需要知道的另外一个重点是，这个极限的预言与验证的结果究竟怎样？诺贝尔奖已经告诉我们结果，诺贝尔奖不仅基于论文，更基于以下（包括后来的）事实：

迄今为止，人类已经观察到的白矮星大约1万颗，大多数星体质量为太阳的0.6倍，有记录的最大质量就是太阳的1.4倍。

从尘埃到黑洞，量子论是解释、描述和预言宇宙万物的最强科学。科学家们相信，像钱德拉塞卡极限这样的预言，即便一个深藏地底深处，从来不见天日、完全独立进化的智能生命，只要他们掌握这几个常数，也可以自行推算出来。待他们爬到地面上来仰望星空、验证结果，也将为自己的神奇发现而惊叹。我们后面还要讨论，从尘埃到黑洞，再从黑洞到AdS/CFT对偶，人类已经隐约窥见万物至理TOE的光芒。

我为什么相信他们的鬼话？

A: 2.002 319 304 362 8

B: 2.002 319 304 362 2

如果你觉得钱德拉塞卡极限的预言还比较粗糙的话，那么，请仔细比较以上两组数据（引自布莱恩·格林《宇宙的结构》）。A和B，不是两罐啤酒的条形码，是量子力学关于电子磁矩（自旋电荷产生的磁场强度）的预言与验证，A组是理论计算值，B组是实际测量值。除去各自合理的误差范围，二者密合度超过千亿分之一。相当于测量从北京到纽约的距离，误差一根头发丝。

量子力学凭实力说话，它很丑，可是它很精确。科学理论抑或茶馆闲聊，区分它们二者的基本标准，是要看能不能作出可供验证的有效预言。量子论不仅可以预言太空深处死亡恒星的质量范围，对于宇宙起源这么久远和玄乎的事情，也有出色的预言与验证。

1948 年，俄裔美籍物理学家乔治·伽莫夫和他的团队根据量子理论关于黑体辐射的假说作出预言：宇宙大爆炸之初，整个宇宙只有热能、没有亮光，处于独自焖烧的黑暗时期。爆炸 38 万年之后，空间足够扩大，温度足够降低，氢氦原子核俘获大批狼奔豕突的电子，电离时代结束，光子得以自由飞翔。从那时起，宇宙这块焖烧黑炭才开始透出黑体辐射，辐射残余以 CMB（宇宙微波背景辐射）的形式，弥漫整个宇宙空间并延续亿万年。他们预言，辐射温度至今已降至 5~10 K。

什么是黑体辐射？那是普朗克打响量子力学革命第一枪的关键问题，但其物理原理本身是枯燥无趣的。我们关注的重点是，伽莫夫他们预言了 CMB 的存在，以及它现在的具体温度。根据普朗克黑体辐射定律的相关原理和计算公式，伽莫夫他们可以描述 CMB 在全宇宙空间的温度分布，画出精确的普朗克辐射曲线图，用于跟经典物理推演的维恩曲线和瑞利－金斯曲线进行对比。而这些，都可以等待实际探测数据来验证，然后我们可以据此选择相信，宇宙是自己爆炸开的呢，还是盘古之类的虬须大汉用斧子劈开的。

1989 年，美国国家航空航天局发射 COBE（宇宙微波背景辐射探测卫星），对微波背景辐射频率和强度在太空里的分布进行扫描。COBE 完成调试后开始测量仅 9 分钟，就传回了科学家们期待多年的数据。情况如何呢？把这些探测数据密密麻麻标注在坐标图上，请留神细看，实线为 40 年前画出的理论预测曲线，小叉点为 40 年后探测数据分布点。

喏，结果如图：

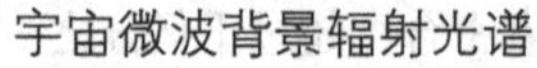

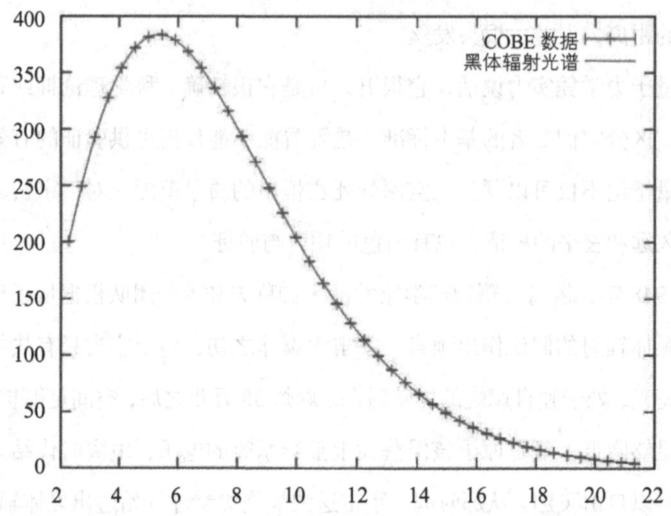

雄文万卷，不如一图。据说，当 COBE 探测项目主持人约翰·马瑟博士将此图投影到大会的屏幕上之后，全场震动。1500 多名为探测项目辛苦工作十余年的科学家和工程师起立欢呼，雷鸣般的掌声经久不息。这幅图、这组 9 分钟的探测数据，就是他们坚定相信量子理论，并心安理得地“Shut up and calculate”的重要理由。

COBE 的测量结果，还验证了伽莫夫团队预言的 5~10 K 宇宙微波背景辐射温度。当初伽莫夫本人对这样低的温度不大放心，擅自修改为 50~60 K。实际探测数据完美地符合 2.72548 ± 0.00057 K 的黑体辐射光谱。而且，COBE 对宇宙空间的扫描还证实，CMB 具有高度各向同性，温度涨落幅度只有大约百万分之五。如果没有量子论，就无法解释更无法预言这样的故事情节。

宇宙暴胀假说认为，CMB 的温度涨落源自宇宙创生之际，发生在普朗克尺度上的量子涨落。由于宇宙暴胀，量子涨落形成的能量不均匀性，以及时空结构的细微皱褶，被急速放大到宇宙学尺度，造成宇宙物质分布的“崎岖不平”。在万有引力作用下，物质能量逐步收拢，最终演化形成今天的星系、星系团等大尺度结构。

如果只是碰巧，当然胜之不武。2001 年升空的 WMAP（威尔金森微波各向异性探测器）、2009 年升空的 PLANCK（普朗克巡天者），提供了比 COBE 更精确的数据。有人说：“如果说 COBE 能看见上帝，WMAP 就能看见这位圣人的指纹。”现在，人类已然进入精确宇宙学时代。

霍金认为，如果地球人要跟外星人斗法，上述神图是人类少数几样可以拿得出手来显摆的文明成果。有人批评霍金言过其实。也许吧，好歹他没有推荐《创世记》、梅花易数和诺查丹玛斯的预言诗来参展。1650 年，英国圣公会大主教詹姆斯•厄舍推断，后有剑桥大学校长约翰•莱特福特的计算，上帝创世的时间是公元前 4004 年 10 月 23 日上午 9 时。作为比较，普朗克卫星推断宇宙的年龄是 138.2 亿岁。

科玄之别，相差何止万里！

你为什么总也听不懂量子论？

把数学物理公式统统摘掉，为什么还是听不懂？因为啊，人类的理性结构与大自然并不匹配。例如，你可能非得想知道 π 和 $\sqrt{2}$ 的数列写下来到底有多长，不说别的，至少我知道世界上没有足够大的黑板。我曾经十分赞赏爱因斯坦的名言“这世界最不可理解的事情是，它竟然是可以理解的”，现在我觉得没那么简单。

- 爱因斯坦：我不信。

  我思考量子力学的时间百倍于相对论，但依然不明白。

  如果你们理解了我要告诉你们的事，那么显然我没有讲清楚。

- 薛定谔：我也不信。

  我后悔掺和到量子力学的讨论中来，我很抱歉在其中做了一些事情。

  我相信我是对的。假如我错了的话，我岂不成了十足的傻瓜！

- 玻尔：大家都不信。

  那些最开始遇到量子理论却没有被惊着的家伙根本不可能理解它。

科学家们吐槽的本意是，定域性、实在性、客观性、因果律以及概率背后的决定论，在解释量子现象的时候出了问题。所以量子力学至少是不完备的，也许还有某些隐藏因素尚未被发现。如果量子理论不是错了的话，就应该建立新的科学体系，上溯到更高层面去解决矛盾。

- 费曼：我不懂。

  如果你觉得自己明白了，那么刚好说明你没懂。

  我那些物理专业的学生也不理解，因为我自己就不理解。

  报纸上曾报道全世界只有 12 个人理解相对论。我不相信有这种情况。但我能保证说，没有人理解量子力学。

- 惠勒：我也不懂。

  如果你没被量子力学弄得彻底晕掉，你就没有理解它。

- 彭罗斯：大家都不懂。

  量子力学根本就讲不通！

你之所以总也听不明白，多半是因为你固执地期待听到一番合乎常识和逻辑的解释。但是，世界本来就是这个样子，不存在你期待的合理解释。相反地，如果你发现自己凭"正常"的理性居然懂了，那就一定是误会了。这种情况，我称之为"费曼佯懂警告"。费曼说他不懂，他的真实意思实际是在说，世界真相如此，我们的理性不能理解，那是我们自己的问题。《费曼物理学讲义》在讲双缝实验的时候，还有一番关于费解的表白："人们也许还想问：'这是怎样起作用的？在这样的规律背后有什么机制？'还没有人找到过定律背后的任何机制，也没有人能够解释得比刚才我们的'解释'更多一些，更没有人会给你们对这种情况作更深入的描写，我们根本想象不出更基本的能够推导出这些结果的机制。"所以，科学家们已经放弃对物质世界"本来面目"的追问，转而检讨人的理性存在哪些局限。

量子论徘徊在可知与不可知的灰色地带。科学家们提议我们最好就此打住。理解量子论的障碍，是智能生命400多万年进化形成的成见。有人说，这是“可知的不可知论”吗？我觉得是。纠结于大自然究竟可知还是不可知，多少有点像小孩子拿好人坏人的标签来判断一个人。

- 有些科学家：可是，它偏偏就是对的。

  量子理论唯一可取之处在于，它毫无疑问就是正确的。

量子关键词，不是“艰深”而是“费解”。

看看量子论的创建人，就可以略知它多么别扭。

- 经典物理创建人：牛顿。
- 相对论创建人：爱因斯坦。
- 量子论创建人：？——但我可以开列一个名单：皮卡尔德、亨利厄特、埃伦费斯特、赫尔岑、顿德尔、薛定谔、费尔夏费尔特、泡利、海森堡、富勒、布里渊、德拜、克努森、布拉格、克莱默、狄拉克、康普顿、德布罗意、玻恩、玻尔、朗缪尔、普朗克、居里夫人、洛伦兹、爱因斯坦、朗之万、古伊、威尔逊、理查森。

这是一张著名老照片的座次名单，1927年的一次物理嘉年华、第五届索尔维国际会议的全家福。物理学界风云人物，号称全世界最聪明的脑袋同框了，29名与会者中就有17名诺贝尔奖获得者。这一届会议的主要故事，是玻尔与爱因斯坦的论战。爱因斯坦坚持，不管人类如何认知、如何解释，一定存在一个客观的外部世界。而玻尔主导的哥本哈根学派坚持，我们能够讨论的一切，只是实验结果和数学。“我不知道什么是量子力学。我想，我们是在耍些数学手段，这些手段适合描述我们的实验。”这批“物理学的大男孩”经过前后几十年的争吵，发展出他们自己都不喜欢更不放心的量子论。

关于量子论如何捉弄人脑，据说温伯格曾经在跟菲力普·坎德拉斯一块等电梯的时候，聊起一个年轻的理论家、一名很有发展前途的研究生，后来不见了。温伯格问，那个同学的研究遇到了什么麻烦啊？老菲遗憾地摇摇头说："他想去弄清量子力学。"

量子虽邪，并没闹鬼。量子论问世100余年，大众误读的东西比明白的东西多1万倍。量子那些怪事其实就跟苹果熟了总要落在地上一样，简单如常识。造物主不是杂耍艺人，他也许会把一些稀罕东西比如钻石和石油雪藏在地底深处，但他实在没有必要装腔作势、拉帘子摆箱子布置复杂机关，专门为人类表演各种蒙人的小把戏。

悟道量子，非关专业。《量子之谜——物理学遇到意识》一书说，有人反对科学家向文科生讲这些东西，"虽然你说的都是对的，但你想过没有，向非科学家讲述这些东西就好比让孩子玩真枪"。作者并不担心，"量子之谜可以用非专业性语言进行深入探讨。量子力学所呈现的神秘性，即物理学家所谓的'量子测量问题'，即使在最简单的量子实验中也会即刻表现出来"。"了解物理学前沿问题不需要多少专业背景知识，这些物理学问题似乎已超越物理学，因此物理学家不具有专权的权力。一旦进入前沿，你会选取辩论一方的立场。"你想，爱因斯坦就是数学学霸，咋也不懂量子力学呢？他摘下半个脑袋也比我懂得多，可是，他的数学功底并没有帮助他搞定量子理论，就是事实啊。

艰深吗？量子理论要说艰深，艰深到令人发指。我的书架上供着一本书，以色列学者马克斯·雅默的《量子力学的哲学》（商务印书馆汉译名著系列），就是一个艰深的例子。那是一部700多页的大著，整篇整页都是数学公式和各国字母，我常常怀着一种恶搞的心情拿来翻一翻，感觉就像发掘打开了三星堆的菜谱、玛雅国的药方。试想，量子力学的哲学尚且如此，量子力学的物理该得怎样！

简单吗？要说简单呢，它所揭示的世界真相，无非跟我们发现脚下的世界是个大圆球相类似，属于默不作声的事实，只不过量子示意的世界景观更加难以令人置信罢了。对于没有受过数学训练的人来说，计算没什么大用，终归还需要悟道。难道说，要让人知道地球是个大圆球，我们就非得讨论球面面积计算公式 $S = 4\pi R^2$、球体体积计算公式 $V = \frac{4}{3}\pi R^3$ 吗？或者说，就算你熟读这些公式三百遍又怎样，对于你想要建立那种光溜溜的球感的预期，我不相信有什么大的帮助。

大自然欢迎大家都来认识，我们不要被教授们唬住了。

量子论真的是要皈依佛门吗？

佛系世界观，是一种与本体论相对立的偏认识论的哲学思维范式。

朱清时有一则惊世名言："科学家千辛万苦爬到山顶时，佛学大师已经在此等候多时了。"会师之说有理，佛法最懂量子。但听这个话的弦外之音，既想借科学为佛学背书，又暗示科学怎么也跳不出如来手心，略微有违佛法之厚道。我们要厘清一个基本事实：攀上巅峰与佛学会师的，不是量子科学，而是量子哲学。双方如果需要一则会师宣言的话，应该就是朱清时那个演讲的主题："外部物质世界并不存在。"

上帝的归上帝，恺撒的归恺撒。公式归科学，香火归庙宇。朱清时的问题不在量子力学，而在于将科学与哲学（宗教是加强哲学）相混。有科学家明明白白地说："朱清时校长关于量子力学所有的描述，都是无可辩驳的，是正确的。"另有许多学者却认为朱清时歪批量子力学，否定物质世界的客观性、实在性、决定性，是唯心主义糟粕。这种批评不得要领，其实是犯了"费曼佯懂警告"所指的毛病，以为懂得，其实没懂。

佛家思想究竟说了什么？表达体系繁简不一，大致分为以下几种：

- 13 350 000 字。佛家经书三藏十二部，卷帙浩繁，文辞亿万。仅玄奘为中国引入的佛经，就有 74 部 1335 卷，每卷大约万字。
- 6 字。六字大明咒：唵嘛呢叭咪吽。世间能有几人读得了万卷经书！诚心持诵这六字真言，可得佛家八万四千法门之精义。

• 0字。大道至简，佛法也然。所以有禅宗思想“不立文字，教外别传”“直指人心，见性成佛”。世尊临入涅槃时就明确表示：“吾四十九年住世，未曾说一字。”迎头敲一棒，也可以获得解释。

因此，若单就佛系世界观而论，关于“外部物质世界并不存在”的思想，佛家的表达体系当然也是可繁可简、丰俭由人。在我看来，可以用短短的两句话8个字以蔽之：缘起性空、阿赖耶识。朱清时演讲《物理学步入禅境：缘起性空》，重点就是这个意思。

1） 缘起性空——佛学的本体论世界观。缘起性空是佛家（大乘般若学）关于物质世界的思想核心。何为缘起性空？缘起缘起，因为所以；性空性空，本性为空。例如咖啡，意大利浓缩咖啡搅和牛奶是缘起，拿铁泡沫是结果。那么咖啡和牛奶就实在了吗？它们也是速朽之物，它们是其他缘起的结果。凡有所相，世间无一例外，都是某些因缘而起的泡沫，都是从阿赖耶这个无边大海里跃起的朵朵浪花。生命有生老病死，物质有成住坏空，你能想象任何可以永恒不变的“实相”吗？

我们同意，一切“果”皆有“因”可溯，从“因为”到“所以”的因果链条是无限的。从这个视角看过去，世界上就只有“因”而没有“果”。以经典物理为代表的还原论科学，迷信这个回溯过程存在一个总根源，希望所有“果”指向一个初始“因”，这是很困难的，就像万里长江回溯到格拉丹东姜古迪如冰川，希望能指认某一滴水是真正的源头。量子力学的“关系实在论”与大乘般若都认为，万物的因果链条，没有哪一个环节是前无古人的起点或者后无来者的终点。既然所有结果都可以回溯到各种原因，所有实相都可以在其背后一层得到解释或描述，那么，实相本身还有什么特立独行的实在意义呢？反过来说，硬硬的咖啡豆，叮当作响的咖啡杯，也都不比昙花一现的拿铁泡沫更多一些实在。意大利物理学家卡洛·罗韦利一语中的：“世界由事件而非物体构成。”

“本来无一物，何处惹尘埃！”可知佛学是不支持本体论的。

2） 阿赖耶识——佛学的认识论世界观。世间万物存在于各种因果关系，缘起性空之论似乎也不难接受，正如我们也勉强接受贝克莱存在即被感知之论，但我们也都忍不住要去追问这个因果链条背后的实体依托或远方的源头活水。唯识论（大乘佛教瑜伽行派）认为，世界一切现象都是心识所变现，心外无独立的客观存在。如果非要归因于什么实体，那就是无所不包的阿赖耶。阿赖耶究竟是什么？按照它自己的定义（涵藏万有、生发一切）及其内在逻辑，它一定不是我们能够感知和意识到的具体对象，它实际是为了代表一切未知实体而设定的 x。用数学思维来解读，世界好似一则函数，如果万物都是因变量，阿赖耶就是等式另一边那个生发一切的自变量，末那识就相当于函数运算法则。

量子论与唯识论，二者在“认识决定实在”方面是一致的。“万法唯识，识外无境。”想要读懂这个世界，有意义、能把握的一切，只是我们的认识工具与认识方法，而不必再去徒劳地追问这些认识工具与认识方法背后，还有什么可以无限追问的实在之物。指望可以无限追问，本身就是逻辑矛盾之论。关于这个“背后之物”，佛学与科学大致都同意不可言说。这个不可言说的对象，如图所示，佛学称之为“阿赖耶”，科学称之为超级宇宙，用以填补我们理性结构边缘的逻辑真空。

图示之意，物理科学跟人的常识属于一个层次，都是基于感知的经验式认识，属于唯象理论的思想范式。既不唯心，也不唯物，而是唯象，就事论事，归纳现象，只知其然不知其所以然。关键层次是佛学的末那识跟人脑中的数学结构，或康德之所谓先天理性结构，它们本质神似，功能相同，都是人类借以认识或感悟世界的基本算法。学霸和顿悟高僧也许可以无限深入这个算法，却再也无法借助这个算法去逾越这个算法自身，去“接触”更底层的“实在”。大千世界、万事万物，都是这个算法及其函数机制投影到对面屏幕上的影音故事。既不唯心唯物，也不唯象，而是唯识，这大约就是佛学与量子论心心相印的哲学智慧。

量子论不会皈依我佛。对科学来说，20 世纪的这次会师是第 n 个新的攀登起点，而佛学一直就在那里，过去现在未来。

佛学

可疑的外部物质世界

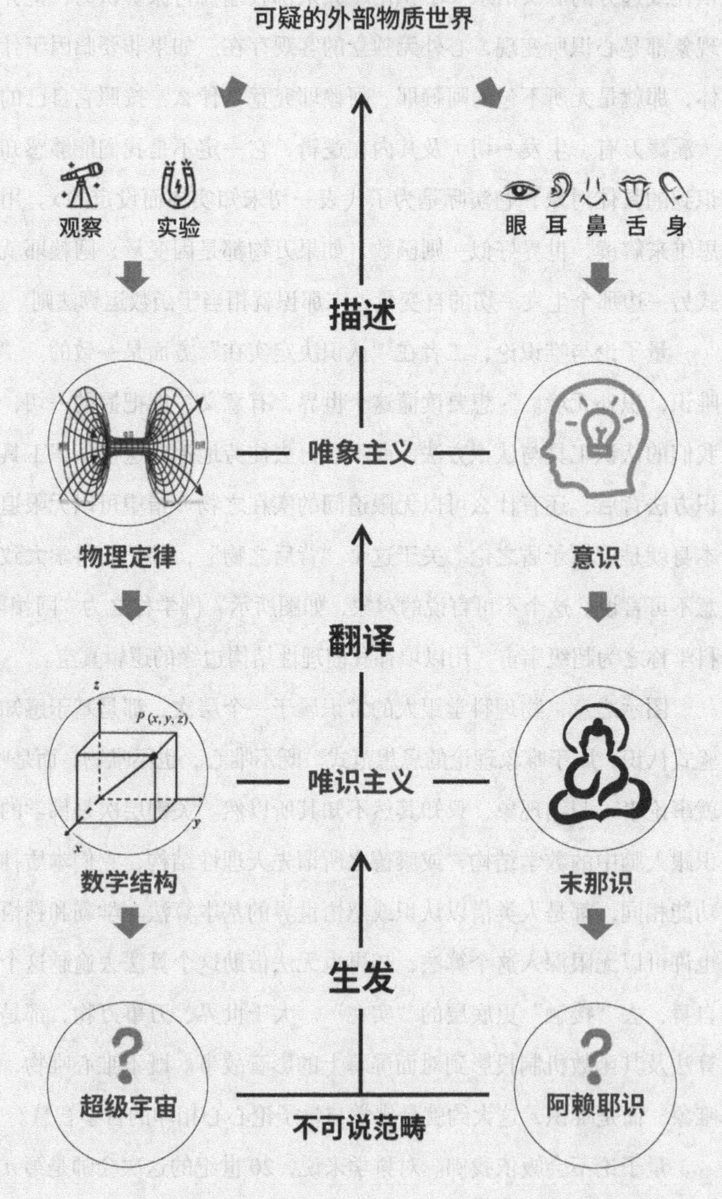

第二篇

奥义 | 究竟何为真实

一则超现实主义的公式

有一种真实，叫“数学真实”

还有一种真实，叫“物理真实”

数学物理互证的真实

我们究竟相信什么？

佛法智慧为真谛，常识常理为俗谛。科学的真谛，是与常识常理渐行渐远的物理数学奇谈。关于量子，俗谛称之为烟雾龙，真谛称之为波函数。量子真谛无法完全俗谛化，多少需要一些超现实的数学思维。

薛定谔的蚊子

夏夜的蚊子是一种高度可疑的生物，它们明明是在枕头耳边嗡嗡飞，却总是在大腿和胳膊上咬出包来。这种怪事怎么破？用量子论的话来说，蚊子纠缠啊！它们处于既在这里，又在那里的状态。呵呵！

什么叫“既在这里，又在那里”！吐槽蚊子的狡猾和灵活罢了。但在量子论的话语体系里，大量地充斥着这一类论调，听上去就像是因语词匮乏表达困难而使用的拙劣比喻。这样的论调，我称之为“呵呵论”。所谓“薛定谔的蚊子”，当然只是一则比喻、一种调侃，而我并没有过多娱乐化，毕竟“既在这里，又在那里”就是真实的量子事件，我只是想拿蚊子来替代史上那个更呵呵的角色：猫。霍金说他每每听人说起那猫，就忍不住想要拔枪相向，盖因大家早就呵呵够了。

所有“呵呵论”，差不多都是真的。

开篇出场的物质波公式，如何解读这个矛盾的叠加统一，大约是量子力学所有迷局的总根源。可是，这么一个尖锐冲突的局，100 多年来，99.9999% 以上的地球智能生命常常用“呵呵”两字就给轻松消解了。那么，“呵呵论”所指的那些矛盾表述，那些分明不可能发生的事情，那些变态的理论模型，科学家们为什么自信可靠，甚至不惜以命相搏？果真是皇帝的新装吗？不要急于下结论，不要因固执成见而错过什么。至少我知道你未必认真深入地思考过，这世间究竟何为真实。

- 量子是正常的，但是它的物理描述违背了基本逻辑。
- 物理觉得冤枉，它只是被一个超现实主义的数学结构带偏了。
- 数学在乎过谁啊，要怪就怪你大脑回路的转弯弧度不够。
- 既然你鄙视不可知论，那我们只好说这个宇宙有点不正经。

STEP 01　一则超现实主义的公式

1+2+3+4+5+⋯=？

从1到n，所有自然数相加，等于多少？

- 无穷大？是，谁也不敢说你错，但显然不是我手心里的答案。
- 404？服务器没有响应，发散级数无法求和，此问没有答案。
- 42？超级电脑“深思”经过750万年的漫长计算，给出关于生命、宇宙以及任何事情的终极答案，就是这个数字。

我手心里的答案是：

−1/12

呵呵！真的吗？

说来话长，这一篇的所有讨论，都是为了回答这个呵呵之问。

最终是要证明：反常的量子，可以并只能得到反常数学的解释。

发生了什么？

莱昂哈德·欧拉
Leonhard Euler

首先申明，不是恶搞的数学把戏，而是18世纪数学家、著名的“数学大神”莱昂哈德·欧拉留给世界的一则公式。数学问题你可以不听体育老师的，欧拉的意见你总不好意思一口驳回吧？据说在最伟大的数学家排行榜里，他应该居前五位之列。网上有一个7分多钟的视频，MSRI（美国国家数学科学研究所）组织发布的*Numberphile*（数字狂）节目，两个人你问我答推导演示。看上去每一步都丝丝入扣、合情合理，不知不觉间，妖精答案“−1/12”悄无声息地从转角处探出头来。那种意外的感觉，怪怪的不是滋味，就像目睹一条巨大的烟雾龙气势汹汹遮天蔽日地扑过来，本来以为它要喷出烈焰大火，噗，吐出一个小小的烟圈儿。

其次要申明，这不是脑筋急转弯，而是严肃的科学问题，物理数学界一件公开的秘密。当代物理最新成果之一、候选的“万物至理”——超弦理论，就跟这个公式密切相关。超弦理论依靠这个戏剧性的公式给出证明，物质基本组分，比亚原子粒子还基本的组分——弦，以高维度空间的形态而存在，这个假说在数学上是自洽的。这个很重要，没有高维度空间假设，超弦理论的逻辑就有可能面临严峻挑战。论证过程大致是这样的：在超弦理论模型里，光子被视作振动的能量之弦，考虑一些奇怪的东西，比如振动模式和量子涨落能量、空间振动方向和传播方向，如果设空间维度为D，则光子质量推算公式应该是这个：

$$2+(D-1)\times(1+2+3+4+5+\cdots)=0$$

根据狭义相对论，光子的静止质量必须为0，所以这个计算公式必须等于0。可是，如你所见，式中的D和D－1表示空间维度，定义上即不是负数，而后面那个连续相加的数列更不像负数。怎么办？如果这个问题无解的话，弦理论就要考虑是不是几十年前就走错了方向。这个时候，两百多年前的欧拉公式救场来了，弦理论物理学家在最不可能的地方发现了转机：嘿，1＋2＋3＋4＋5＋⋯ 就是一个负数！

把 −1/12 的结果代入公式，求D的值为25。因此，弦理论宣称宇宙空间为25维。至于你听说超弦理论的空间维度是10，是因为超弦理论考虑量子之弦除了在普通空间D维上振动，还要在超空间所谓的“格拉斯曼数坐标”里振动，由此修订光子质量的计算公式，（D－1）/12部分应当扩展3倍，计算结果D＝9。加时间一维，就是10维。

如果你觉得，拿一个虚构的公式来支持一个虚构的模型不足为凭，就看看更实际的例子。量子场论解释卡西米尔效应的真空能量问题，也援引了这个公式。卡西米尔效应是说，由于真空充满大大小小的量子涨落，两块紧密靠近的金属板将因排挤掉了较大波长的量子涨落而产生向内的压力。但是，计算这个压力也即内部能量密度，涉及欧拉公式的无穷加和。如果我们坚持加和结果无穷大，这个模型的麻烦就大了……感谢欧拉公式。更令人喜出望外的是，能量密度的实际测量结果不仅不是无穷大，而且刚好就是欧拉公式的计算值。你相信这是巧合吗？

日本科学家大栗博司的著作《超弦理论》讲了这个公式的故事。他说，日本数学家黑川信重就被这个公式惊着了，感慨“如瀑布之磅礴冲击”。大栗博司用了中学数学和大学数学两种方式来推导欧拉公式。中学方式不太严谨，大学方式引入黎曼 ζ 函数和解析延拓理论，然后，$-1/12$ 也冒出来了。还有美国理论物理学家约瑟夫·波尔钦斯基《弦理论》一书，也介绍了这个公式。

欧拉的这条烟雾龙，究竟是怎样吐出小烟圈儿的呢？鉴于本书并无深入专业的志向，下面先提供一个无希腊符号、非高等数学的快餐式推导，以飨读者，主飨广大数学学渣读者。放心，小学级别的证明。如果你是数学公式重度过敏症晚期患者，轻轻飘过也罢。

设 $S=1+2+3+4+5+\cdots$

设 $A=1-1+1-1+1+\cdots$

设 $B=1-2+3-4+5-\cdots$

操作 $A+B$，可得 $2-3+4-5+\cdots$ 这个结果相当于 $1-B$

操作 $A-B$，可得 $0+1-2+3-4+\cdots$ 这个结果等于 B

将上述两式相减，左边的结果是 $2B$，右边的结果是 $1-2B$

就是说 $2B=1-2B$。如此可求得 $B=1/4$

操作 $S-B$，可得 $4+8+12+16+20+\cdots$

考察右边的式子，实际相当于 S 原式的 4 倍

就是说 $S-B=4S$，也即 $3S=-B$

前面刚刚算出 $B=1/4$，代入上式，$3S=-B=-1/4$

闪开，烟雾龙吐小烟圈儿了：

$S=-1/12$

到底发生了什么？

−1/12，越想越邪，不知道造物主对此是什么心情，反正我们都感到不舒服。难道说我们省吃俭用天天向存钱罐里投硬币，死前砸开罐子，却发现里面竟然一个钢镚儿也没有，还飘落一张欠款账单？

数学专家的态度是什么呢？一言以蔽之：呵呵！大家认为，答案就是无穷大，更可靠的说法是无解。“知乎”“果壳”网友对此有许多讨论，热度持续不减，脾气越吵越大，被评选为“最受欢迎的运动”。疑问发生在推导过程引入的“格兰迪级数”，即上述的 A 式。我们有必要看看围绕它的争议到底是什么，我们后面还要介绍一个梗，它的数学结构似乎跟“薛定谔的猫”有着某种神秘联系。

格兰迪级数简单到无以复加，再写一遍如下：

$$1-1+1-1+1-1+\cdots$$

学霸认为，对发散级数进行运算没有意义。但是“数字狂”的推导使出了两个不大起眼的小把戏，一个平均取值、一个错位相加，是把整个公式引向荒谬结果的关键。什么叫发散级数？愚公移山那个老头儿认为，太行、王屋二山的高度是收敛的，而他的家族香火是发散的。发散级数不能求和，正如你无权规定老头儿总共会有多少代子孙。多个发散级数的运算，比如，一个无穷大加一个无穷大，没有意义。

两个无穷大不能相加，那么两个无穷数列的任何运算，比如移项变号、平均取值、错位加减，也绝对不可以吗？——可以吗？不可以吗？到底可不可以啊？好吧，凡是在脑子里转好几个弯都还有疑惑的问题，一般来说就够不上公理。既然不是公理，那么就要考虑，行或不行的做法，肯定都有特定的意义和道理。本来我们认为这样的数列之和，似乎好像可得 1，似乎好像也可得 0，比如，我们可以这样操作：

$$(1-1)+(1-1)+\cdots=0+0+0+\cdots=0$$

略作思忖即可看出，我们也可以这样操作：

$$1+(-1+1)+(-1+1)+\cdots=1+0+0+\cdots=1$$

不管怎么组合，我们都可以如此反推反诘：凡是结果等于 0 者，可以视为在减 1 处停下来了；凡是结果等于 1 者，可以视为在加 1 处停下来了。但是，格兰迪级数的尾部是开放的，永远不能停。据此我们可以立刻判定，0 或 1，两个答案都是错的。现在，“数字狂”在推导欧拉公式的过程中，生生出现了第三种结果：1/2。理由是格兰迪级数计算结果在 0 和 1 之间振荡，取平均值就是 1/2。这个套路，是糊涂县太爷各打五十大板的糊涂官司吗？不必讳言，本质上差不多。不过似乎还有某些微妙因缘。简单的推导操作是这样的：

设 $S=1-1+1-1+1-\cdots$

则 $1-S=1-(1-1+1-1+1-\cdots)$

$=1-1+1-1+1-\cdots$

$=S$

也即 $2S=1$，所以 $S=1/2$

这个推导，据说属于“切萨罗求和”“阿贝尔求和”，求和结果是正确的。莱布尼茨也认为是合理的。我们的欧拉公式，前面的推导过程以及“−1/12”这个结果的合理性，就建立在格兰迪级数求和的基础之上。欧拉公式是否鬼怪，取决于这个 1/2 的求和结果是否成立。

假设这个结果成立，然后由此出发，反推欧拉公式的鬼怪结果。

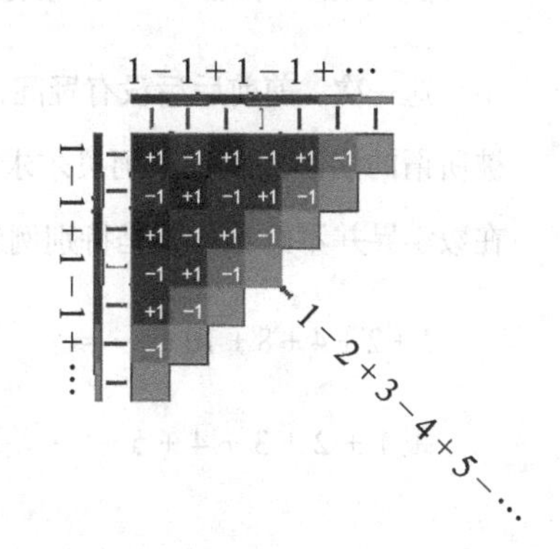

我们先操作两个格兰迪级数相乘。为降低不知不觉出老千的嫌疑，这次我们采用直观的方式，将两个级数的相乘运算转化为几何相加，即两个级数纵横相乘。矩形大盘里的方块，加起来就是相乘结果。如图所示，看图说话：黑色方块代表+1，灰色方块代表−1。沿对角线相加，清点同色方块，可得1黑、2灰、3黑、4灰、5黑…，转换成数列就是 $1-2+3-4+5-\cdots$。已知格兰迪级数求和为1/2，所以它们两个相乘的这个结果应为1/4。

$$1-2+3-4+5-\cdots=1/4$$

请将我们需要求证的欧拉公式 $1+2+3+4+5+\cdots$ 与上式比较，二者结构很像，差别不大，只是偶数全部为负。我们可以考虑对上述式子作一番"减出"与"补齐"的手术，拼凑一个欧拉公式。拼凑目标：把式中的所有负数拿出来，把相应的正数补进去，直到拼凑出 $1+2+3+4+5+\cdots$。操作思路：拿出负数、补进正数，再把放进去的正数减出来，这一进一出，里里外外相当于需要增加两个负数列−2、−4、−6、…。表述很啰嗦，实际很简单，请目测心算是不是。顺便一提，据说欧拉当初也这么操作过。过程如下：

$$1-2+3-4+5-\cdots=$$

$$(1+2+3+4+5+\cdots)+2\times(-2-4-\cdots)=1/4$$

后半部分提取公因式，上式变为：

$$(1+2+3+4+5+\cdots)-4\times(1+2+3+4+\cdots)=1/4$$

也即 $-3\times(1+2+3+4+5+\cdots)=1/4$

瞧，烟雾龙又吐小烟圈儿了：

$$1+2+3+4+5+\cdots=-1/12$$

这一次，前前后后没有疑问，可知老千就出在最开始的格兰迪级数，被所谓的切萨罗求和、阿贝尔求和搞出了1/2的求和结果。类似的事情在数学界并不鲜见，不是特别例外或误打误撞。比如这个：

$$1+2+4+8+16+\cdots=?$$

跟 $1+2+3+4+5+\cdots$ 差不多，也是一个无休无止、越加越大而且加倍增长的数列。令人三观迷离的是，它也有确定的数字答案，而且也是岂有此理、竟有此事的负数：−1。马上就看看维基百科上的证明过程，跟前面格兰迪级数求和的操作风格如出一辙。

设 $S = 1 + 2 + 4 + 8 + 16 + \cdots$

$= 1 + 2 \times (1 + 2 + 4 + 8 + 16 + \cdots)$

$= 1 + 2S$

所以 $S = -1$

胡闹！高级呵呵族表示，照这么玩儿下去，数学就成曲苑杂坛了。阿贝尔本人就对这类求和方式感到不安，他说："发散级数是恶魔发明的东西，任何基于发散级数的证明都是自取其辱。"如此推导，可以得到任意的求和结果，还能证明 $1 = 0$。严格地说，欧拉公式和格兰迪级数的所谓"求和"不是代数相加，而是建立在某种定义和技巧基础上的推理。这个定义是指黎曼 ζ 函数，这个技巧是指解析延拓。

那么大神欧拉，他是误打误撞对了呢，抑或根本就是胡闹呢？

整个这件事情，源自18世纪的一个著名数学难题——贝塞尔问题：求所有自然数2次方的倒数的和。"所有"就是无穷啊，怎么求和！大神欧拉天降神启，以一种不太严谨的方式证明，这个无穷级数竟然有确定的求和之解，而且带有一个匪夷所思的无理数：π。

$1 + 1/2^2 + 1/3^2 + 1/4^2 + \cdots = \pi^2/6$

这个结果是正确的，年轻的欧拉一举成名，从此走上数学的神坛。证明过程基于正弦函数的泰勒级数展开式，有点复杂，我们很难得到更通俗的理解。圆周率 π 掺和其中就是一桩莫名其妙的事情，圆在哪里啊？！费曼年轻时就为一个振荡电路的频率公式中出现圆周率而迷惑，须知电路形状并非圆形。你我凡夫俗子，只知道圆是圈圈。在欧拉这类数学大神的眼中，圆的深层本质不是圈圈，而是两个哲学理念：

• 对称性

• 周期性

如此可知，大神的深刻洞见更多是一种几何直觉。大神紧跟着以相似手法，求出所有自然数的1次方、2次方、3次方的和：

所有自然数的一次方之和：$1+2+3+4+5+\cdots=-1/12$

所有自然数的平方之和：$1+2^2+3^2+4^2+5^2+\cdots=0$

所有自然数的立方之和：$1+2^3+3^3+4^3+5^3+\cdots=1/120$

看清楚了吗？呵呵复呵呵，离常识常理十万八千里。推导过程有点复杂，为避免越扯越远，此处继续从略，待会儿将检视格兰迪级数解析延拓的证明过程，它们的本质是相似的。

波恩哈德·黎曼
Bernhard Riemann

欧拉之后很多年，黎曼 ζ 函数对这类无穷级数的求和给出严谨定义。ζ(Zeta),代表“求和”的符号。黎曼 ζ 函数是关于 s（复数）的函数，表述为：自然数 n 的负 s 次方，对 n 从1到无穷求和。世界七大数学难题之一，著名的“黎曼猜想”，就是关于这个函数的一个问题。函数表达式如下：

$$\zeta(s)=\sum_{n=1}^{\infty}\frac{1}{n^s}=1+1/2^s+1/3^s+1/4^s+\cdots(\mathrm{Re}(s)>1)$$

这些情况欧拉都知道，重点是后面那个条件标注：Re(s)>1。考察这个式子，分母越来越大，分数越来越小，通常情况下，这种无穷级数是收敛的，可以求出具体的值。所谓收敛就是指和值越来越趋向一个固定的数，反之就是发散的。对吗？只对了一半。黎曼证明，必须是在复数s的实部大于1的情况下，也即Re(s)>1，这个函数才是收敛的，因而求和是有意义的。如果Re(s)=1，则函数变为：

$$\zeta(1)=1+1/2+1/3+1/4+\cdots$$

这个是调和级数，已经证明是发散的，求和结果趋于无穷大。而另外一个相似的级数，1 + 1/2 + 1/4 + 1/8 + 1/16 …，分母翻倍增加，整个级数却是收敛的，求和值为 2。这与我们的直觉相悖。

如果 Re (s) < 1 呢？根据黎曼函数的定义，没有意义。例如 $s=-1$、-2、-3，函数里的分数就要倒过来，变为所有自然数的 1 次方之和、2 次方之和、3 次方之和，求和结果就是欧拉已经证明的结果：

$\zeta(-1)=-1/12$

$\zeta(-2)=0$

$\zeta(-3)=1/120$

突破 Re (s) > 1 的限制，把定义域扩展到 Re (s) ≤ 1 的范围，强行要求黎曼 ζ 函数继续进行有意义的求和，这个操作就叫解析延拓。

考察黎曼 ζ 函数的曲线，因在特定定义域才成立，所以它的曲线是平面上夹在特定区间的一截儿，而数学强迫症对这种横空兀立没头没尾的曲线不能忍受，总是希望延伸拓展到全域，这就是延拓。当然，延拓须有逻辑依据，凭空想象任意发挥就不是数学了。维纳斯手臂就无法“顺势”修复，因为残缺部分至少包含有两个可以自由弯曲的肘关节，因已经丢失而永远不为人所知。但是，对于处处可导的连续函数曲线，就可以合理地分析它在定义域前后的来龙去脉，这就是解析。

维纳斯的延拓
存在（哪能天生无臂）
但不确定（没有唯一性）

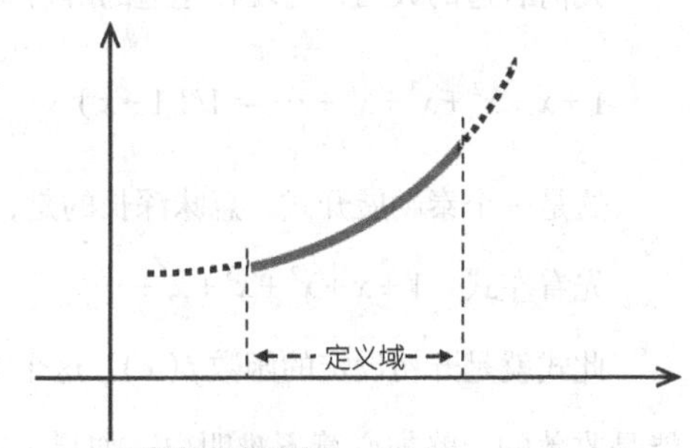

函数的解析延拓
确定（因为处处可导）
但不存在（超出定义域）

何为“处处可导”？基于微分几何的思想，通俗地说，立足曲线上的每一个点，都可以推导出相邻的下一个点。曲线两头也即定义域两端并非断崖，没有任何“突变”征兆。整个函数没有任何预设条件，指示它的曲线要从下一个点开始，突然由光滑曲线变作锯齿线，当然更没有理由去绕一个“中国结”。黎曼函数的解析延拓，大致就是函数曲线顺势而为的自然延伸。

我们的鬼怪公式，究竟是怎样进行解析延拓的呢？

黎曼函数的解析延拓，跟一个数列求和的函数公式密切相关。

设：$f(x)=1+x+x^2+x^3+x^4+\cdots$

在x取值不明的情况下，函数$f(x)$当然没有确定的数值解。但是，我们可以通过错位相减的简单推导，对数列进行简化或打包处理，求得一个解析式的解。具体操作是，函数$f(x)$乘以x，然后用$f(x)$自身去减它。公式表达如下：

左边$f(x)-xf(x)$

右边$(1+x+x^2+x^3+x^4+\cdots)-(x+x^2+x^3+x^4+\cdots)$

左右两边计算、移项的结果$f(x)=1/(1-x)$

先前右边的数列，与现在左边的解析式相等，也即：

$$1+x+x^2+x^3+x^4+\cdots=1/(1-x)$$

这是一个泰勒展开式，意味深长的是，等式两边的定义域不同！

先看左式：$1+x+x^2+x^3+x^4+\cdots$

此式就是开初设定的函数$f(x)$。这个等比数列可能是发散的，也可能是收敛的。略加心算不难明白，如果$x\geqslant 1$，数列将越加越大，数列发散，不能求和。如果$x<-1$，总趋势也是越加越大。但在$-1<x<1$

的定义域范围，请再作简单心算，它将变为无穷递缩的趋势，数列收敛，可以求和。

再看右式：$1/(1-x)$

此式可设为函数 $g(x)$。单独考察函数 $g(x)$，定义域范围是 $x\neq 1$，只要分母不为 0，这个式子就是合法的。如果我们设 $x=-1$，右式这个函数 $g(x)$ 当然是允许的，并且一望可知其结果为 1/2。现在我们回到上述等式，把 $x=-1$ 代入其中，则左式和右式分别变成为：

$$1-1+1-1+1-\cdots=1/2$$

瞧，正是前面那个可疑的、生死攸关的格兰迪级数求和。呵呵！

问题出在哪里？我们刚刚讨论了，$f(x)$ 代表的数列，发散或收敛待定，必须在特定定义域内才收敛，也才能得到确定的数值解。但是，在没有明确定义域的情况下，固然不允许任何数值解，并不妨碍它得到一个解析式的解。此处是欧拉鬼怪公式的焦点环节，读者诸君已经可以自行判断，我们写下 $1+x+x^2+x^3+x^4+\cdots=1/(1-x)$ 的等式是否理亏？那个等号该不该打折扣？

这里，$g(x)$ 和 $f(x)$ 都是解析函数，二者在特定定义域内完全相等，但 $g(x)$ 的定义域比 $f(x)$ 的定义域更宽阔，这种情况下就可以认为 $g(x)$ 是 $f(x)$ 的解析延拓。准确表达如下：

$$f(x)=g(x)$$

定义域：从 $-1<x<1$ 延拓到 $x\neq 1$

好吧，呵呵族赢了，格兰迪级数求和，连带欧拉鬼怪公式，都不成立。以下我将作三分钟的抗辩，因为我还残存一点“可以抢救一下”的感觉。如果抗辩无效，我还将发起一个新的问题：

$\sqrt{-1}$ 是否成立？

问题不变、结果不变，只是说法必须讲究一点吗？

综上，呵呵族的结论性意见是，我们的欧拉公式不能直接说成是“所有自然数相加等于$-1/12$”，而应该说成是 $\zeta(-1)=-1/12$。孔乙己就说过，茴字有几种写法。呵呵！

数学的纯洁性保住了，物理怎么办？物理只不过是说，根据这个公式，宇宙空间是十维的，真空可以精确计算，如此这般，人畜无害啊！再说了，不管怎样定义怎样延拓，求和结果并没有变，欧拉的答案就是正确的。再退一步想，越加越多最终得到负数，那又怎样？会导致电网短路、火车出轨、导弹跑偏或者青少年离家出走吗？你家存钱罐并没有真的投入无穷多硬币，你慌啥！

有没有被呵呵糊涂了啊？反正我从中听出两个无比别扭的意思：

1） 这是特别定义的数学。此求和不是彼求和，此等号不是彼等号，此数学不是彼数学……可是，数学还分民间数学和宫廷数学吗？好比有人这样说：“数学是一丝不苟、说一不二、毫不含糊的真理……嗨，朋友，请放下那个公式，它说等于，其实它不等于……”

2） 这是物理上才有意义的数学。茶余饭后当谈资都不行的，用到物理科学上反而又行了？难道物理可以对付着使用一些打折促销的仿冒货数学？那么，依靠这种不严谨、不正经的数学所描述的物理现象，超弦理论借以推论的十维空间，只能算给好莱坞写的科幻剧本啰？好比有人这样说：“抱歉我的朋友，这个数学公式是假的。不过，您拿到隔壁物理学院去试一试吧，听说效果不错。”

进而言之，本书谈论的各种量子怪象，例如物质波公式暗示的叠加态，究竟是不是真实存在？本书谈论的各种宇宙怪象，例如多世界解释描述的情景，究竟是不是真实存在？为避免一开口就遭遇各级“呵呵族”的鄙视，我提议先放下量子本身，费点力气试着去解决一个看似天经地义而实际上严重地含糊不清的问题：何为真实？

STEP 02 有一种真实，叫“数学真实”

何为数学真实？类似“所有自然数相加等于 −1/12”这种事情，数学上存在，现实中没有，就是一种数学真实。

呵呵族的反对，实际包含着这样的意思：“呵呵，我不知道它描述的是什么，天底下不可能存在或发生这种情况。”而所谓的数学真实，是不要求大自然呼应背书的真实，至少是不要求马上兑现的某种超现实主义真实。问题的焦点似乎是解析延拓，听上去做了一些画蛇添足狗尾续貂的事情。而我认为，解析延拓的实质是对常识常理的加持，代表着人类思维范式的进化。只不过，所有进化都会遭遇呵呵。

都是呵呵族，先后见高低。亚马孙雨林深处的麦西河沿岸，有一个神秘的原始部落皮纳哈，族中几乎没有人能数到 10。澳大利亚一些土著部落更绝，数数一般不过 3。如果需要表达更多数字，他们就指指头发。要说这也没有什么大不了的，“道生一，一生二，二生三，三生万物”，就凭他们这个程度的数学能力，想读懂《道德经》都够了。稍微再加把劲儿，学会 $8\times8=64$，也可以宣布世界上没有任何秘密了。话说回来，跟那些土著部落比起来，你、我，还有大多数超市收银员又能强出多少呢？我们深刻理解十进制自然数，乃是因为我们随身携带十个手指这样的强大工具。计算器使我们免于结账时出示脚丫子，不过是因为我们已经习惯于信任计算器液晶屏跳出的数字。我们更重要的体会是：

总有一些确凿无疑的数学真实，暂时或者永远地，找不到物证。

比如我发起的新问题：$\sqrt{-1}$究竟是不是瞎胡闹？

结绳记事的解析延拓

太平洋小岛、亚马孙雨林、澳大利亚沙漠，那些还在结绳记事的土著部落，跟现代文明只隔着几次解析延拓。如果用一根绳代表数轴，自然数是什么？—— 绳子上的若干疙瘩。用这些疙瘩对所有事物实施数字化管理，好用，但不够用。那么让我们从绳子出发，开始延拓。

1）　关于“空”的延拓：向绳头扩展。

表示“没有”的绳子疙瘩怎么打？世界万物存在而没有不存在，这个基本事实令年轻的人类对于“不存在”这个概念有点摸不着头脑。据说，早在公元前3世纪，古印度人就发明了自然数123456789，然后经过漫长的几百年时间才意识到，0，至少作为一种可能性的描述，在我们的逻辑体系里应该有一席之地。古印度之0，梵文Sunya，意为“空”。看来是佛家关于缘起性空的哲学精神，助力完成这次伟大的延拓。一位罗马学者将0延拓到欧洲，罗马教皇表示呵呵：你这是在批评上帝搞物质虚无主义吗？结果，这名学者竟被施以拶刑，狠夹手指。

2）　关于“负”的延拓：绳头之外再接一根。

为了从“有”到“没有”的延拓，有人付出拶刑的代价。“没有”已经费解，比“没有”还少的东西又是什么鬼呢？负数啊！你不要骄傲，实际你也是最近（不到200年）才知道的。据一篇佚名的网络文章介绍，直到16、17世纪，欧洲大多数数学家如帕斯卡、莱布尼茨等，都还对负数表示呵呵，认为负数是虚构的、荒谬的东西。1831年，英国数学家笛·摩根举例说：“父亲56岁，儿子29岁。问何时父亲年龄将是儿子的2倍？”可列方程$56+x=2\times(29+x)$，解得$x=-2$。摩根生气地说，时间存在负数，岂不是要让时间倒退？这不胡闹么！

3）　关于“理”的延拓：结更小的绳疙瘩。

古希腊时代，传说，毕达哥拉斯组织了一个类似数学发烧友沙龙的组织，数学因其纯粹、严谨、美妙和神秘的普世性，被他们奉为某种宗教信仰。毕家军一个叫希帕索斯的弟子意外发现$\sqrt{2}$问题，那是一个看上去毫无规律的无限不循环小数，后称无理数。无理数不是无厘头吗？数学的精致精美哪里去了！考虑直角三角形的几何操作，给定两个垂直边长，我们可以得到一条精确的斜边，这一点没有疑问。但$\sqrt{2}$的无限性质表明，这条斜边竟然没有确定的数值，那么我们该怎么来画这条古怪的线？脑中有、手上无，这就是数学上讲的“测度困难”。

$\sqrt{2}$ 现世，对毕家军来说，不啻于宣布神圣数学居然也会罹患神经分裂症，这世界怎么了！据说，毕达哥拉斯跟他的小伙伴们不是一呵了之，而是深感震惊惶恐，严厉要求希帕索斯不得泄露天机。可是，坚决死磕到底是数学和数学家的天性，我猜测希帕索斯不可能忍住不说，宁可说了之后畏罪潜逃驾船出海。然后，恼怒的“拜数教”“恋数癖”狂徒们追赶上去，把这个无理取闹的同学扔到海里喂鱼去了。人类为了这个从有理到无理的延拓，付出一条人命的代价。

无限，还永不循环？大自然凭什么动用无穷无尽的资源而且换着无穷无尽的花色品种，去供养一个无聊的数？我们又是怎么确定这件事情的呢？无理数的定义特征是，不能表达为两个整数之比，据此可以通过反证法给出简单证明。就是说，我们不需要（当然首先是不可能）检视全程并跑到最后去查验，也能对它的无限性质作出笃定的判断，你若打赌，我敢梭哈。我的一个科学家朋友说，他认为人类最神奇的数学思想，不是别的，而是发现无理数。

4） 关于“弯”的延拓：怎么也捋不直的绳子。

直线不直，平行线也可以相交……。现在我们都知道，这就是稀松平常的非欧几何，不是胡闹。公元前 300 年，欧几里得建立五条几何学公设，这些命题以其大美和极简，2000 多年来一直闪耀着真理的光芒。不过，光芒中略有一点点黑子：第五公设。五条几何公设前四条简单明了，符合公设的“自明性”要求，第五公设也即平行公设却表达啰嗦，意思也并不是那么显而易见。我们说科学来不得半点虚假，数学则更有严重的真理洁癖，容不得半点含糊。第五公设：“过直线外一点，有且只有一条直线与已知直线平行。”确定吗？不确定吗？像这种“公理感”不够的东西，早晚要遭遇数学极客（geek）们的刁难。

平行公设仅对于平直空间才有效，而平直空间假设跟“人之初，性本善”的假设一样，是不可靠的。弯曲空间，至少在抽象的、纯粹的理性上是成立的。可是，挑战“准真理”，把欧几里得的直线掰弯，也是数学史上的一次艰难延拓。德国数学家高斯最先意识到这个延拓，但他底气不足不敢出声，还阻止别的延拓者。另一位延拓者，俄罗斯数学家、喀山大学校长罗巴切夫斯基也没有底气，他在证明“第五公设不可证”之后也犯怵了，将自己发现的非欧几何怯怯地称为“想象几何”。1826 年，罗巴切夫斯基大胆地公开了自己的研究成果，结果饱受学术界的冷漠鄙视、讽刺挖苦。就连歌德《浮士德》也有诗句表示呵呵：“有几何兮，名为非欧，自己嘲笑，莫名其妙！”（苏步青译）罗校长丢掉了颜面和教学科研职位，最后郁郁而终。死后，喀山大学给了他巨大的哀荣，却仍然不提他的非欧几何。大家实在想不通啊！真正要到爱因斯坦相对论，地球人才深刻地领悟到，欧式几何只能算好看的皮囊，世界是按照非欧几何来设计建造的。因此，罗被誉为“几何学中的哥白尼”。

敬告欧几里得，宇宙肯定是弯的，曲率或正或负在两可之间。

5） 关于“虚”的延拓：把绳子竖起来。

比“没有”还少的东西是负数，比负数还“少”的又是什么呢？

虚数啊！虚数代号为 i，定义是 –1 的平方根。

$$i = \sqrt{-1}$$

负数可以开平方吗？当然不可以。这正是我为了抢救欧拉公式而发起的新问题。谨遵呵呵族意见，跟发散级数求和这种事情的性质一样，它在定义上就不可能。但是，如果我们不管不顾非要坚持这个设定姑且合理，就会发现，免除了必须与可观察物理对象逐一对应的负担之后，数学逻辑这台机器的运转更加自洽和舒展。

虚数之为虚，盖因负数不可能开方，也即 $\sqrt{-1}$ 的解并不实际存在。就结绳记事而言，我们知道所有疙瘩都打结在绳子上，$\sqrt{-1}$ 这个疙瘩既然并不实际存在，意味着它肯定不在我们的绳子也即实数轴上。那么，这个虚构之物到底是怎么延拓进来的呢？

前面关于负数的延拓，我们理解为绳头之外再接一根。然而按照正负对称的基本精神，对称即镜像，更准确的理解应该是，将正数这根绳子翻转 180° 而成负数。具体地说，我们来考察正数和负数的基本单元：+1 和 −1。按照数轴旋转的思路，正数轴的 +1，逆时针旋转 180° 之后即为负数轴的 −1。为什么非要逆时针呢？因为虚数轴也有正负，我们一般以上方为正。重点在于，这个正反方向的完整翻转，相当于连续两次逆时针旋转 90°。由此可以建立如下关系式：

+1 ×（逆时针旋转 90°）×（逆时针旋转 90°）＝−1

两次逆时针旋转 90°，为什么是相乘关系？因为加法是一维的线性延伸，乘法才具有二维扫描的意义。矩形的面积，就是长乘以宽。

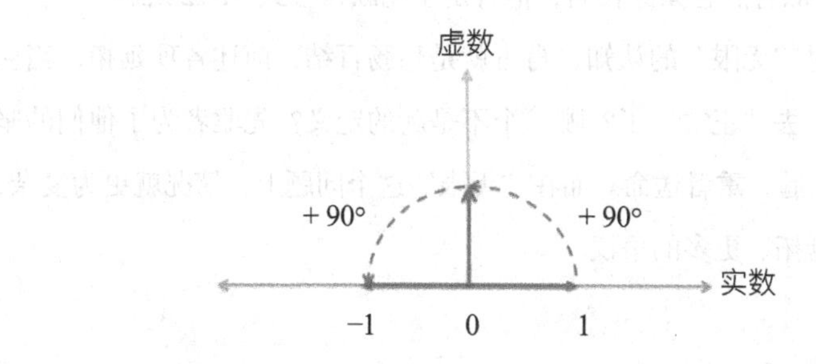

上述关系式简而言之可以写作：（逆时针旋转 90°）^{2} ＝ −1。

设“逆时针旋转 90°”这一行动的代号为 i，即为 $i^2 = -1$。

所以，虚数 i 应另有一个操作性定义：逆时针旋转 90°。

旋转，令人吃惊的思想突破。既然操作正数轴向负数轴的旋转是完全符合数学精神的合法推理，那么，在旋转到一半的时候停下来得到的新数轴，我们就应该接受它的合理性。这是代数向几何转换过程中，额外产生的意义。几何是更为纯粹的数学，那些直观形象的几何图形，相比拿人造字母符号代表某些抽象意义的代数，更为原生态。

按照“逆时针旋转 90°”的定义，两个完全不相干的数轴相互垂直，从而构成一个笛卡尔直角坐标系，这个结构即为复数平面。这样，虚实两根绳编织而为一张大网，整个数学世界立刻从一维的绳子，延拓跃升为二维的复数平面。实数与虚数的运算，不再是一维数轴上的左右延伸，而是在二维复数平面上的几何旋转。

虚数不虚，不仅因为它的数学结构合理自洽，并为经典力学和相对论提供了强大的数学工具，更因为它在描写量子方面具有不可替代的特殊作用，以及超越计算工具的象征意义。对此，第四篇“物语”将作专门讨论。

6） 关于“∞”的延拓：向两头永远延伸。

虚数虽然超越现实，终归是确定和清楚的，我们可以在一张餐巾纸上将其轻易画出来。无穷大就不好对付了。一根无限延伸的绳，想要把它头尾连接，怎么破？英国数学家瓦里士认为，负数小于零而大于无穷大。呵呵！貌似有点意味深长啊，他肯定乐见欧拉公式 −1/12 之解。

人类对“无限”的认知，自古就是愁肠百结。前述各项延拓，当初哪一个看上去“正常”了？哪一个不是新的定义？先驱者为了他们的坚守，轻者丢脸，重者送命。而在“无限”这个问题上，情况就更为复杂，有更多的延拓、更多的争议。

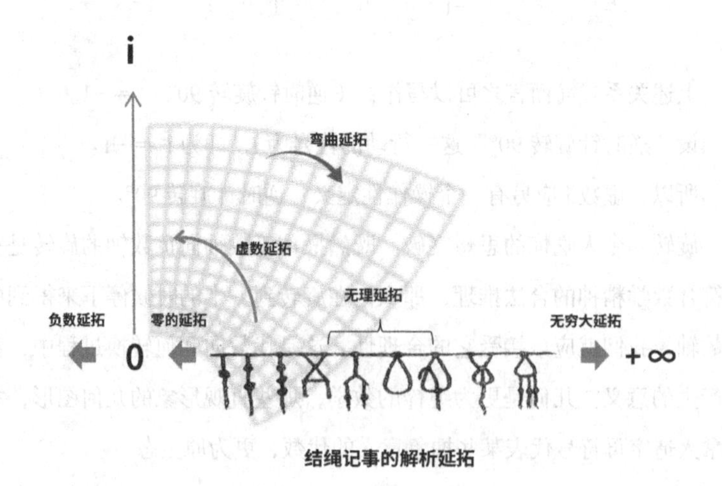

结绳记事的解析延拓

无穷，一个有毒的概念

我说的有毒的概念是“无穷”：∞。

∞到底是什么意思？古人说得好，它表示的意思是：Purnamadahpurnamidampurnatpurnamudachaytepurnasyapurnamadayapurnamevavashishyate。这一串拼音字母，是公元前2000多年古印度韦达曼陀罗对“无穷”概念的释义音译，你瞧瞧，有一丝一毫想要让人听明白的诚意吗？这是约翰·巴罗《无限之书：从宇宙边界到人类极限》注释引用的东西，我不辞辛劳逐字抄录下来，只为强调“无穷”这个词从一开始就是个麻烦。欧拉公式的矫情根源，在于后面那个代表“无穷”的省略号。无穷延伸的东西，若无过硬理由，不能随便拿来加加减减。

“数字狂”推导欧拉公式的节目最后，两人的对话含义很深：

“太刺激了，哈哈哈，爱死它了。”

“慢着，如果我用计算器一直按 1 + 2 + 3 + 4 ··· 全部加起来，临死前按下 = 键，难道我会看到 −1/12 的结果？”

“请定义‘全部’。你不可能获得‘全部’对不对。……我也曾试图理解这东西要表达的含义，你只能用数学的方法欣赏到这奇观，你不可能在现实世界里观测到它、证明它。因为你内心总想让这个序列停下来，而一旦序列停止，你就再也没法理解这个结果。”

“所以当我 1 + 2 + 3··· 一直加到一个巨大的数字……”

“是啊，你将得到一个大数，但你也别想得到 −1/12，除非你能永生。”

如何理解“无穷大”，是一个令人脑洞漏风的问题。咱们冷静点捋一捋：既然无穷，你就没有理由断定它究竟多大，对不对？你必须沿着 1 + 2 + 3 + 4 + 5 + ···一直跑下去，你不能在某个地方停下来，然后气喘吁吁地宣布：看啊，这是多么巨大的数！不对，你必须继续跑，不能停。你甚至也没有理由断定它应该是正数还是负数，凭什么啊对不对？一旦你作出任何确切的判断，都说明你事实上已经停了下来，那样你就犯规啦。你犯规啦知道吗！既然不能停下，你就拿不出任何具体数字来跟 −1/12 作比较。坦率地说吧，你连开口发表反驳意见的机会都没有，因为……因为你永远在路上跑着呢。

最远跑到哪里了？2011 年，IBM“蓝色基因 /P”超级计算机创造一项新纪录，它计算出 π^2 的二进制小数 60 万亿位，居然没有崩溃死机。据此，IBM 公司可以宣布他们的新产品是合格的，人类也可以郑重宣布，经过亲自查勘确认，数列至少到这里还没有抵达尽头。2019 年的 π-day（3 月 14 日），谷歌宣布，它的日裔工程师爱玛创下新的圆周率计算世界纪录：十进制小数点后 31.4 万亿位。

无穷大“∞”到底是个什么东西？

约翰·巴罗说：“无穷不是个大数字。”可怜它大名鼎鼎王者天下，竟然不敢站出来跟任何数字比较大小，包括 −1/12。那么它不是数字又是什么呢？是思想概念。数学发展史上，无穷有两种思想概念：实无穷和潜无穷。实无穷思想的要点是：把无穷的整体作为一个现成单位、一种已经构造完成的东西。按照此观点，所有自然数可以构成一个集合，因为可以将所有自然数看作是一个完成了的无穷整体。潜无穷思想的要点是：把无穷视为一种永远延伸生成的状态，不断在创造且永远不会完成的过程。按照此观点，自然数不能构成一个集合，因为这个集合的构成永远不会完成，它不能构成一个实在的整体。

实无穷和潜无穷，各有道理，争执千年。我们的格兰迪级数求和就很纠结：你想说它属于实无穷吗？可它维持数列的开放性，并没有要求在任何地方，例如在 +1 或者 −1 处结束加和进程。你想说它属于潜无穷吗？可它并没放弃求和结果，而是生成具体的求和答案并且是一个确定的数字。这似乎是一种数学的矛盾叠加：等式左边代表着潜无穷，等式右边代表着实无穷。“安能辨我是雄雌？”

人类理性与“无穷”的纠缠斗争，令数学发生三次危机。

第一次危机，发现 $\sqrt{2}$。现在我们知道，无理数就是一个正经的数，是毕达哥拉斯这类强迫症死脑筋捉不住的滑泥鳅。可是，我们需要回到常识上来想想：无理的变成有理的了吗？当然没有，不要用“存在的就是合理的”这类废话来打圆场，$\sqrt{2}$展开的数列依旧是无限的，依旧是不循环的，思想麻烦一点也没有消除。人类只是得到了一个教训：无理数之无理，大约在于我们的理性不够尺寸。

第二次危机，拯救微积分。公元前450年，芝诺悖论提出“无穷小”概念，人们对此感到无所适从、束手无策，也不知道该把谁扔海里才踏实。直到17世纪，牛顿和莱布尼茨创立微积分，貌似得心应手地解决了难题。“无限细分”就是微分，“无限求和”就是积分。但是，最初的微积分公式悄悄打了马虎眼，它有时把无穷小量设作不为零的有限量而从等式两端消去，有时又设无穷小量为零而忽略不计，遭到贝克莱的犀利批评。此后历经发展，各种数学工具繁花盛开，今天已不再有人认为微积分是错误的东西了。那么，无限问题解决了吗？我要弱弱地说：没有，我们大约只是被绕晕了。用哲学腔调来说，人类围猎“无限”的过程，恰如极限问题本身，无限逼近，永未到手。

第三次危机，解决罗素悖论。罗素悖论也称“理发师悖论”。假设一个理发师宣称，他为全城所有不给自己刮脸的人刮脸。那么，他给不给自己刮脸呢？转换成数学语言，这个叫“不可计算函数”。换作你我，早就偷偷给自己刮了还装作若无其事，但是数学不行，如果写入计算机程序，老实巴交的计算机到此就要出故障。1903年，罗素借此悖论，宣布数学家康托尔创立的集合论有严重漏洞。

集合论和超穷数理论是康托尔的伟大贡献，是人类在解决无穷量方面达到的新的巅峰。惜乎“无穷”这个概念真的是有毒，康托尔的研究不可避免地遭遇矛盾，比如，一个集合可以有一点儿无限，也可以非常无限。更尖锐的矛盾是：所谓“所有集合的集合”是否包含自己？罗素所做的事情，就是简单粗暴地揭开无穷概念粘在集合论上的创可贴。这种撕裂比$\sqrt{2}$更要命，而且不止于要计算机的命。康托尔本人就因为饱受批评，在人生的最后几年去了精神病院。

罗素悖论怎么破？要么是理发师语词有毛病，要么是我们的数理逻辑有先天性缺陷，或者都有。1931年，哥德尔提出数学不完备定理，以不太复杂的方式证明，数学存在不能自洽的局限。有人归纳这个定理的通俗意思是：任何可以证明自己神志正常的人，都是精神病人。“自证”这件事跟“无穷”概念一样有毒，哥德尔本人就中了这种难解的毒，我称之为“自证魔咒”。他认为，他的饭菜就不能自证无毒，所以长期坚持只吃妻子做的东西，而且要妻子先试吃。后因妻子生病住院，执着的哥德尔竟然可以瘦到37千克，终于饿死。

危机中一路过来，人类理性不断提纯。就像胡萝卜提纯胡萝卜素、猕猴桃提纯维生素E，类似地，数学离开常识渐行渐远，到现在早已不食人间烟火了。三次重大危机，每一次都如凤凰涅槃一般，人类总是以更聪明、更抽象、更曲径通幽的理性，从看似不可能的死胡同里成功突围。我们由此深刻地懂得，绝大多数数学问题是10个手指头再加10个脚指头也远远不能处理的。

解析延拓是定义，1 + 1 = 2 也是定义啊！

数学是自我定义、自洽自主的形式系统。幼儿园图画书上，一头狮子、两只兔子、三条小河本来很清楚，但小学课本上冒出来的1、2、3究竟是什么东西呢？一头狮子扑向一只兔子，我们都知道发生了什么，但谁说这是大自然在演算 $1 + 1 = 2$ 或 $1 \div 1 = 1$？要是狮子吐出几根骨头又算什么呢？兔子不见了，好吧那叫0，那么“无穷大”又在哪里？

你既然相信 $1 + 1 = 2$ 的定义，也相信微积分的定义，为何偏偏不相信这个形式系统发展出来的新定义呢？那样的话，对于皮纳哈族人连10以上的数字都不相信，你就没有充分理由对他们表示居高临下的怜悯。要知道，数学家怀特海和哲学家罗素1910年合作出版的三卷本巨著《数学原理》，洋洋洒洒高谈阔论到362页之后，才期期艾艾地推出

1 + 1 = 2 这个公式，还没敢爽快地说证明了它。

基于上述道理，我愿意跟呵呵族探讨的基本观点是：我们没有必要强调只在某种特殊定义下，–1/12 的答案才正确，毕竟这样的定义并不见得就比 1 + 1 = 2 的定义更特殊，或者处于矮矬一个脑袋的地位。上帝不会用初等数学制造原始社会，然后用高等数学创造现代社会。

那些指代符号大量集结、希腊字母满纸乱爬的高级定义可能是确凿无误的，而那些最简单、最司空见惯的定义倒还未必。例如最基本的符号：等号。有人强调欧拉公式推出答案–1/12，不应该叫“等于”，而应该叫“特别求和结果为”。可是，这些人试图维护的“等号”，真的就很纯洁可靠吗？再看一例，大约可以称之为“论等号之不可靠”的例子。

0.999 ⋯ = 1

看清楚啊，左边一个沥沥拉拉没完没了的无限数列，右边一个英俊标致眉清目秀的正整数，风马牛不相及驴唇不对马嘴的两个数字。现在我说它们相等，不是约等于，也不是说大概相当于马马虎虎将将就就姑且算相等，而是毫不含糊地相等，你相信吗？证明过程不必担心烧脑，也是小学级别，即便是左脑瘫痪多年的数学学渣也看得懂。请听题：把一只大象塞进冰箱里总共需要几步？是的，三步就够了。

第一步，把冰箱门打开：

1/3 = 0.333 ⋯

第二步，两边同时乘以 3：

3 × 1/3 = 3 × 0.333 ⋯

第三步，把冰箱门关上：

1 = 0.999 ⋯

猝不及防？推导过程一目了然，无穷循环数列的运算就这么说办就办了。还在纳闷是吧，为什么无穷循环的数列可以带着满场乱跑？不必想太深，0.333 ⋯就是 1/3 啊，一个摆脱了省略号的、堂堂正正晶莹剔透的分数。带着分数搞一搞加减乘除，有何不可？

这个等式，被誉为影响世界文明进程的十大“魅力方程”之一。美国数学家斯蒂文·斯特罗盖茨说：“每个人都能理解它，但同时人们又会觉得有些不甘心，不太愿意相信这种‘简单’意味着‘正确’。在他看来，这个等式展现了一种优雅的平衡感——1 代表着数学的起始点，而右边的无穷数则寓意无限的神秘。”我们对无限的理解充满自信，对等号的理解充满自信，而它们有时候其实是矛盾的。如此说来，无穷大的数列并非绝对动不得，这对我们理解欧拉公式是不是有点启发？

数学或者人脑，这两样东西总有一个是不靠谱的。

这个小学有点不正经？再来一个隔壁小学的证明方式：

设 $x = 0.999\cdots$

则 $10x = 9.999\cdots$

$10x - x = 9$

所以 $x = 1$

还是感觉不对头？咱们尊重每个数学学渣憎恨计算的天赋人权，那就干脆用掰手指的方式来一个直观推理。

请考虑：1/9 等于几？——0.111 ⋯

是。然后请考虑 2/9 又等于几？——没错，0.222 ⋯

那么继续，以此类推，我们可以写出以下等式：

$1/9 = 0.111\cdots$

$2/9 = 0.222\cdots$

$3/9 = 0.333\cdots$

$4/9 = 0.444\cdots$

$5/9 = 0.555\cdots$

$6/9 = 0.666\cdots$

$7/9 = 0.777\cdots$

8/9 = 0.888 ⋯

等一等，请从上到下检查确认一遍，有没有预感到某种怪事要来了？是哦，你已经来不及阻挡我写出如下等式：

9/9 = 0.999 ⋯

小学不靠谱？严谨的证明是数论证明。基本原理是，论证 0.999 ⋯与 1 之间能不能找到一个中间数 x，这个 x 比 0.999 ⋯大一点，同时比 1 又小一点。如果能证明这样的 x 不存在，就必须承认 0.999 ⋯ = 1。

戴德金分割（通过有理数集合分割的分析，对无理数给出定义的方法）证明：所有比 0.999⋯ 小的有理数都比 1 小，同时可以证明所有小于 1 的有理数总会在小数点后某处异于 0.999⋯（因而小于 0.999⋯），说明 0.999⋯和 1 的戴德金分割就是同一个集合，也即 0.999⋯ = 1。重点是，它俩严格相等，而非约等于。

相等概念，确切而不简单。微信公众号“返朴”刊发凯文・哈特奈特的文章《构建数学和物理基础的范畴论：用“等价”取代“相等”》，该文说，等号是数学的基石，“相等”本来是最没争议的概念，但现在数学家们开始怀疑，等号是数学的原初错误，他们想要用“等价”的语言重新表述数学。这种关注等价性的数学理论，就是所谓的范畴论。范畴论居高临下审视人类最基本的理性思维结构——数学，可以在两组泾渭分明的对象，例如代数与几何之间、咖啡杯与甜甜圈之间，发现等效、等价或态射关系。由于这种等效、等价或态射关系是一种深刻的相等，范畴论不用等号，而是使用更加抽象概括的符号：箭头。

无论如何，−1/12，我们一开始所说的欧拉公式，你服还是不服？

不管你服不服，我还是要说，有一种真实叫“数学真实”。

STEP 03 还有一种真实，叫“物理真实”

数学存在既不可思议也不可辩驳的真实，物理也是。

400 多年前，伽利略造望远镜，列文虎克造显微镜，自此以后，物理科学进入仪器代理时代，任何一桩新发现，都很难说是看得见摸得着的真相。有谁见过 X 光、无线电、超声波什么样子吗？你看见什么东西从遥控器飞出来，嗖嗖射进电视机去击中频道了？

数学是先验的，物理是实验的，物理没有数学那份高冷血统。数学的欧拉公式，推导答案再离谱也没有人真的在乎，物理学家要宣布什么出格的事，就必须拿出可以体验的证据，证明自己没有胡说，而这对日益发展的物理科学来说，是一件越来越困难的事情。

关于月球和地球的疑问就是例子。虽然半个世纪之前就有人登上月球走了两步，至今仍有 20% 的美国人怀疑，阿姆斯特朗他们是摄影棚作秀。科学可以证伪，但永远无法全面证实。所以，NASA 注定了要当这个“万年背锅侠”。量子力学问世之后，别说登月，就连月球本身是否真实存在，都还是悬案。地球也大有疑问。全世界有许多“地平论者”坚定地相信，地球是一个类似光碟的平面，好在有一道巨型冰墙包围，防止远洋轮船或越野车掉进太空。地平论之荒谬在于不能正确地理解何为“下面”，类似地，我们也存在不能正确地理解何为“史前”的局限。霍金的无边界宇宙模型认为，宇宙是一个以虚时间为经、以实时间为纬的球体，一个循环系统。时间在奇点转弯，跟虚时间形成闭合。理解这个时间上的圆球，相比于理解空间上的圆球，需要更大的智力跨越。

望远镜、显微镜能够亲眼见证的真相越来越少了。例如希格斯玻色子，希格斯教授预言的一种基本粒子，他坚信它是真实的，否则他就要严重怀疑，他对自己奋斗几十年的这门学问根本就一无所知。2012 年，欧洲核子研究组织宣布探测到了“上帝粒子”（God particle）。说的是“探测”，而不是“发现”，什么意思呢？并不是说有人亲眼看见“该死的粒子”（Goddamn Particle）像豌豆那样从上帝的豆荚里蹦了出来，而是间接探测到了。那个东西实在太小，而且总会在现身瞬间发生衰变，化作光子和 W 粒子等一大堆乱七八糟的东西，根本无法用任何仪器直接观察到。要确认上帝粒子的存在，必须绕一个大大的弯，依据希格斯理论的预言，对它衰变产生的光子数进行计算和比对，只要计算与比对结果达到一定的吻合度，科学界就可以认定是物理事实。此前多次宣布探测到疑似的上帝粒子，每次都是赶快又发消息澄清，搞得一惊一乍的，就是因为吻合度不够高。最新的探测与计算结果吻合度达到 99.99994%，比千足金还多两三个数量级。虽然始终没人看见希格斯玻色子，但科学界接受了，第二年，希格斯获诺贝尔物理学奖。83 岁的他为此激动泪流。那么你信不信呢？

爱信不信，有一种真实，叫"物理真实"。

物理真实并不比数学真实低"人"一等。典型例子是"重整化"。

量子电动力学存在一个所谓的"发散困难"，即某些情况下电子质量计算结果为无穷大。具体地说，电子是基本粒子，也即不可再分的点。如果我们坚持电子是一个点，就必须接受数学上的点没有大小的定义。按照库仑定律，电磁场中两个点电荷，它们的相互作用力大小与距离的平方成反比。既然没有大小，电子到其自身的距离就是 0，不用计算即可知，电子感受到的场强就必须无穷大。场强无穷大，电磁场的能量就无穷大，根据相对论质能等效思想，电子的质量也必须无穷大，这就意味着闹笑话了。

费曼、朝永振一郎、施温格等提出"重整化"解决方案，基本思路是从数学抽象转向实际统计，把无穷大项整体打包，塞进公式里某个可以被消掉的项里。具体地说，我们能够检测到电子是有质量的，我们可以姑且认为，这个实际质量是电子固有质量与电磁场能量施予的无穷大质量相互抵消之后的数值。用公式来表达是这样的：

电子实测质量＝电子固有质量＋电磁场能量

好在所谓的“电子固有质量”本身只是一个假设，我们无法离开电磁场等环境来测量电子的内禀质量，所以没法知道它的数值究竟是多大。如此，让一个不可实际度量的怪物，跟一个无穷大的怪物一边儿去互掐，掐不完别回来，我们就不必去理会无穷大问题了。这就是重整化方法。不过，这种情况下电子的固有质量应为负值，也即荒唐被转嫁了。对不住啦，反正你们的互掐结果必须符合公式等号左边的实际测量值，那是不可动摇的简单事实。这明显是一种权宜之计，科学界称之为“把麻烦扫到地毯下面”。

物理乞求数学饶让，许多科学家为此感到脸红，更多科学家并不在乎，因为物理世界的真实是铁打的，未必需要每一步都踩在数学的脚印里，至少因为数学并没有遍历物理世界的每一个角落。事实上，重整化方法的验证情况非常理想，计算与验证的吻合精度几乎看不到限制。费曼更不以为然，据说他曾经轻蔑地表示，数学物理（这是一个偏正词组，数学化的物理）那些华而不实的东西，应用到物理上连马尿都不如。

费曼这句粗话，算不算物理真实神圣不可侵犯的宣言？

STEP 04 数学物理互证的真实

数学真实与物理真实，总是惺惺相惜、默契呼应。

有一个物理公案，“数字狂”提到“汤姆生灯悖论”。那是 1953 年英国哲学家汤姆生提出的一个刁钻问题：设想你一直开灯、关灯，每次开关灯的间隔时间减半，那么到最后，灯是开着的还是关着的呢？

汤姆生灯悖论是芝诺悖论的一个变种。悖论之悖在于，我们觉得这个事情应该有一个最终时刻，正如我们知道芝诺悖论里的阿喀琉斯总会超过乌龟，但无法确认开关电灯的游戏应该在何时停下来。开关灯的间隔时间无论缩短到什么程度，理论上总还可以再分。所有人都会说：最后将是关着的，因为这样折腾，灯泡早晚要闪坏。但在思想实验里，灯丝和开关元器件是坏不了的，交流电间隔和胳膊酸痛也不是问题，理论上拨拉开关的速度还可以假设超过光速。

汤姆生灯悖论的实质，是要求在有限的时间内完成无限的事情。这类项目，约翰·巴罗的《无限之书：从宇宙边界到人类极限》称之为“超级任务”。汤姆生的超级任务，面临时间和任务的双重困难。

1） 时间方面的困难

汤姆生灯的开关间隔时间逐次减半，如果第一次开关间隔为半分钟，则第二次间隔 1/4 分钟，第三次 1/8 分钟，以后依次是 1/16 分钟、1/32 分钟……。那么，这项超级任务全部所需时间为 $1/2 + 1/4 + 1/8 + \cdots$。在芝诺悖论看来，这个过程是无限的，不存在所谓的“最后时刻”，所以是不可能的任务。你不能在某个时刻摁下秒表，咔，时间到！从而结束间隔时间逐次减半的进程。但是在现代数学里，这是一个收敛级数，其极限值为 1。最简单的证明方式如下：

设 $a = 1/2 + 1/4 + 1/8 + \cdots$

则 $2a = 1 + 1/2 + 1/4 + 1/8 + \cdots$

$$2a-a=(1+1/2+1/4+1/8+\cdots)-(1/2+1/4+1/8+\cdots)=1$$

所以 $1/2+1/4+1/8+\cdots=1$

什么意思呢？这意味着汤姆生灯这项超级任务的总时间是有限的，它将在 1 分钟之后到达最后时刻。芝诺悖论认为这个过程永无止境，是错误的。没有人知道总共需要开关多少次、最后开关速度有多快，反正在刚好 1 分钟的时候，任务必须结束。剩下的问题是，在那个无人实际能确认的所谓“最后时刻”，灯的开关将停留在哪个位置？

2） 开关方面的困难

汤姆生的灯一开一关，转换成数学语言，用 +1 代表开灯，用 −1 代表关灯，则整个任务就可以如此表达：

+1、−1、+1、−1、+1 …

我们已经知道，这就是那个格兰迪级数。考察开灯关灯的最后情况，实际就是级数求和。前面讨论，如果你给出答案为 1（开灯），说明你在 +1 的时候停下来了；如果你给出答案为 0（关灯），说明你在 −1 的时候停下来了。然而，不论是停在 +1，还是停在 −1，停下来就是犯规。已知“数字狂”回避终点难题的求和，计算结果是 1/2。这在物理上意味着什么呢？“数字狂”宣布，汤姆生的灯最终应该处于半开半关的状态。既开着又关着的灯，注意，不是半明半暗那种可控硅无级变挡灯啊，谁能理解那是一盏什么样的灯？

好戏登场了，量子物理关于薛定谔的猫，讲的就是一只既活着又死了的怪猫！如果活猫代表 1、死猫代表 0，薛定谔的猫就是 1/2。只要暗箱不打开，就相当于格兰迪级数 +1 再 −1 持续运算永不停止。一旦打开暗箱，就相当于停止于 +1 或 −1，猫就“坍缩”为 1（活）或 0（死）了。这是不是表明，我们无法理解的量子叠加态，反过来为不可能的数学提供了物证？“数字狂”有这个意思，我也觉得是。所以我们可以写出薛定谔的猫的数学表达式如下：

活、死、活、死、活、死……＝半死半活

呵呵！情到深处人恍惚，数学跟物理到底谁才是更真实的存在？

一些新物理学家相信，物理世界不仅可以用数学来描述，它本身就是一个数学结构。我知道这是一句根本不知所云的超级鬼话，但我需要先把它放在这里，后面再作论证。毕达哥拉斯主义和柏拉图主义很早就意识到了这一点，他们大胆地猜到万物皆数，但他们还没太好意思宣称，数的存在比物的存在更真实、更广泛。数学不是宇宙万物的对账单，相反，宇宙仓库的全部存货只有数学，万物不过是某些数学的“凝聚态”。

“天空真的有一个圆周率。”我们需要打造一把无限延伸或者无限精确的尺子，才能真正丈量清楚圆周率的长度，或者$\sqrt{2}$所代表的直角三角形斜边，而我们没有希望做到。这只能证明我们尚处于一个残缺的、连π和$\sqrt{2}$都兜不住的世界，比如一口不见得有多深的深井里面。如果我们能望见宇宙的边缘，我们将看见那些无限数列在冲破宇宙边缘之后，仍然朝气蓬勃精神抖擞地继续挺进，它们还将从多元宇宙的柏拉图、毕达哥拉斯和希帕索斯面前招摇而过。

多元宇宙是更为广阔的物理现实。有些数学问题，需要我们的宇宙用它的一生来证明；另外一些，则需要全部多元宇宙来证明。我们有必要严肃地考虑：会不会有某种高度发达的地外文明，他们生日派对的草坪上就挂着汤姆生的灯？或者，漂浮在我们起居室的另外一个宇宙里，那些高维度存在的超体生命，早餐桌上就摆着整盘整筐的卡拉比-丘流形油炸饼？你能说，他们的日子过得不如咱们吗？

STEP 05 我们究竟相信什么？

本书前前后后有许多让人摸不着头脑的奇谈怪论，什么“矛盾叠加态”，什么“巨大的烟雾龙”，什么“参与式宇宙模型”，等等。什么时候你觉得有点矫情甚至胡说八道了，不要起身拂袖而去，看在“−1/12”的分儿上，请考虑它们可能属于某种数学或物理的真实。

不要以为只有你我这些普通大众才感到奇怪，科学家们的情况好不了多少。新物理学描述的所有反常反智的东西，没有谁真的看见了、摸到了、闻到了。尤瓦尔·赫拉利说，科学家们的思考过程，有很重要的一部分并不在他们的脑子里，而是在计算机里或是教室黑板上。请允许我抄录一名物理学家的一番真情告白如下：

> 不过说实在的，我之所以能与这些概念打交道，是因为我已经在反复运用中熟悉了它们，而不是得到了什么神秘的直觉力量。我相信，现代物理学揭示的实在是与人类思想根本冲突的，而且令一切想象力黯然伤神。诸如“弯曲空间”和“奇点”之类的名词所构想的精神图像，顶多是一些残缺的模型，只是在我们的头脑里定一个题目，而不会告诉我们物理世界到底是什么样子。

更多告白请读保罗·戴维斯、约翰·格里宾的《物质神话：挑战人类宇宙观的大发现》一书。他们向非专业的读者提出两条建议：

- 相信不可能的。
- 想象看不见的。

$\sqrt{2}$数列无限延长，你并没有看见它的尽头，你不能假装看见了。汤姆生的灯既开着也关着，明明就是超现实主义的事情，你犯不着暗地里拿一盏可控硅无级变挡灯来糊弄自己。你最好敲敲自己肩膀上的脑壳，劝告里面那坨量子构造、三维形态、质量 1.5 千克的大脑，重新检视你自娘胎里带出来就从未质疑过的糊涂概念：究竟何为“真实”？

空间弯曲、时间变形、多元宇宙、虚拟现实，还有那只不死不活的猫……新物理学笃定地认为，这些东西都是比脚下的大地还确切的存在，也比我们弱不禁风的肉体凡胎，比我们股票账户上的财富，比我们前世今生的所有遭遇更实在、更可靠。

牵强附会，或者妙不可言，你选择哪个？依我看，从原子电子到星系星云，从物质能量到时间空间，这世界究竟如何存在，我们终究是要听物理的，物理终究还是要听数学的。而你除了老老实实相信之外，还有更多选择吗？至于佛祖上帝周易八卦，最好另行执礼致敬，他们说一千道一万，真实目的只是为了教导你修身养性和为人处世之道。虽然他们也热衷于谈论许多数学物理话题，并且好多论调翻译成科学语言跟科学家讲的听上去也差不多，终归不过是为了宣扬贯彻他们的人生教导。

更深刻的真理

现在回到我们的物质波公式。公式难吗？$\lambda = h/p$，这么点东西，还能难到哪里去？我们非专业人士没有谁要靠量子力学吃饭，更复杂的东西根本无需理会。那么里面的思想艰深吗？物质既是波又是粒子，就这么个情况，没有更多事实。我们究竟该怎样面对这个矛盾关系？

呵呵有理，不必客气，因为波粒二象性确实是“不可能”的事情，而且还有更不可能的事情，正常人听了谁不呵呵，谁就是不懂装懂。所有关于量子的科普，困难不在于如何求解薛定谔方程、如何理解海森堡矩阵力学，而是在破除世界观成见方面跟“呵呵族”进行非对称的斗争。我知道你也不是为求解方程而来。我们全书的沟通交流，我希望并且期待你最终也同意，更是为了一场关于世界观范式的革命。所以我们需要多一点篇幅来检讨人的认识本身。康德哲学很强，并非康德比别人见过更多世面，事实上，他的视野一辈子没有越过柯尼斯堡上面那片天空，他只是对人类理性的边界的理解，比常人透彻。

最后，$1+2+3+4+5+\cdots$ 到底等于什么？

别的地方不知道，已知在我们这个宇宙里有两个答案：

A: 没有答案

B: −1/12

B 也是正确的。如果你一开始就拒绝接受 −1/12 这个答案以及它的内在逻辑，你百分之百没错，世界终结之日（如果你的末日论是正确的话）你的存钱罐也将如数抖落出硬币。但是，你可能错过量子理论揭示的世界存在之隐秘真相。如果你目睹灰太狼被喜羊羊踹下深渊，然后就端着爆米花离开，你将错过灰太狼的更多精彩故事。

一个深刻真理的反面，可能是一个更深刻的真理。

这是尼尔斯・玻尔的一则金句（大意）。量子论就是这样的真理，它不同于常识并且难以被常识接受，然而它是比常识更真实也更可靠的科学真理。引用此话作为这一篇章的结束，我觉得再恰当不过。

常识可理解

大地是一个圆球，
太阳不是宇宙的中心，
人是从猿演变来的，
苹果必然要砸牛顿脑袋，
……

不理解 但实验可探测

无线电和超声波是实实在在的，
引力波搅动时空结构是事实，
黑洞真的有，虫洞也肯定有，
宇宙曾经比针尖还小，
……

不理解 测不到 但数学可计算

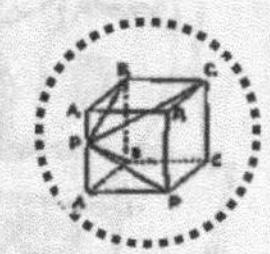

所有自然数相加等于 –1/12，
薛定谔的猫既是死的也是活的，
汤姆生的灯既是开着的也是关着的，
我们是三维的，多元宇宙有 10^{500} 维，
……

理性之外

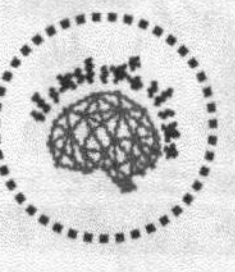

从未发生、也不占地的东西是什么，
脱离意识的外部存在如何理解，
宇宙为什么存在，
……

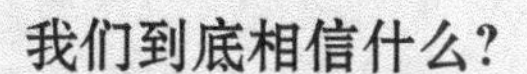

我们到底相信什么？

Ann
Print

第三篇

魔术 | 还记得那个实验吗？

物理证明

数学证明

妖精证明

第1章　物理证明

实验室的事实，还是黑板上的符号？

物理学家研究了一个多世纪的量子力学，有没有可能根本上就是一场骗局？英国科学家欧文·马罗尼就表示怀疑。讨论不等于证明，“如果我们告诉大众量子力学很‘奇怪’，就最好用实际行动来证明这一点，不然这就不是科学，只是在黑板上解释一些花里胡哨的符号罢了”。

最好的实际行动是双缝实验。双缝实验号称“世界十个伟大物理实验”之一，而且是第一。费曼《物理学讲义》对这个实验有精当的介绍和评论，他说，该实验隐藏了量子理论的主要秘密，“量子力学的任何情况都可以用同一句话解释：还记得两个缝的实验吗？”“仔细思考双缝实验的意义，我们就能一点一滴地了解整个量子力学。透过双缝实验，我们可以明了量子世界的真谛。”关于本书主题“矛盾叠加”，如果说物质波公式是其基本数学解释，双缝实验就是其基本物理解释。

双缝实验最早由英国科学家托马斯·杨在19世纪初提出，比量子力学的建立还早100年。那时，波粒二象性的矛盾本质还不为人所知，波动说与粒子说各执一端，杨的实验强有力地支持波动说。但后来人们发现这个实验大有蹊跷，只需稍作改进，能同时支持波动说和粒子说，以及更多怪事。此后100多年，各种升级版、加强版、鬼怪版，设计越来越刁钻，结果越来越邪性，指引量子力学的闹鬼指数步步提升。

量子微观，因而令实验的所有观察和操控比张飞绣花艰难多了。本章的讨论，需要舍弃一些无关紧要的技术细节，提炼简化实验设计的基本原理、技术路线、内在逻辑和关键难题，避免偏离主题、越描越黑。简单地说，对比大型实验设备，双缝实验一开始只需要区区三件器材：

1. 一盏灯；2. 一块凿有两道窄缝的隔板；3. 一面感光屏幕

探测屏幕

?

隔板与双缝

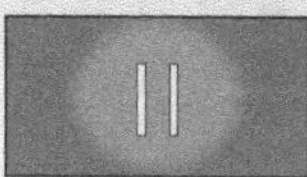

光源

双缝实验

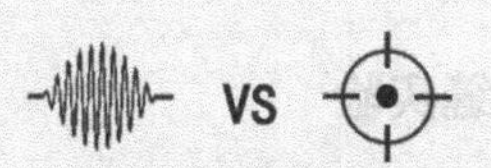

目的：调查波粒二象性

回答量子力学的基本问题：量子究竟是波还是粒？什么情况下是波，什么情况下是粒？

VS

原理：设置双缝机关，考察干涉效应

是骡子是马拉出来遛遛不就行了吗？不行，量子微观世界不可见，只能间接考察干涉效应，有干涉即证明是波，无干涉即证明是粒子。

焦点：路径信息（which way information）

各版实验的基本结论是：自行通过者表现为波，监督通过者表现为粒。而这是令人难以置信的，所以，观察路径是否真的决定结果，成为各种实验方案想要求证确认的焦点。

难题：如何探测路径信息

微观世界，没有袖手旁观式的观察，只有动手加持式的测量。如何规避干扰，是重点和难点。

争议：探测与意识的关系

人类意识有没有发生作用、多大作用？如果意识作用不能排除，就是一场唯心主义噩梦。

NO.01 初始版双缝实验

1801年，托马斯·杨首创双缝实验，证明光是波。实验更重要的贡献，是意外地为深入调查波粒二象性提供了一个简洁的验证机制：

- 或波或粒，看有没有干涉效应。
- 是否干涉，看知不知路径信息。

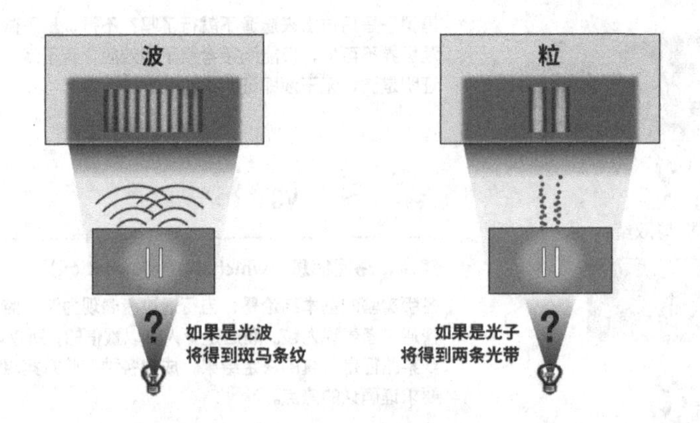

帕斯拉夫·布鲁克纳、安东·蔡林格对双缝实验（包括各个版本）的本质有一番精当的评述。原话包括两层意思，我把它拆开来引用：

1） 量子是不确定的存在，观察者选择实在。“观察者可以决定是否装置探测器于光子的路径。从决定是否探测双缝实验的路径，他可以决定哪种性质成为物理实在。假若他选择不装置探测器，则干涉图样会成为物理实在；假若他选择装置探测器，则路径信息会成为物理实在。”

2） 观察行为改变实在，但跟观察者的主观意识没有关系。“然而，更重要的，对于成为物理实在的世界里的任何特定元素，观察者不具有任何影响。具体而言，虽然他能够选择探测路径信息，他并无法改变光子通过的狭缝是左狭缝还是右狭缝，他只能从实验数据得知这结果。类似地，虽然他可以选择观察干涉图样，他并无法操控粒子会冲击到探测屏的哪个位置。两种结果都是完全随机的。”

NO.02 单粒子方案

我们现在用粒子性的矛，去戳波动性的盾。托马斯·杨的双缝实验刚刚证明光是波，但我们知道光的粒子性质也有充分证据，这就矛盾了。那么我们对双缝实验略作改造，将光源放慢速度、降低强度，慢到一个一个地发射，情况将会怎样？

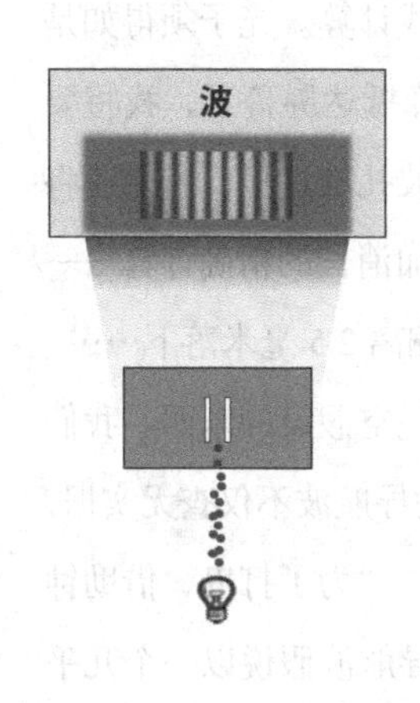

光子非常小，逐个放送比较困难，但强化实验设备总是可以做到的。只不过需要很长时间，射向屏幕的光子才能累积足够多的量，最终形成可辨图像。1909 年，杰弗里·泰勒爵士成功实施这一实验。鉴于我们确切知道发射出去的是粒子，我们预期结果会形成两条光带。但是，实际所得是斑马条纹。

怎么理解？难道是每个光子经过双缝之后，像黄油那样抹开成波了？“抹开”肯定不是事实，量子的基本性质就是不可再分。断言它们没有抹开，不仅因为出发时是粒子，结束时也是，屏幕上的所有光斑都呈颗粒状分布，东一点、西一点，累积成干涉图像。那么，是不是还有杠精怀疑，它们过缝时劈开、落屏时又收拢？那岂不是更鬼的东西！

我们需要确认，从实验结果中可以认定的、既不藏着掖着也不添油加醋的基本事实是：一个光子也可以表现为光波，它跟自己干涉。这话太费解，因为，任何波都是群体效应，一滴水珠在仅有水珠自己存在的情况下，怎么也掀不起大浪，小浪也不行。而且，逐个发射不是连珠炮竹筒倒豆子，而是在前一个妥妥地尘埃落定之后，再从容不迫发出下一个。如此，它若不是跟自己干涉，还能是跟谁呢？但科学家不会跟你描述，“一个光子跟自己干涉”这种怪事大自然它具体是如何做到的，从实验结果看，事实就只能这么去理解。除非你拿出合理的其他解释。

最具代表性的“强行合理”解释，是德布罗意和玻姆的“导航波假说”。此说认为，每一个光子（量子）都伴随有一种与生俱来的、看不见摸不着的神秘“前波”。这个前波往光源规定的大方向浪涌而去，引导光子落向屏幕。至于这些光子的具体落点，要看每一个光子各自骑乘的前波碰上屏幕的时候波峰在哪里。这就可以解释，虽然光子每次只能通过一道缝，但另有众多导航波因为通过双缝而发生了干涉，然后指引光子把导航波们业已制造的干涉图像呈现出来。

按照导航波的神逻辑，光子必须擅长函数曲线计算。光子须得如是思量：我是第 1001 个出膛的粒子，我的前波波峰抵达屏幕了，我将要在此处落下。可是，刚才已经有一些兄弟骑着前波扎堆这里，未来还将有一些兄弟要骑着前波挤过来，根据波峰波谷叠加消长的精确计算——我跟兄弟们不是上帝随便掷出的骰子——我应该偏离 2.5 毫米落下……

导航波究竟是什么东西？导航波是子虚乌有凭空假设的东西。我们后面将要讨论的油滴实验也将证明，实体意义上的导航波不仅查无实据，而且这种画蛇添足的多余假设还会导致新的矛盾。“为了打鬼，借助钟馗”，却不料导航波这个“钟馗”是更大的鬼。导航波假说以一个几乎唯一合情合理而又肯定不成立的解释，充分暴露量子的邪性。

NO.03 单通道方案

检讨前方案，我们不相信粒子会发生干涉，单个粒子干涉更是睁眼说瞎话，为了解释这个波，勉强引入导航波新假设来救场。真是一波未平一波又起。那么，如果我们单独瞄准一道窄缝发射光子，不给导航波制造干涉的机会，将会怎样？

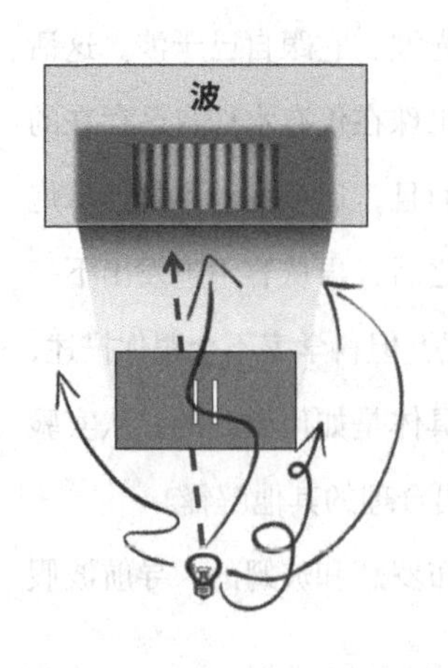

我们以为将是一条光带，结果还是干涉条纹。发生了什么？须知干涉需要两个条件：一要有波，二要有两个以上的多通道。前方案虽然有粒无波，但有多通道，人们就还会对两路粒子摩肩接踵能否形成干涉想入非非。既然此方案已经刻意避开一个通道，而且依然逐个发射排除拥挤效应，那光子还执意干涉，却是为何？总不能给本就子虚乌有的导航波再增加一个拐弯功能吧！

实验结果进一步确认粒子性前提下的波动性，并强调它的自我干涉。关于此方案，最具代表性的“强行合理”解释是费曼的“路径求和假说”。费曼认为，波也好，粒也好，说到底都是假设而非实情，粒子发射出去之后，就像雪片“飞入芦花皆不见”了。既然量子的波粒性质都可以证明，又都不实在，我们索性放弃实体追问，只考虑数学分析好了。

具体地说，量子从起点到终点，遵循的并非“两点之间直线最短”的粒子行为法则，而是类场强辐射法则，它要“实地踏勘”所有可能的路径，包括月球背面、宇宙边缘、恐龙时代……当然重点还要绕道第二道缝。然后，综合计算全部可能性，加权平均、正反抵消，根据求和结果选定落点。路径求和假说的基本精神是，只有起点和终点才是物理问题，中间过程应当全部交给数学。中间过程，量子化身一个抽象的数学对象：波函数。就像骰子的各种点数都有各自的发生概率，飞出去的粒子也有各条路径可供选择，粒子最终将落向概率最大者。

不管你是否满意，这是量子力学一个成功的数学模型。

NO.04 观察介入方案

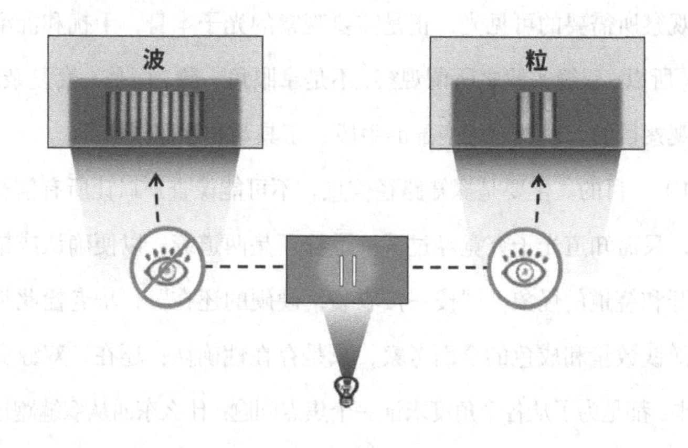

单粒子的“抹开解释”费解，单通道的“绕道解释”更费解，那就亲眼看看？现在我们在双缝处安装探测器，监控光子以怎样的方式通过。由于观察的介入，实验将要发生“最不科学”的事情。

安装探测器之后，我们看见什么呢？我们将总是看见，一个一个的光子如过江之鲫从双缝鱼贯而过。就是说，“偷窥”结果平淡无奇令人失望，没有什么抹开，也没有什么绕道，正如我们从来没有看见过光子抹开的情景，也从来没有看见过飞行中的光子突然急刹并改道的情景。

检查探测屏幕呢？干涉条纹消失！本来，看不见不等于没发生，大不了再盯紧一点或者多蹲守一会儿。可是，光子有反应。作为对观察行为的回应，它们收起了抹开和绕道戏法。也即事实上并不仅仅是没看见，而是因为没看见而导致真的没发生。这一次，我们从实验结果中可以认定的、既不藏着掖着也不添油加醋的基本事实是：因为观察，干涉效应变为粒子效应。这事细想才会感到困惑：它们怎么知道人类在偷窥？又怎么能够做到在人类偷窥的时候，不失时机地改变自己的行为？

观察影响事实。——旗帜鲜明的基本结论就是这个。

是不是谣言，取决于这个命题一个隐含的前提：何为观察？

我们见过“仅供参观，请勿触摸”的标签，微观世界也应有这样的标签，不过提示内容相反：参观不可以，“触摸”才是实际的观察行为。如何观察永不可见的量子，是一件既困难又关键的事情。更基本的困难是，观察所需要的可见光，正是需要观察的光子本身，干扰和混淆在所难免。所以，双缝实验之所谓观察，不是拿眼角一瞟，而是一套复杂机制，包括观察目的，以及与之匹配的手段、工具与技术路线。

1） 目的。主要是探知路径信息。不可能像查户口让所有信息一览无余，只需知道光子究竟经过了一道缝还是两道缝，以便确认或排除量子抹开和绕道的怪象。“按一按衣袋，硬硬的还在”，华老栓此举并不是对洋钱数量和成色的全面考察，只是存在性确认：还在。双缝实验各种版本，都是为了从各个角度求证一个焦点问题：什么东西从双缝跑过了？

2） 手段。主要是筛选、过滤、标记，等等。既要获取相关信息，又要做到不吸收、少干预。你不能要求亲眼看见，因为凡是亲眼看见的光子，都已经进入眼睛，再也不能前往屏幕了。

3） 技术路线。工具选择与路线设计比较复杂，要点如下：

- 光子偏振特性。包括纵向横向的线偏振、顺转逆转的圆偏振。
- 方解石双折射机制。透明方解石拥有天然的双折射特性，能吸收一束高频光子然后折射两束低频光子。我们可以安排一路用于场内参与干涉实验，一路引向场外用于探测路径。
- 量子纠缠特性。透明方解石折射出来的两路低频光子，偏振方向相互垂直，并处于互补互动的纠缠关系。根据量子通信原理，场外那一路的探测作用，可以隔空传递给场内这一路，这个信息转移过程，至少在经典物理看来，干扰为 0。
- 检偏器调节偏振。百叶窗有纵向横向之分，检偏器也有这偏那偏之分，可以用于分解、筛选、过滤、标记特定偏振的光子。
- 1/4 波片调节相位。相位大约相当于光传播的步调节奏。
- 联机处理信息。适当安排部署这些设施，忽略细节也不难理解，可以获得光波的路径信息。干涉效应探测屏幕与路径探测装置通过电脑连接，对各方信息进行统计和比对，即构成全景观察。

如此这般操作，我们实现了“看见”。

我们蒙上双眼（关掉探测器）呢？一切将恢复原状，抹开和绕道戏法又悄悄玩上了。实验报告，这种转换是严格和瞬时的。只要你有证据证明你获得了或者丢掉了路径信息，量子都将“严谨”地作出相应的配套反应，不会出差错。

观察影响事实，主观意识试图搅和到物理中来，世界上没有比这更“不科学”的事情。后续的实验方案，还将对这种“不科学”的事情提供更多证明。对此，学术界和江湖上多年来谣诼纷纷一地鸡毛。我比较有把握说，这是一个看不见破解希望的死结。我对两个方向的努力都不看好：一个是企图避开意识作用的各种辩解，一个是夸大意识作用的各种神话，都是同等地苍白无力。

NO.05　延迟选择方案

前方案报告，量子因其路径信息被“看见”而改变干涉行为。这个说法涉嫌唯心主义，不合科学道理，我们怀疑探测行为暗中破坏了什么。为了规避干扰，我们把观察机关从双缝前面挪到双缝背后，也即设置在双缝与探测屏幕之间。这样，光子接受探测的时候，是骡子是马已经拉出来遛了，探测机制想要换骡换马也来不及了。那么结果怎样呢？

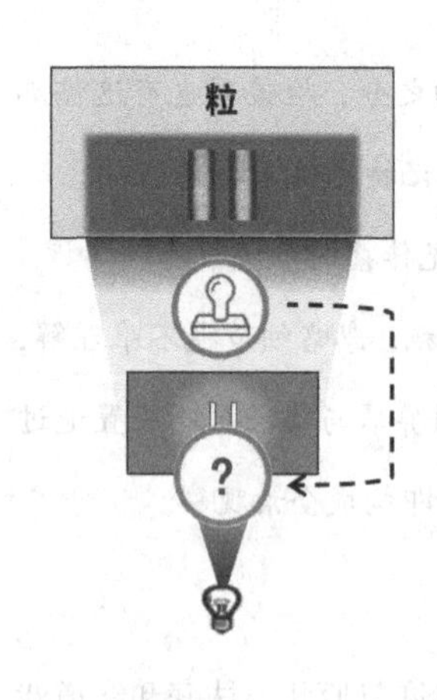

结果偏偏还可以换！具体情况还是取决于探测器的开关是否打开：选择开，则路径信息被探测，然后进入粒子结局；选择关，路径信息不被探测，然后进入干涉结局。换言之，那些已经通过双缝的光子，它们刚才究竟是以波的阵形涌过双缝的，还是以粒子的队形蹦过双缝的，关于这一点，我们刚才没有探测所以不知道，但是可以现在作出选择。最终结果，此方案的马后炮选择与前方案的事前选择，是等效的。这种情况不可能是偶然碰巧（不过还真有杠精学派认为就是碰巧），即便你气急败坏地把探测器开关胡乱而迅速地开开关关，光子光波闪转腾挪、毫不含糊，坚决跟人周旋到底还大气儿都不喘一口。

有人猜测，影响量子行为的，可能是人脑电波而非意识。意识是虚无的，电波却是物理的，难道脑电波可以像微波炉烹饪食物那样影响量子行为吗？我们要跟脑电波说抱歉，此方案并没有当场观察，脑电波开关是后来才打开的，微波炉的东西该熟的已经熟了。

你若还在怀疑是探测行为在调骡换马，你就得解释因果律去哪了。

NO.06 擦除标记方案

观察介入方案、延迟介入方案，努力想要证明以下逻辑链：

- 波粒由观察决定（因为观察到通过路径而失去干涉效应）
- 观察由测量决定（因为没有绝对的非接触式观察）
- 测量由信息决定（因为既成事实之后测量效果不变）

排除行为之后，余下就是信息。信息是什么？本质上就是知道或者不知道，0 或 1，原则上可以简单到一个比特的事情。我们需要进一步排除客观行为，尽量聚焦路径信息得失的影响。

1982 年，玛兰·斯考利和凯·德鲁尔提出“量子橡皮”实验方案。

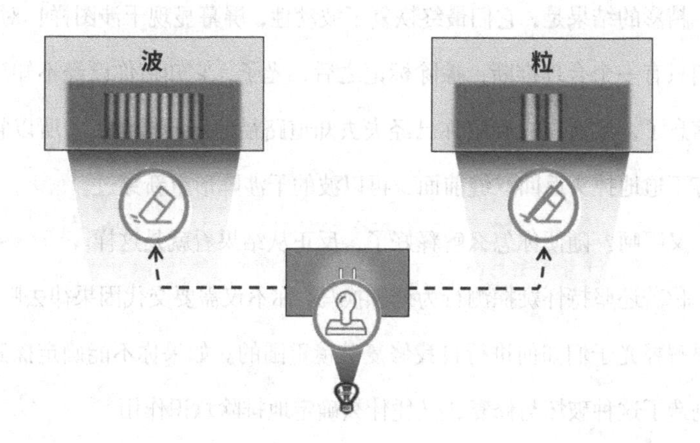

主要是两个步骤：

1） 标记。先不测量，而是在两道细缝的门口安装某种机关，给通过的光子逐一“打卡”。基本原理是利用光子的自旋特性，配以起偏器之类的调整机制，迫使光子的自旋指向左边或者右边。这跟观察介入的情况相似，光子们将以粒子规则完成余下进程。我们需要记住一个关键情节：标记机关本身并不具备探测和统计功能，光子遭遇打卡的过程，除了光子自己，旁边没有目击证人。

2） 擦除。打卡之后，带着印记的光子经过双缝，波的干涉阵形已经破坏，粒子的队伍已经鱼贯而出……且慢！在落到屏幕之前我们先弱弱地问一句：确定穿过窄缝了吗？那好，说时迟那时快，我们在途中突然加插一个印记擦除机关，情况又将如何啊？此前的标记，是将光子自旋引导指向左边或右边，现在擦除印记，则是把光子自旋统一引向一个特定方向。擦除之后，从理论上讲，我们再也无法判断光子们曾经的路径。赃钱洗白就是这个原理。就是说，经过双缝“打卡”之后，光子们本来已经被逼放弃波粒叠加态，正在以粒子方式奔向终点，但是我们冷不丁半道改变主意，突然“收回”观察行为……

光子傻傻地待在窄缝与屏幕之间。你替它想想该怎么办。

精彩的结果是，它们最终恢复了波动性，屏幕显现干涉图样！对此，我们只有一个合理推断：擦除标记之后，光子，它知道你已经不知道路径信息了，或者说它确定你已经失去知道路径信息的机会了，所以它就从容不迫地掉头返回双缝前面，再以波的干涉阵形重新穿过。

又呵呵？随便你怎么解释好了，反正从结果看就是这样。

你若还坚持怀疑探测行为调骡换马，你不仅需要交代因果律去哪了，还要解释光子们如何进行自我修复破镜重圆的。如果你不能确定探测行为制造了这种破坏与修复，又凭什么确定地排除意识作用？

NO.07 远程延迟方案

延迟选择方案是惠勒设计的思想实验，前述两方案都是它的变种。

所有版本的双缝实验都太精细了，会不会大自然耍的某种戏法太快了我们看不清楚？为此，惠勒提出大尺度的远程延迟选择实验方案。考虑十几亿光年之外一个类星体发出来的星光，途经大型星系时产生引力透镜效应，就像穿过玻璃瓶厚厚的瓶底那样，分裂为两束光线来到地球，然后在我们的实验室里汇聚，参与双缝实验。结果没有悬念：打开探测器，路径信息泄露，干涉消失；关闭探测器，恢复波动，干涉重现。

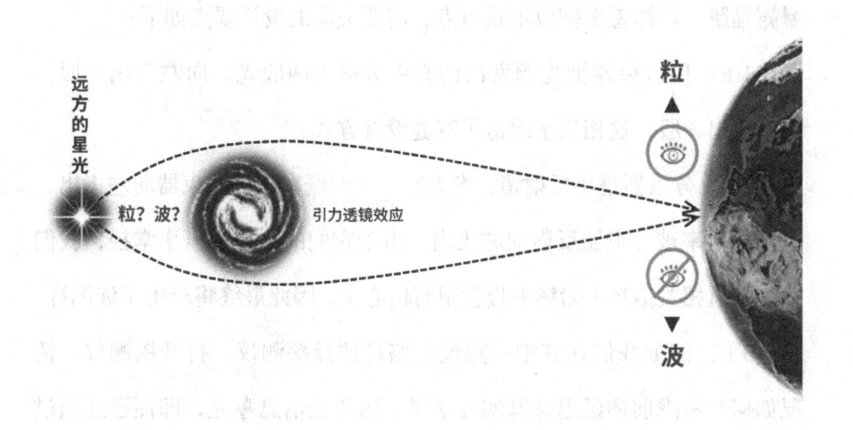

宇宙存在绝对速度限制，没有任何物质能跑到光的前头。此方案，实验对象不是实验室里奔跑区区几米的光束，而是来自十几亿光年之外的光线，它怎么来得及退回去，改变路径重新奔来？不管是探测行为，还是意念作用，没有谁能改变十几亿年之前发生的事情。

远程延迟方案证明：穿越时空是一种物理真实。

反过来证明，我们的时空景观是有大问题的物理真实。

NO.08 诱入迷宫方案

有没有更巧妙的办法再整复杂点，把狡猾的量子搞晕？

研究前述实验的实质，通过双缝的光子是粒态还是波态，关键是看它的路径信息有没有被探测到，探测到了就表现为光子，没探测到就表现为光波。而且，双缝实验的妙处是双缝，只要一个缝的情况被探测到了，就可以决定另外一个缝的情况。这个事情你知道，量子也知道。把握住这个实质，我们就可以考虑改造双缝设置方式和路径探测机制，把事情整复杂一点。

量子橡皮实验设计者斯考利和德鲁尔提出实验思路，可以弄一大堆分束器、降频转换器、反射镜、探测器为量子布置一座迷宫，诱使它们暴露猫腻。具体怎么摆放不是重点，需要关注的设计要点如下：

1） 用分束器把光源发出的光束分解为两股光，向左飞出一股，向右飞出一股，这相当于改造了双缝设置方式。

2） 分束器是半反射镜，光束有一半的概率透过分束器向左飞出，一半的概率被分束器反射向右飞出。由于它们的路径由概率掌控，我们并不知道相关信息（赌场老板就很有信心），因此最终将产生干涉图样。

3） 假如我们在其中一路设置路径选择探测仪，打开探测仪，情况如何？考虑前述延迟选择实验结果，因路径信息曝光，即便已经通过"双缝"，光子也将及时取消干涉。

4） 我们不急于探测路径信息，而是把光束引向别处，然后在途中上下其手百般捉弄，就像董超薛霸把林冲押入野猪林之后……。关键做法是，在光路的半途设置降频转换器，将路过的光束分解为两束，安排其中一束作为信号光子，沿既定路径奔向终点；安排另外一束作为闲频光子，用新的分束器和降频转换器引导它东游西逛左躲右闪，绕得越远越好。为增强搅局力度，光束分流和降频分解还可以像树杈一样层层分岔，布置成一座复杂的迷宫。现在有了两个主角：

- 信号光子直达屏幕。
- 闲频光子诱入迷宫。

5） 然后对这些闲频光子的路径信息进行采集或者不采集，反过来考察信号光子的行为，结果是干涉还是不干涉。

五个要点，准备就绪。依仗这个迷宫，前面各种版本的各种考验手段都可以用上，单独用、交替用、一起用，反正可以尽情地挖坑设局。这个过程中有标记效应，也有擦除效应，有探测，也有故意不探测，量子要是应对失当，我们就可以看笑话了。

那么，情况怎么样呢？

无须仔细陈述实验过程，如果你的手机迄今为止仍然没有刷到什么“新的双缝实验颠覆量子力学”的爆炸性新闻，那么结果仍然是十分确凿的：无论怎么折腾，一切取决于我们最终知道或者不知道闲频光子的路径信息。知道的情况下，信号光子老老实实以粒子态落在探测屏幕上；不知道的情况下，信号光子以波的形态发生干涉。屡试不爽，即便我们把自己都绕晕了，它也不会失手。

没有新鲜感是吗？前面我们只是热身，最狠的、极致的迷宫实验在后面。思路很简单：把那些用于探测闲频光子的分束器、降频转换器、反射镜摆远一点，摆到爪哇国，摆到宇宙另外一端。情况又如何？

这个有点棘手，也很关键，我们需要稍作咬牙辨析。

假如那些东西摆在 10 光年之外，就意味着这边信号光子抵达探测屏幕之后，我们要等上 10 年，才能知道闲频光子究竟是什么情况。无非两种情况：如果 10 年后探测到闲频光子的路径信息，那么现在这边的信号光子应该是粒子态落到屏幕上。如果 10 年后没有探测到，则现在这边应该发生干涉图样。

换个角度来看，我们这边马上可以看到的结果，跟 10 年之后将要发生的事情是捆绑在一起的，而凶险之处在于，当下这边的信号光子当然不是要磨磨蹭蹭拖上 10 年，等到闲频光子是骡子是马确定了不再改变之后再落向屏幕。那么，假设当下这边信号光子以粒子态落下了，就相当于它提前作出判定，闲频光子 10 年之后一定会被探测器接收。反之亦然。信号光子相当于被逼无奈，必须立刻下注并且买定离手，坐等庄家亮牌。面对如此刁钻、用心险恶的设计，我们都替参与实验的全体光子捏一把冷汗。

实验报告，当下这边究竟有没有干涉，跟10年后的核查情况总是严格吻合，没有任何不一致之处。甚至于——正如我们假意担心的那样——即便在10年等待光阴中的某个时候，有人拿走几个分束器，相当于量子橡皮擦除掉路径信息，结果仍然跟我们实际是否知道路径信息的情况完全一致。布莱恩·格林宣称，实验结果已经得到验证。他用了一个词来形容这件事情："光彩夺目"。

等一等，好像有什么不对头……

这里面隐藏有一个容易让人大脑恍惚的蹊跷事情。刚才说，如果实验进程中有人拿走几个分束器，而当下的实验结果一定是与拿走分束器之后严格对应的结果。这个就费解了。要是在这漫长的10年时间里，我们把拿走的分束器再归还回去呢？已经确认的结果怎么改变啊？！

是，当下我们只会有一个确定的结果。但是我们必须想明白，由于没有任何物体或信息可以赶上和超过光速，我们跟远方刻意要搅局的人之间，不可能有任何信息沟通，就是说，我们不可能在看见当下的结果之后，再通知远方的人专门跟这个结果对着干。远方搅局者只能自己决定，要么拿走分束器，要么归还分束器，他无法知道怎样做才是真正在"坑害"信号光子。当闲频光子抵达之时，他总得作出一个且只能作出一个确定选择，而这个选择必然跟当下我们确认的结果是吻合的。

补充一点：所谓10年时间只是人类的体验，光，没有时间概念。

我们把前述几个实验汇总起来思考，就会发现真的是疯狂透顶。格林说："量子力学极其狡猾，它解释了你所看到的东西，但又不让你看到解释。""大自然会做出很奇怪的事情。它总会打擦边球。但又总是很小心地在致命的逻辑陷阱边迂回而过。"

实验报告：不可能的叠加＋不无辜的观察→巨大的烟雾龙

双缝实验讲的是一系列以“不可能”为主题的故事：不可能的矛盾叠加、不可能的自我干涉、不可能的意识作用、不可能的因果倒置、不可能的时空穿越……这些，不管说得通说不通，都是实验结果讲述的基本事实。实验事实是我们一切发现、解释、相信、怀疑的根本基础。任何时候当你感到搂不住的怪力乱神胡说八道扑面而来，请退回到实验事实重新出发，最好回归到这些“不可能”背后的逻辑边界之内。

1） 矛盾不可化解。

波粒二象性的矛盾叠加，是实验真实，而且是超现实主义的不可能的真实情状。不要试图去求证粒子性或波动性谁是谁非，为什么呢？因为它们两方都有非理的表现，也都有合理的证据。矛盾之一方：基于波动性视角的解释，例如导航波假说是合理的解释，而实体的波却是不存在的，但以波动计算为基础的薛定谔方程又是科学的。矛盾另一方：基于粒子性视角的解释，例如路径求和是合理的解释，而路径遍历也是不实际的，但以路径积分为基础的量子电动力学又是科学的。量子力学的矛盾，是其本身不可消弭的内在逻辑，必须在更高层面寻求自洽的统一。

2） 自在不可检视。

矛盾叠加究竟什么样子？没有办法知道。如果某个不可知论哲学家这么回答，你动动嘴皮就能把他骂哭。物理不能这样干，要想知道，必先观察。而观察的最低条件是一个光子的触碰，在极端微观的量子世界，就免不了像打台球那样要把量子碰偏。能通过计算找补偏离因素进行幺正变换吗？死了那条心吧，不管怎样，你碰了！既然已经碰过，你的观察的客观性就没有绝对底气，你就不敢宣布找到了完整的独立存在的真相。费曼深刻指出：“在量子领域，一个事件就是一个初始条件和一个终止条件，不多也不少。”中间的“自在”状态，不属于事实范畴。自在的量子是自由的烟雾龙，抓住是龙头，撒手是烟雾，再抓是龙尾。你无法真正介入烟雾的“中间”，对烟雾的任何探测，都等于逮住了它。

因此，我们最好把宇宙看作两个世界：一个是常识世界；另外一个是不可理喻的量子的世界，它存在于观察之外，在我们永远看不见的“后脑勺”。

3） 意识不可抠除。

实验的全套设施（包括操作者观摩者甚至还不要随随便便排除掉实验室扫地大妈），跟我们实验摆弄的量子，这两方是一个不可分割的整体，因为我们尚不能确认这碗祖传秘方的汤水里发生作用的有效成分到底是什么。我们有一条唯物主义底线：量子的波动性与粒子性都是客观实在的。但实验给我们一个节外生枝的“补充说明”：这些客观实在是否成为客观实在，取决于观察者的选择。不要误会，不是视而不见，这种选择是排他性的，选定一个实在，则另外那个实在不是转入阴暗角落的视线盲区，而将是物质地丢失。选择，是自由意志的标志，而且几乎是唯一标志，它怎么有杀死波粒二象性的本事？

是的，前前后后只有物质探测系统发生作用，观察者不具有任何影响。可是，“打卡”令波凝聚为粒子，擦除印记又把粒子揉散为波，还要驱动它们去修改历史，想来也是不可能的任务。有人强调，擦除实验与主观意识无关，只依赖客观的“记录”是否存在。可是，记录何以有此功能？——胸口文两把斧头就算黑帮啦？记录是客观的，读取记录却总是主观的。没有意识的植物人能胜任观察者的角色吗？照相底片为什么每次打开检查都是一片黑色？而从来不被曝光的照相底片，又怎么证明存在影像？这听上去简直就是一种赖皮逻辑。话丑理端啊！

所有实验方案，未来还将有更多方案，都是想要通过替换法把探测行为各种可能的、机制不明的干扰排除出去，最大限度聚焦于观察者知情或者不知情这么一个简单的与非机制。这些努力不能说成功了，至少没有失败。所以，保守的结论是：观察者的意识作用未必改变物理事实，但参与改变。你就得允许我骑在墙上，正如不知道扁桃体和盲肠的作用，最好还是留着。至于意识怎样参与改造大自然，没有人知道。能确定的是，离开实验过程和操作者来谈论量子的状态，不仅没有意义，而且会落入误会已久、迷信很深的唯心主义窠臼。

4） 时空不可解构。

烟雾龙无论怎么解释，它就是不可接受的反理性的存在。人类已经挣扎百年了，我们最好不要在迷雾里瞎耽误工夫，应当另外寻求解决思路。基于烟雾龙任意穿越时空的特点，也许，建立新的时空观念，才是破解量子迷局、理解量子邪说的要害。所谓实在，肯定是我们的某种错觉。我们对时空的感受，则是一个更难纠正的顽固错觉。时空不是抽象背景，而极有可能就是一坨实在东西。也许，周末下午那一段树荫下的品茗时光，不过是一鞠弦网凝聚。我们不能一根筋地专注于量子如何祛魅，要考虑我们自己，人类的先天理性结构、人类关于时空如何存在的观念，真的如我们几百万年来始终认为的那样正常可靠、毋庸置疑吗？

注意到诸多这些“不可”之无可奈何，是读懂量子的关键。福尔摩斯有一句名言：“当你排除一切不可能的情况，剩下的不管多难以置信，那都是事实。”有意思的是，量子这些不可能的情况，竟然不可排除。

第2章　数学证明

贝尔不等式及其验证实验：人称量子纠缠的上帝裁决。

量子物理的百年尴尬是自证困难，贝尔不等式尝试引入数学裁决。

双缝实验可靠吗？科学杠精表示不服。

1935年，以爱因斯坦为首的科学杠精小组EPR（E：爱因斯坦，P：波多尔斯基，R：内森·罗森），代表人类向量子力学提出某种“莫须有”式的质疑：双缝实验固然清晰地展示了一些不可能的事情，但它可能没有反映完整真相。所以，基于双缝实验报告的那么多这也不可、那也不可的事情，哥本哈根解释（Copenhagen interpretation，Ci）那一套固守观察现象就事论事绝不越雷池半步的说法，就跟外科大夫断箭疗伤一样，属于不完备的解释方案。为了挖出那些被Ci有意无意地遗弃的箭头，EPR设计提出一个“内科视角”的思想实验：EPR悖论。

实验内容，主要是考察讨论一对孪生量子的行为。

量子A（观察者爱丽丝Alice）与量子B（观察者鲍勃Bob），由一个母粒子（如π介子）衰变而成，就像成熟豆荚爆开蹦出的两颗豆子，因而叫孪生量子。由于一胞所生，根据作用力等于反作用力等对称守恒原则，它俩的各种物理量，诸如方向、速度、动量、自旋（为求简明，以下只论自旋）等，都应该拥有孪生镜像性质。对此，各方同意。

那时还没有量子纠缠的概念，EPR设想的是“手套模型”。EPR认为，孪生量子应该像一双手套，天生就是一左一右。把它俩分开，以随机和盲目的方式装进两只暗箱，然后带到天各一方。现在，打开一个箱子，如果我们看见一只左手（或右手）手套，立刻可以判断另外一只是右手（或左手）手套。这个结果，不在乎距离，不需要时间。

EPR 坚信，不管事情多么复杂，这个底线不容突破。

坑挖好了，EPR 开始质问 Ci：

1） 你说任何一个量子未经观察，就无法知道它在左旋还是右旋。而今我若只是单独测量 A，并不去碰 B，不也就知道 B 的情况吗？一次性筷子不就是必然得一根向左、一根向右吗？一顺风怎么掰开！

2） 你又说未经观察的量子，它的自旋方向不仅是无法知道，而且是它自身就不确定，既在左旋，也在右旋。现在我去测量，有时得到左旋，有时得到右旋，那它与生俱来的自旋方向哪里去了？难道人的主观性和随机性可以改变客观的物质性状？

3） 就算 A 的自旋是我制造的吧，那远方的 B 该是什么情况，它跟我配合不配合呢？如果不配合，就要破坏孪生粒子角动量守恒原则。如果配合，它何从知道我这方的随机结果？任何形式的通风报信都需要过程时间，最快也不可能快过光速啊？

4） 你说没有人能同时探知量子的位置和动量，现在我把 A 固定在原处，然后精确测量它的动量不就行了？并且，我还能靠推测而同时得知 B 的位置和动量。

1935 年，EPR 发表论文《物理实在的量子力学描述能否认为是完备的？》，将悖论之悖归结于 Ci 违背了定域性和实在性，断言量子力学虽然未必是错误的，但至少可以说是不完备的。

何为定域性？隔山打牛是不可能的，蝴蝶效应也需要逐步传导，多米诺骨牌差一块都不行。如果 A 和 B 之间没有任何物质能量的传递，它俩之间就不可能发生事情。不知道它俩之间传递了什么，鉴于宇宙存在速度上限（光速），我们可以确定它俩来不及传递什么。既然如此，它俩一定存在某种未知的实在联系，姑且代号“隐变量”。

何为实在性？物质独立存在，你看与不看，花儿照样还在那里。

EPR 批评 A 和 B 的纠缠关系是“鬼魅般的超距作用”。

Ci 一族以巨大的理论勇气回应表示，鬼魅就鬼魅吧。

从此，量子纠缠横空出世，爱丽丝与鲍勃名扬天下。

能物理的，就别哲学；能数学的，就别物理。

EPR 与 Ci 之争，双方都面临举证困难：

- 我不知道你碰乱了什么，反正你没办法自证无辜。
- 你不能离开任何容器，单独谈论水的“本来”形状。
- 断箭疗伤固然无理，但没人能找到一个不可能存在的箭头。
- 抛硬币一万次都得到正面，谁能证明这不是随机事件呢？
- 看似应对外部刺激的反应，焉知不是固有的基因？

……

Ci 狡猾得近乎耍赖，而 EPR 也只有“正常”思维用于质疑，近乎用直尺去教训曲线。这个局面，哲学讨论谁也不服谁，物理实验又拿不出直接证据，这样争下去一万年也不会有结果，爱尔兰物理学家约翰·贝尔希望找到某个数学结构来做裁判。具体地说，就是要从两个量子、三个自旋方向、发生概率等物理因素中找到“会讲故事的”数学结构。

1964 年，贝尔找到一个数学结构，表达为如下关系式：

$$|Pxz - Pzy| \leqslant 1 + Pxy$$

这就是大名鼎鼎的贝尔不等式。这个公式讲了什么故事？为什么有人说它的证明是“上帝的裁决”？公式的含义和意义一言难尽，需要梳理贝尔思考问题的基本思路。对此，曹天元、张天蓉等许多人都做了很棒的通俗解读，但头绪仍嫌稍多，以下再作删繁就简的描述。

第一步：如何描述粒子的自旋方向？

我们可以从上下、左右、前后三个方向去考察每个粒子的自旋方向，也就是在 x、y、z 三个坐标轴上的投影。每个粒子的自旋在任一特定方向无非正负两种可能，在 x、y、z 三个方向上就有 8 种可能：

＋＋＋　＋＋－　＋－＋　＋－－

－＋＋　－＋－　－－＋　－－－

如果愿意多一些形象趣味，也可以拿八卦卦象来理解：

乾三连 ＋＋＋ 坤六断 －－－ 震仰盂 －－＋ 艮覆碗 ＋－－

离中虚 ＋－＋ 坎中满 －＋－ 兑上缺 －＋＋ 巽下断 ＋＋－

第二步：如何考察 A 与 B 在自旋方向上的关联？

A 与 B 相互合作的相关性，无非三种情况：

- 合作。A 若＋，B 必－，则合作率 100%，相关性为 1。
- 对抗。每次都不合作，A 若＋，B 偏偏也＋，相关性为 -1。
- 随机。既不合作也不有意对抗，＋－随机，相关性为 0。

按照定域实在论，A 与 B 因同胞孪生而事先形成合作关系，在同一个方向上测量，要么是（A＋，B－），要么是（A－，B＋），相关性为 1。这样我们可以列出一个 A 与 B 关联情形对照表。

此表描述 A 与 B 自旋方向 8 种（从 N1 到 N8）可能的组合情形，实际测量结果必然是八居其一。计算概率的话，不管各项概率具体取值多少，它们的总数应该是 1，也即 $N1 + N2 + \cdots + N8 = 1$。

注意，此表描述了全部基本事实，以下不再有新增事实，而只有数学结构分析。表格总共就那么多要素，不管我们考察表格里面的哪些要素，表格不会乱跑乱动，所有关系都是固定的。

A_x	A_y	A_z	B_x	B_y	B_z	出现概率
+	+	+	−	−	−	N1
+	+	−	−	−	+	N2
+	−	+	−	+	−	N3
+	−	−	−	+	+	N4
−	+	+	+	−	−	N5
−	+	−	+	−	+	N6
−	−	+	+	+	−	N7
−	−	−	+	+	+	N8

第三步：如何建立数学模型来验证关联概率？

上面这个表格就如一杯白开水平淡无奇，一切都理所当然清清楚楚，数学精神在哪里？就像欧拉从对称性和周期性里找到 π、布丰靠投针实验计算 π，贝尔在这个白开水表格中寻找数学关系。

我们的双手，就暗含了 $5+5=10$ 的数学结构。平淡无奇吗？中国人拆分这两组数学结构，并把主观概率引进来，从中找到了有趣的计算关系应用于喝酒助兴。划拳（豁拳），中国民间一种雷霆万钧的酒令，基本规则是：双方各用一只手比画一个数（不大于 5），同时预测对方出数的概率，各自预言一个总数（不大于 10），猜中者赢。这个游戏，暗含一个“划拳不等式”：

你吆喝的总数 − 你自己比画的数 ≤ 对方能比画的最大数

如果你吆喝“八仙过海”，而你自己比画的是 2，就得罚酒。

贝尔领悟到，关键是错位交叉考察。Ax 跟 Bx 相比，好比左手搏右手无感无趣。若拿 Ax 与 By 相比，就可以划一番拳了。但两个量子的情况比两只手复杂，它俩各有 $3\times8=24$ 个自旋要素，不适合掰着指头计算了。为了形象理解 Pxz、Pzy、Pxy 的数学精神，可作拟人化设想。

设：x 表示体格，y 表示性别，z 表示年龄。

则：$x\pm$ 表示胖瘦，$y\pm$ 表示男女，$z\pm$ 表示老幼。

如此，贝尔不等式内在的数学关系，就可以比拟为以下模型：

Pxz = 胖老 + 瘦童

Pzy = 老男 + 童女

Pxy = 胖男 + 瘦女

总共一屋子人，不管怎样组合加减，他们的集合关系是确定的。

贝尔考虑拿 Ax 与 By 来比较。在物理行为上，相当于沿 x 轴方向测量 A，同时沿 y 轴方向测量 B。两相对比关联度记为 Pxy。因为是不同方向的情况，应以一致的情形为合作、相反的情形为对抗。合作者概率取值为 +，对抗者概率取值为 −。逐行对比，举一反三，看表说话：

$$Pxy = -N1 - N2 + N3 + N4 + N5 + N6 - N7 - N8$$

$$Pxz = -N1 + N2 - N3 + N4 + N5 - N6 + N7 - N8$$

$$Pzy = -N1 + N2 + N3 - N4 - N5 + N6 + N7 - N8$$

三式既得，贝尔琢磨着玩一点三国演义游戏，通过简单计算来考察它们之间的关系。具体来说，贝尔用 Pxz 去减 Pzy 再取绝对值，准备用这个计算结果去跟 Pxz 建立关系。

$$|Pxz - Pzy|$$

$$= |-2N3 + 2N4 + 2N5 - 2N6| = 2|(N4 + N5) - (N3 + N6)|$$

关于绝对值，有关系式 $|x - y| \leqslant |x| + |y|$，套用上式可得：

$$|Pxz - Pzy| \leqslant 2(|N3 + N4| + |N5 + N6|)$$

由于概率不为负数，去掉绝对值，则：

$$2(|N3 + N4| + |N5 + N6|) = 2(N3 + N4 + N5 + N6)$$

以下需要生拉硬拽跟 Pxz 建立关系。利用前述 $N1+N2+\cdots+N8=1$ 的关系式，可以从上式中无中生有地凑一个 1 来：

$$2(N3+N4+N5+N6)$$
$$=(N3+N4+N5+N6)+(1-N1-N2-N7-N8)$$
$$=1+(-N1-N2+N3+N4+N5+N6-N7-N8)$$

在这个计算结果里，我们看到了 Pxy 的身影。所以最终可得：

$$|Pxz-Pzy|\leqslant 1+Pxy$$

这个式子本身没有什么稀奇，它就是开始那个白开水表格内含的固有数学关系。它本身啥也不证明，它只是画了一个圈，表示如果世界正常，有关数据出不了这个圈。实验采集 x、y、z 各组数据，拿来比对才有实际意义。符合的话，说明世界没有闹鬼。不符合的话，说明合作度超过“正常”范围，超出部分，就是测量行为额外“创造”的合作度。

如何理解额外的合作度？关于 EPR 与 Ci 之争，有人概括为“出身确定论”和“开箱确定论”之争。EPR 是“出身确定论”，认为 A 与 B 因孪生关系，合作度来自于娘胎，100%。Ci 则认为，A 与 B 不仅带“遗传基因”，还带“合作协议”。测量之前它们都取骑墙态度，左倒或右倒概率有大有小而已。但是一旦测量，它俩的合作度加上基因合作度将大于 100%，因为，原本该合作的要合作，基因里没合作的也要合作。

大概地，这就是贝尔不等式所谓“上帝裁决”的数学精神。

一个举证困难的物理命题，可以通过考察其背后的数学关系，辨别其物理关系是正常的还是不正常的。有人（亨利·斯塔普）称之为“最深刻的科学发现”。贝尔本人是爱因斯坦的支持者，他设计这个公式就是为了证明隐变量假说是正确的。美国物理学家克劳瑟也相信，他还拿 500 美元赌隐变量假说会赢。

贝尔不等式的重要意义在于，数学关系发现之后，哲学家就可以闭嘴了，科学家也可以买定离手了，余下的事情，如果你对实验精度要求不高的话，任何一个扫地大妈都可以胜任。

- 1972 年，克劳瑟和弗里德曼小组做了粗糙实验，初步证明贝尔不等式不成立。
- 1981 年，法国物理学家阿斯佩克小组完成精确实验，所得实验数据证明，贝尔不等式严重不成立。

量子力学没按套路出拳，划拳罚酒，哥本哈根解释先干为敬。

第 3 章　妖精证明

大贝尔实验：地球人针对“他们”的一场 DDoS 攻击。

人类要证明量子的真实，需要先用大贝尔实验证明自己的真实。

上帝裁决又怎样？科学杠精还是不服。

万一是上帝做局逗我们呢？

万一“上帝”就是骇客呢？

万一……

关于量子纠缠，如果抽查到爱丽丝举左手，检查鲍勃则一定举右手，反之亦然。贝尔实验依靠数学结构知道依据，爱丽丝与鲍勃没有预先合谋、没有串通作弊、没有现场通信。你信不信呢？上帝都裁决了还不信，你还是人吗？……慢着，可能真的不是哦。科学杠精们有权质疑：

这一切，会不会就是上帝设的局？

量子纠缠的各种验证，无须探讨细节，要避免潜在的预先合谋或串通作弊，关键是数据采集的随机性，断绝一切按剧本演戏、按套路出牌的可能性。夜走荒野，想知道有没有鬼在后面如影随形，不也需要时不时地猛一回头么！那么，如何保证取得一种神鬼莫测的随机性呢？

整理不易，打乱其实也不易，尤其难以证明真的乱。1947 年以来，人类开始有意识、有计划地制造随机数。制造手段主要是电脑程序控制的各种抛硬币、掷骰子的随机数自动生成，你也可以称之为“电子轮盘”“电子骰盅”什么的。1955 年，兰德公司发布《百万乱数表》并在亚马逊上接受订单，表明“随便”本身也是值钱的东西，也标志着制造和提供随机数成为一桩良心生意。但是，要想跟杠精们谈成量子随机数这桩生意，还需要堵上两个比针眼儿还小的漏洞：

1） 伪随机数漏洞。既然摇奖机不能排除被人操控，随机数生成器又焉知没有被人动手脚呢？许多案发现场的高科技摄像头，不就经常无缘无故出故障吗？兰德公司声誉再好，也远远不足以为一项宇宙真理背书。何况，我们人间就有不少骇客熟知“线性同余法”“马特赛特旋转演算法”等伪随机数算法，专门制造看似随机其实不然的伪随机数。

2） 自由选择漏洞。机器靠不住，人呢？这是更难堵上的漏洞。伪随机数问题再复杂，总归是数学问题，原则上可望借助更高的数学结构来论证。而人的主观意识就没有办法与数学真理建立证明关系，除非本书最后的猜测是正确的，也即人的意识是一组另类的数学结构。自由选择的漏洞在于，如何确保人们真有自由意志，而不是“上面”安排的AI间谍？或者早年就被埃隆·马斯克在大脑里植入了芯片？即便我们有办法解决人的诚实问题，例如请杠精本人亲自上手也不行，他自己信了，我还不信呢！也许我们需要对随机数生产人员进行图灵测试，那也未必解决问题。在一个科学家的一场关于AI话题的讲座上，听众席的一名女士打岔说：“我就是那个不能通过图灵测试的老家伙。”

我认为，这是一种难解到几乎不可救药的“楚门猜疑”。楚门奋力把小船划向可疑的远方，终于发现那个飘着白云的“天边”，其实是摄影棚的一面假墙。我们如何证明自己不是楚门？量子之谜是不是外星人搞的一个骗局？有没有外星骇客暗中黑掉了我们的宇宙？掐自己的大腿是无济于事的，顶多能证明自己是不是在梦中。要知道，楚门做了30年的梦也没想到，世界上竟有克里斯托弗这种无聊透顶的老家伙，会处心积虑经年累月不惜工本设这么大一个局啊！

不必劝阻杠精们，楚门事件已有教训，越劝越疑心。

为了打消“楚门猜疑”，2016年，西班牙光子科学研究所组织实施“大贝尔实验”。实验的设计思想是，以可信无弊的方式，得到可信无弊且样本够大的随机数据，用以验证在爱丽丝与鲍勃的量子纠缠背后，没有什么桃源岛阴谋。实验的关键性设计有三：

1） 外包。实验外包给全球各地9个科研机构（包括中国科技大学）合作实施，以增加串通作弊的难度。更重要的是数据采集工作应当外包，最好是大街上随意碰到的陌生人。结果，你中标了。是的，You，2006年《时代周刊》年度风云人物：全球网民。实验计划征集3万名以上的志愿者，以期达到人海战术的效果，成就贝尔实验之大者。

2） 游戏。You，实验志愿者以网络游戏的方式参与实验，键盘鼠标，过关打怪，不知不觉就完成了任务。唯一的操作技巧和过关秘籍，就是随心所欲、不假思索地“抛硬币”，抽筋式地敲击鼠标键盘，大量产生或正面（1）或反面（0）的数据。

3） 筛选。实验希望志愿者尽可能不要思考。程序内置机器学习功能，预测玩家的选择并给出可信度评分。如果你想故意搅局，程序并不会驱逐你，毕竟一切皆有可能，但你将落入无法得逞的逻辑怪圈。因为，所有搅局之所以还能算作搅局，一定是因为刻意而不随意，刻意当然就有规律可循。越是刻意，越有规律；越有规律，越要扣分。这是一个巧妙的制衡机制。具体地说，在游戏第二关，玩家选择0或选择1，需要应对“先知”（Oracle）的预测，如果被先知猜中了，玩家就要被扣分。

2016年11月30日，大贝尔实验在全球展开，超过10万名志愿者参与游戏，在12小时内持续产生每秒逾1000比特的数据流，分发全球13个实验小组用于验证他们的理论模型。过程不消细说，结果没有意外，杠精们的“楚门猜疑”未获支持。2018年5月，《自然》杂志刊登大贝尔实验室的文章《用人类自由意志的选择来挑战局域实在性》（Challenging Local Realism with Human Choices），公布了实验结果的详细数据。

你还杠？他们有把握认为，即使真有上帝或骇客在背后操控，10万个自由意志主导下喷涌而出的随机数据，也足以构成一场令骇客网络瘫痪的DDoS（分布式拒绝服务）攻击。我们都知道，大贝尔实验之后的第二天，太阳照常从东边升起，“他们”的电脑没有死机冒烟。

自由意志能证实吗？科学杠精没有散去……

意识问题是令物理科学左右为难的死穴。后面我们将要讨论，普林斯顿大学康威和寇辰的“自由意志定理”宣称，如果人有自由意志，那么阿猫阿狗、黏菌、DNA分子乃至每一个基本粒子，也有。果真如此的话，世间万物暗中都自有主张自行其是，那物理科学还能预言什么事情？如果没有自由意志，物理科学又是谁在玩呢？

鉴于大贝尔实验操作者是自由意志存疑的人类，杠精们有理由继续抬杠。新的贝尔实验决定外包给宇宙，到宇宙深空去搜罗随机数据。

2017年，麻省理工学院教授安德鲁·弗莱德曼和大卫·恺撒、奥地利物理学家安东·蔡林格等人合作实施“维也纳屋顶实验”。实验在维也纳玻尔兹曼研究所屋顶上进行，他们用望远镜分别瞄准天空中南北两个方向的恒星采集光子信息，然后根据光子波长生成数据，波长小于700纳米的生成1，反之则生成0。提供光子的恒星，一颗在600光年之外，一颗在1900光年之外，就是说，如果它们之间存在隐变量，最起码需要在600年前就开始预谋合作。根据相对论“过去光锥”所示，沿着宇宙膨胀路线退回去，那时它们可能存在相互接触。

你还——还——杠？不过600年真的不算什么，维也纳屋顶实验之后的实验，光子信息分别来自78亿光年和122亿光年之外的类星体。何处是尽头呢？宇宙大爆炸啊！雄心勃勃的研究人员已经把目光投向宇宙微波背景辐射，那是宇宙大爆炸之后飞出来的第一批光子。可是，一些科学杠精认为，一切物质能量都发源于宇宙大爆炸的那个针眼，而今的所有纠缠，都始于那个时候的那个“始卵”。呜呼！

“万一”没完，下一拨科学杠精永远在赶来的路上。

A World from Math

第四篇

物语 | 你我的量子力学

量子如何发现

量子如何存在

量子如何计算

量子如何解释

第 1 章　量子如何发现

欲知量子什么样子，必须知道怎么知道量子是这个样子。

那个呈表万言书谈论华为战略的年轻员工被开了，那些既不学习数学也不理解实验的人，为什么对物质起源问题振振有词侃侃而谈？哲学家雅斯贝尔斯有一则金句："哲学是一个动词而不是一个名词，哲学的本质不在于掌握真理而在于寻找真理。"类似地，大自然不存在"就在那里"自然而然古已有之的量子，量子论的本质不在于解释量子而在于如何探测量子。量子的探测发现，从斯斯文文的坐而论道，到数万亿电子伏的高能碰撞，是一个生动具体乃至战天斗地的过程。

NO.01　论道

关于物质本源，关于 Atom，古圣先贤的思想大约有四条渊源路线：

1）　实物元素路线。这条路线偏形而下，炼金术之祖。物质基本元素是金木水火土（中国），或者水气土火（古希腊），或者地水火风（古印度）。这条路线谈不上错，只是太粗糙。例如，谁能分辨 PVC、石墨烯、马约拉纳费米子应该归入哪一种？后来，波义耳和拉瓦锡发展了现代意义的元素概念。今天我们知道，物质元素至少有 119 种。而这些元素也并非本义上的 Atom，相比之下，它们都是巨大而复杂的结构。

2）　数学元素路线。这条路线偏形而上，占星术之祖。物质基本元素是几何，例如古希腊柏拉图的正四、六、八、十二、二十面体；或者是代数，例如周易的太极、两仪、四象、八卦、六十四卦、三百八十四爻。这条路线表现出非凡的直觉洞察力，当代物理科学越来越惊讶地发现，数学元素派可能猜对了。当然，他们的计算既是粗糙的也是牵强的。他们虽不炼金，却也长期混迹巫婆神汉的文化圈子不能自拔。

3）　幻象元素路线。这条路线是整体论，佛系人生之祖。佛家对古希腊那种掰开揉碎刨根问底的还原论心存呵呵态度，他们没有Atom，如果非要说有，就是“极微”。《大毗婆沙论》对“极微”给出的定义是：“应知极微是细色。不可断截破坏贯穿，不可取舍乘履抟掣，非长非短，非方非圆，非正不正，非高非下，无有细分，不可分析，不可睹见，不可听闻，不可嗅尝，不可摩触。故说极微是最细色。此七极微，成一微尘。”琢磨琢磨，这一连串的七个“非”和七个“不可”，是不是像极了Atom的定义？有人根据佛经的相关表述作了分析计算，极微尺度大约10^{-11}米，跟原子大致相若。可是佛经又说：“一粒微尘中，各现无边刹海，刹海之中，复有微尘；彼诸微尘内，复有刹海；如是重重，不可穷尽。”照这番话说，对待什么极微刹海，都不可执着，不可认死理。还原论的所有努力，在佛系看来注定了是徒劳的，因为还原过程是一个莫比乌斯环带式的拓扑结构，因缘因果，首尾相连。物质本源既非实物也非数学，一切如梦幻泡影，缘起性空，都是幻象。这个思想是深刻的，避开宗教因素不论，不失为伟大的格物之理。

4） 其他路线。乏善可陈，不提也罢。

知道它们的共同点吗？——都是公元前的空想套路。这线那线，无非嘴皮路线，2000多年前那些有钱又有闲的贵族和僧侣，并没有解决宇宙终极问题。遗憾的是到现在还有人，尤其是不少成功人士知识精英，还在迷信农耕时代的各种格物之理，觉得自己也无须实验探测和数学计算，而只是寻一棵大树旁边坐下冥想，或者拿一块乌龟壳琢磨它的纹路，就可以悟到宇宙奥秘。他们没有公式，作为替代，他们常常使用生僻和含混的古代语言，讲一番语焉不详左右逢源永远不可辩驳的宇宙真理。每遇这类智者，我总要想起任正非那一则《总裁指示》：“此人如果有精神病，建议送医院治疗，如果没病，建议辞退。”

翻检故纸堆，是要特别提示两点：第一，人类小脑袋凭空能想到的，大约就这个程度了。关于何为Atom，不管何方神圣诸子百家，不论怎么想、怎么说，坐而论道不足为凭，它更是一个实践问题。第二，相关的实践，后来真的遭遇了抽象思辨无法处理的致命问题。量子力学发现，真正的 Atom 不是任何形式的“铜豌豆”，而是谁也没有猜着，即便猜着了全世界也没有人相信，即便相信了也无法解释的“巨大的烟雾龙”。实物派、数学派、幻象派，居然，虽然，都支持烟雾龙，但他们都不是烟雾龙之祖，至少没有血缘关系。

NO.02 炼丹

最初的实践，数学派支持算卦，实物派支持炼丹。算卦基本属于休闲旅游项目，炼丹炼金术则多一些实用诉求。中世纪传奇人物霍恩海姆就是炼金术的一面旗帜，他在水气土火“古典四元素”的基础上发展，提出物质基本组分“三原质”：盐、硫、汞。盐是肉体，硫是灵魂，汞是精神，这三基构成了世间万物。日本漫画《钢之炼金术师》说，走火入魔的霍恩海姆志不在贵金属和仙丹，而是用人血和精液配以马粪和各种草药置烧瓶里发酵，制造人工生命何蒙库鲁兹（Homunculus），即骇人听闻的“烧瓶侏儒”。2018 年，中国科学家贺建奎悍然插手生命缔造过程，“定制”了一对基因编辑婴儿——露露和娜娜，朝着霍恩海姆的烧瓶侏儒迈出实质性一步。

炼金术是现代化学的淘气版，现代化学是炼金术的成年版。

1803 年，现代化学之父约翰·道尔顿创立原子论。道尔顿看到了摸到了原子吗？没有，他的原子论基于化学实验发现的两项规律：定比定律和倍比定律。定比定律是说，参与化学反应的物质质量都成整数比，例如 1 克氢和 8 克氧化合成 9 克水，多余的物质将会剩下而不参与化合。倍比定律是说，各元素总是按一定的质量比例相互化合，按照股份合作制规则，如果大股东翻番，小股东也得翻番。两个定律，本质是反映物质演化的整数倍关系，这已经体现了以“不可再分”为核心理念的量子物理精神。道尔顿的发现使人们意识到，原子（实际是原子的联合组织：分子）是存在的，就差亲眼见证了。

NO.03 显微

知道一滴水含有多少个原子吗？

1 500 000 000 000 000 000 000 个

全人类一起来清点，世世代代也数不完。所以，仅凭想象即可断言，没有任何人能亲眼看见原子，今后也不会。1873 年，德国物理学家阿贝发现，光学显微镜存在一个分辨极限。可见光因其波动特性而会发生衍射，决定了光束不能聚焦到无限小。可见光波长范围为 400~780 纳米，能聚焦的最小直径是波长的 1/2，约 200 纳米。就是说，我们无法分辨距离小于 200 纳米的任意两个点。这个边界即为“阿贝极限”。眼见为实的迷信，必须到此为止，稍微小一点的病毒都看不见。2014 年，斯特凡·黑尔等科学家发明 STED 光学显微镜，巧妙地借助脉冲激光的作用突破阿贝极限，观察到 20 纳米的微生物。那么原子呢？距离还有点远，原子直径大约为 1/10 纳米。我有把握放心地宣称，显微镜不管如何发展，原子永远是不可见的，亚原子粒子更不可见。

如果你笃定地坚持眼见为实的话，那么对于你来说，关于原子的一切，都是科学江湖的传说。物理学家恩斯特·马赫就是你这样的人，我称尔等为“看得见摸得着主义者”。而且，量子理论先驱的先驱、伟大的玻尔兹曼就是被尔等气死的。这是科学史上一出令人唏嘘的悲剧。

玻尔兹曼是 Atom 信仰者。他假设每滴水中存在亿万原子，这些密密麻麻的小颗粒具有原子量、电荷量、结构等特性，根据这样的假设，可以解释物质的黏性、热传导、扩散等宏观性质。玻尔兹曼创立关系式 S＝KlogW，在系统的微观态颗粒数 W 与宏观态的熵 S 之间建立函数关系，这是极具神性且影响深远的科学成就。这个公式刻在玻尔兹曼墓碑上，后世还有张首晟把它写在自己愿意带着飞向宇宙深处的清单上。

可是，玻尔兹曼和道尔顿的原子都是看不见摸不着的。马赫说：“我们如何设想原子呢？有色的、灼热的、发声的、坚硬的？”马赫是科学实证论者，坚持一切概念和知识都必须来源于实验、经得起实证。原子只是主观猜测，并不是客观存在。物质、运动、规律都不是客观存在的东西，而是人们生活中有用的假设。因果律是人们心理的产物，应该用函数关系取代。世界因此表现为要素之间的函数关系，科学对此只能描述而不能解释，描述则应遵循“思维经济原则”，即用最少量的思维，对经验事实作最完善的陈述。原子和分子原则上超越于我们感官所能达到的范围，所以原子和分子论没有意义。马赫同意将原子论作为一种“作业假设”和“辅助概念”，不同意把原子看作本体论意义上的实在。

1906年，玻尔兹曼因抗不住马赫等人的批评，竟然自杀身亡。但史论公允，并没有因此就贬马扬玻。科学界认为，虽然玻尔兹曼的原子论后来赢了，但跟这场论战的输赢相比，马赫的科学精神和科学方法是价值更高的东西。马赫的“看得见摸得着主义”固然有点机械笨拙，但正是建立在这种笨拙主义基础之上的科学精神和思维范式，支持量子力学的开创者们大胆地抛弃那些“合理的”形而上的教义，勇敢地拥抱各种反智思想和反常模型。虽然玻尔兹曼气死了，但你和马赫的质疑是正当的，严格地说，原子就是并不存在的东西。

观察终有极限，不仅如此，观察一开始就有天然局限。这是玻-马原子论之争额外喻示的一个格物之理。关于我们前前后后谈论的量子，永远不要忘了一个基本事实，一个毋庸置疑也从未被怀疑，以至于谁要刻意提起就显得无聊的事实：它是人类无法看见的，当然也不曾被人以任何方式看见过的东西。至少，你不能要求我向你描述它看上去的样子。

NO.04　盲探

原子和亚原子粒子虽然直接看不见，间接还是可以探测的。

对于不可见的微观世界，人类大约有三次里程碑式的感性探测。

1）　轨迹探测。1895年，英国物理学家威尔逊设计云室实验探测粒子的蛛丝马迹、草蛇灰线。往一个玻璃瓶注入无水酒精例如乙醚或异丙醇，干冰冷却，温度降低至过饱和。带电粒子射入，经过路径产生离子，过饱和气以离子为核心凝结成小液滴，从而显示出粒子的径迹。

2） 质感探测。1909年，卢瑟福设计粒子散射实验探测原子内部结构。实验用α粒子轰击金箔，由于α粒子比电子重几千倍，它们应该如入无人之境全部穿透金原子。实际情况是，大约有1/8000的α粒子发生偏转。这个结果证明，原子内部存在原子核。原子核带正电，且集中了原子的绝大部分质量，发生折射的粒子就是正好撞上了坚实的原子核。卢瑟福成为深入原子内部、打破原子坚不可入信念的第一人。

3） 形态探测。1981年，苏黎世IBM科学家盖尔德·宾尼和海因里希·罗雷尔发明STM（扫描隧道显微镜），第一次“触摸”原子。STM利用量子隧道效应，隔空发射电流作为探针，像唱针扫过唱片，探测坑坑洼洼的金属表面原子。STM探针和样品表面作为两个电极，当针尖接近样品1纳米之内，在外加电场的作用下，探针的电子将穿过两个电极之间的势垒，射向样品一方的电极。扫描过程中，样品表面原子凹凸不平，导致探针高低起伏，引起电流不断发生改变。显然，这些信息可以借助简单的方式转化为图像。人类掌握STM，犹如盲人抓住了盲公竹。1989年，IBM阿尔马登研究中心的科学团队用这根电子盲公竹扮演“上帝之手”，拨拉35个氙原子，拼写出“IBM”3个字母。

迄今为止，我们关于原子的所有认知，都是盲人摸象式的间接描述。我们以为，把这一堆零碎的印象加起来就是大象的样子。可是，自从德布罗意引入物质波概念之后，摸到粒子的盲人，跟摸到波的盲人，两相当面对质，原子的拼接图像就凌乱了，并且再也回不到关汉卿的“铜豌豆”印象上来。敬告盲人们，大象的真相是这样的：

大象＝h×（4柱＋2扇＋2矛＋2墙＋1绳）

重点是，必须平白无故引入h。h是普朗克常数，这里我用来象征矛盾叠加指数，象征盲人（观察者）干扰系数，象征世间万物不确定、不实在的加权平均值。而这只大象不被h干扰的“本来面目”，将永远是一种扑朔迷离的存在。

NO.05 破拆

一只蚊子迎面飞来，酿成一场堪比宇宙大爆炸的剧烈碰撞！

飞蚊的动能微不足道，连废弃的蜘蛛网都……但是，如果把这份动能聚焦到一个质子身上，碰撞焦点需要缩小到蚊子体积的一万亿分之一，那样一来，万千宠爱集于一身，碰撞能量就将达到 7 TeV（TeV 即万亿电子伏，1 TeV 约 10^{-7} 焦耳）。LHC（大型强子对撞机）制造的是双向迎面碰撞，能量共 14 TeV，人称“迷你版宇宙大爆炸”。

基本粒子究竟是不是不可分、不可入的 Atom，最有力的证明是把强行拆分、强行打入的行动进行到底。卢瑟福的粒子枪和 STM 探针都太粗糙了，而我们又不可能打造比原子和亚原子粒子更硬的锤子，也不可能打造比它们更小的针尖。不难理解，人类能够想到和做到的终极破拆手段，就是集中巨大能量驱使粒子们相互碰撞。

2008 年 9 月 10 日，碰撞实验向世界直播。LHC 将质子束注入超高真空管，超导电磁石制造的强磁场将质子逐步加速到光速的 99.9998%，在 27 公里的环形隧道中以 11245 圈 / 秒的速度狂飙。碰撞点的瞬间温度比太阳中心高 100 万倍，达到宇宙大爆炸万亿分之一秒时的状态。

根据波粒二象性，粒子也可以看成波。动能越高，波长越短，分辨率就越高。在这个意义上，LHC 相当于一台巨大的高分辨率显微镜，可以把人类的“观察”行为推向极致，向造物主的分辨率靠拢。同时，根据相对论质能转换原理，巨大动能在碰撞之后“冷却”凝聚为物质，产生新的粒子。可知，碰撞能量越大，实验意义越大。

碰撞还可以更猛烈些吗？不管多猛，人类终将面临两个极限：

- 论绝对极限，我们高不过宇宙。宇宙暴胀初期温度可能高达千亿亿亿度，比 LHC 的能量高百亿倍以上。我们身为宇宙自身的产物，没有办法重现一场货真价实的宇宙大爆炸，所以有人说“能量最高的对撞机就是宇宙自身”。

- 论单位极限，我们绕不过黑洞。不论我们是想要破拆粒子，还是想要生成新的粒子，都将从半途的某个时候开始，因总是收获黑洞而无法继续进行下去。

黑洞的来历，是物体因质量巨大导致引力坍缩而压垮自身。黑洞形成的决定性因素不是绝对质量，而是质量与体积之比，这个比例的临界值是确定的，可由“史瓦西半径”公式计算。就是说，黑洞并非总是庞然大物。即便是小到无以复加的亚原子粒子，如果 LHC 瞄准它持续加大能量注入，它也会因单位能量（等效质量）巨大而成为微型黑洞。

人们担心，微型黑洞落入地球会像烧红的钢珠落入豆腐奶酪，呼啦一下沉入地心，最后把地球吞噬殆尽。不要忘了，原子内部相当空虚，而微型黑洞比亚原子粒子还要小十几个数量级。如此微小的尺度，休说落到实验室地板上，就是想碰到身边最近的质子，也需要长途奔袭几天几夜时间。而几天几夜时间相对它的寿命而言，实在是太过漫长了。考察霍金辐射公式 $T = \hbar c^3 / 8\pi kGM$ 可知，黑洞的辐射温度与质量成反比，微型黑洞质量很小，因而温度极高，将在 10^{-44} 秒之内蒸发。

宇宙大爆炸和微型黑洞设定的两个极限，是不是决定了我们将永远局限于“果壳中的宇宙”？不撞南墙不回头，再往下，尔等冥顽不化不可救药逼死玻尔兹曼的“看得见摸得着主义者”，是不是该歇歇了？

NO.06 计算

其实并不需要更多的 LHC，我们知道探测极限就在不远的前方。CERN（欧洲核子研究中心）的科学家们当然也知道，但他们总能保持乐观，因为他们的数学，常常会跑在财政拨款、工程建设和实验升级的前面。

1968 年，CERN 的两位青年物理学家，韦内齐亚诺和铃木真彦，意外地被同一个“尤里卡灵感”击中。“尤里卡”是古希腊典故，当初阿基米德从澡盆里跳出来高呼“尤里卡”，意思是“好啊！有办法啦！”那时，这两位物理学家正在为高能粒子碰撞的数据分析犯愁，这些工作艰巨而枯燥。因为LHC撞出的粒子不是满地乱滚的爆米花，可以不慌不忙捡起来装进袋子，人类只能在爆炸现场“捡到”一些数据，每年捡到的数据至少要写满170万张双层DVD盘。

韦内齐亚诺和铃木真彦的尤里卡灵感来自于一本老旧的数学书，他们几乎同一时间发现，书中的“欧拉β函数”——200年前欧拉建立的一个晦涩的数学表达式——似乎是在描述两个介子高能碰撞的情形。这个函数关系总结成为韦内齐亚诺-铃木模型，稍后，更多科学家证明，这个模型在描述点状粒子的时候，等效于描述一维的能量弦。从此，弦理论横空出世。

弦，是一个数学概念，而不是一个传统的物理对象。

在原有理论体系里，基本粒子被视为一个点，实际存在一个可探测的物理尺度，质子约10^{-15}米，电子也在同一量级。而弦理论之弦，长度约10^{-34}米，每秒钟振动10^{42}次，振动速度达到光速。在弦理论看来，所有基本粒子都是不同振动模式的弦，它们只是“远远看上去”像一个一个粒子。LHC今天还在10^{-16}米附近加油挣扎，弦理论早在50年前就飞跃高能物理的“大沙漠地带”，一举跃进18个数量级。人类绝无可能实际探测到这么小的弦，只能做纯粹的数学推演。

你瞧，几十万亿电子伏的碰撞，不如一则老掉牙的函数。

问题来了：一根弦可以剪成多少小截？不能剪。因为，并且不仅因为没有足够小的剪刀。既然这根橡皮筋存在量化尺度，岂不是理论上就应该可以截断吗？如果你非要如此逼问，我猜教授们将被迫考虑要不要收回“弦理论”这个名字，而代之以非体验式的名字，例如这个：“基于欧拉β函数描述基本粒子强相互作用高能碰撞幺正性散射矩阵之雷吉轨迹一维几何性质数学模型”。缺点是长了一点，好在不会再有人想入非非、胡乱类比。弦理论之弦，是数学模型里的某种抽象结构，它之所以要叫“弦”，仅仅表示这种结构不是零维而是一维，还可以扭曲振动等，但并不具备橡皮筋的更多其他性质。

人类重回论道时代，不过新的论道一律使用非凡的数学语言。

一个古老函数成为一个先进理论的尤里卡，并不新鲜。黎曼几何设想物质的存在可能造成空间弯曲，是广义相对论的尤里卡；洛伦兹变换和闵可夫斯基四维空间，是狭义相对论的尤里卡。麻省理工教授文小刚提出弦网凝聚理论，万物本源是量子比特，“It from QuBit”，真空是有长程纠缠的量子比特海。然而，文小刚需要的“新的数学还在路上”。2015 年的“科学突破奖”获奖者、数学家雅各·劳瑞的“N 维范畴理论”，可能就是他期待的尤里卡。

我的重点是想说，单纯的论道，公元前就结束了，当今所有重大科学发现，几乎都是从数学结构里发掘出来的超现实主义东西，今后将越来越是这样。任何没有数学支持的理论，都是轻浮的科学八卦。

弦理论跟量子的矛盾叠加都有相似的烦恼：正确而不可检验。弦理论有一个重要的数学模型——卡拉比-丘流形，是丘成桐跟卡拉比合作创立的。一根振动的弦，可能就是这个形态，一个高度抽象的六维模型，一坨即便投影到二维纸张上，看上去也比驱鬼符咒还复杂的东西。弦理论物理学家坚信，宇宙万物就“坐落”在这样的六维空间上面，但是它存在于极端微观的普朗克尺度，一万台、一亿台 LHC 连接起来放电，也不可能触动它的一根寒毛。丘成桐在《大宇之形》一书中表达了他对这个模型的坚定信念，卡拉比-丘流形不是数学玩具，不是插花艺术或者十字绣草图，它就是可信的真实，但它可能要等到宇宙末日才会展开。

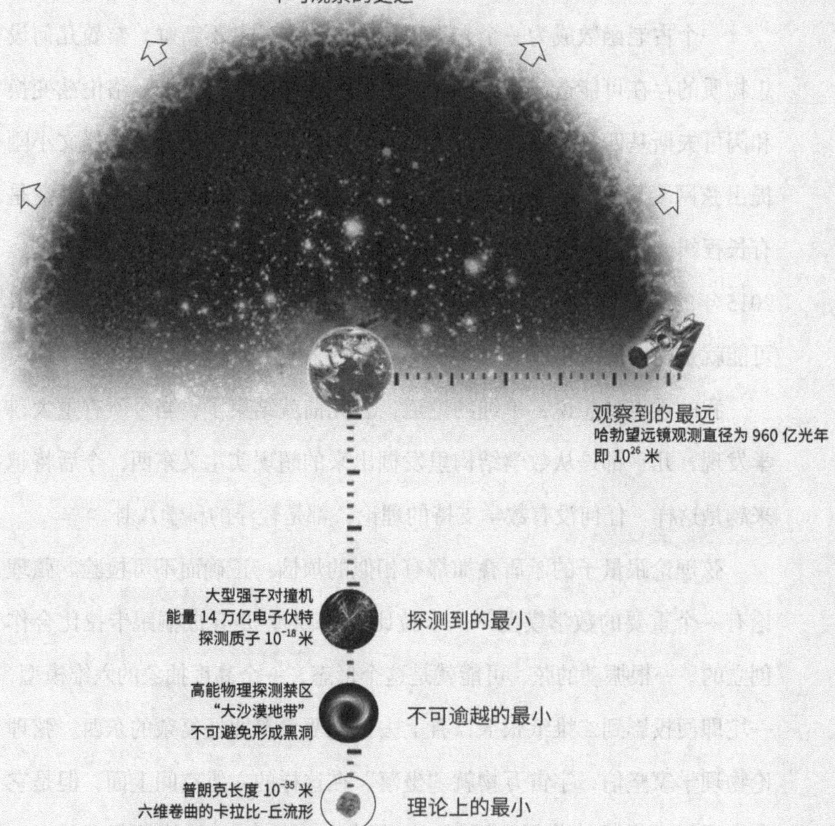

丘成桐：在遥远未来的某一天，我们的时空开始宏大地解体。当宇宙最深邃的隐藏空间最终现身时，当宇宙完全绽放它多维度的瑰丽光彩时，竟然没有人可以在场欣赏，没有人举杯庆祝这个在宇宙大爆炸之后“第一亿三千七百万世纪”人类梦想出来的理论。

第 2 章　量子如何存在

矛盾两面都是事实，大自然每次只为人类表现其中一面。

量子的“标准像”，我勉为其难画了一幅示意图，一滴水珠与它激起的波纹。你心目中铜豌豆式的 Atom 肯定是不存在的，每一个量子粒子都是一组复杂的、动态的时空结构。

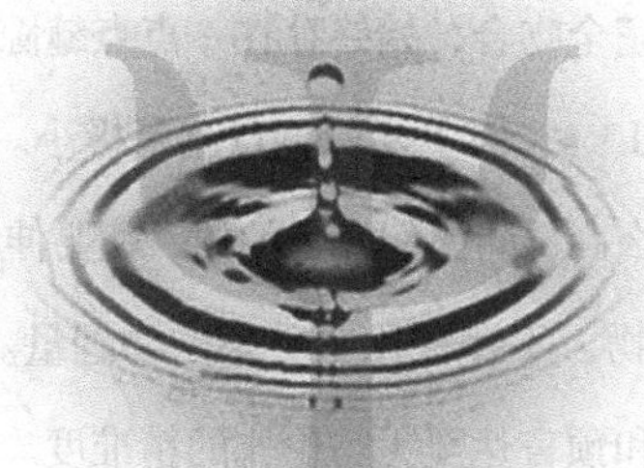

PART 01　不连续

$h = 0.000\,000\,000\,000\,000\,000\,000\,000\,000\,000\,000\,663$ J • s

量子力学滥觞于普朗克发现能量离散。

离散度可由一个固定的常数给予精确量化。

不连续（离散），这个概念为什么至关重要?
形象地说，它意味着宇宙的天生“破绽”。

没有乐高的时代，每个熊孩子都有一种隐秘的人生体验，我称之为“零件尴尬”：把家里的闹钟或者收音机偷偷拆了，再想组装回去的时候，可恼为什么总有一两个齿轮弹簧是多余的！人类的还原论科学就存在某种“零件尴尬”：拆解到原子和亚原子粒子之后，探测所见与推测所知，二者总是无法做到完全吻合，始终存在一点点缝隙，记为 h。

$h = 6.6 \times 10^{-34}$ J • s，最主要的特点就是极小。如果把这么长的一根弦放大到一棵树那么高，同比例放大的树，就要伸出可观察宇宙的边缘。世间任何非虚构之物，不存在比它更小的物理量。h 的精确量化，令量子力学的相关计算和预言达至无与伦比的精准度。

当初，大家都以为物理学的小男孩们毛手毛脚搞错了。100 多年来的争论和实验，日益证明 h 的神性。此数描述宇宙结构不可抹平的“粗糙度”、描述物质能量时间空间的离散度、描述物理性质矛盾叠加的以及思想之于现实之间不可避免的偏差，物理学家借以终结那些关于物质可以无限再分、认识可以无限可靠的哲学唠叨。

引申开来，我想象 h 代表宇宙的天生破绽，它指引我们透过大千世界窥见宇宙底色，去发现和度量存在与不存在、可知与不可知、有限与无限、复杂与简单、真实与幻象、理想与现实、人类与神祇的距离。我们身居浩渺宇宙一个比针尖还小的角落，也已经能隐隐约约听见，从多元宇宙的汪洋大海传来阵阵涛声……

凭什么确定，我们真的抵达了不可再分的基本组分？
关于芝诺悖论，有诡辩的、抽象的、实际的三个解决方案。

基本组分，不可再分？每当物理学家说起 Atom，说起不可再分，哲学家们就呵呵，所有非物理学家也呵呵，因为我们有一种天赋杠杈，如《庄子》所谓“一尺之棰，日取其半，万世不竭……”。可是，这是一种基比泽论调知道吗！数学上可以凭空进行细分推演，物理是不行的。一尺数轴可以无限细分，一尺棒棰不行。有人计算，拿一根 56 克的铁丝来实验，每天一半，到第 79 天就只剩 1 个铁原子（原子量为 56）了。休说什么万世，区区两个多月，棒槌即已粉身碎骨，一粒木屑或者铁渣都不剩了。再往后，谁来告诉大家，庄子到底在默默地切剁什么？

后面等着的，是神龙见首不见尾的烟雾龙。就算逮住烟雾龙也没用，到普朗克尺度（10^{-35} 米）处，时空将走到尽头。在那里，空间本身扭曲缠结为六维的卡拉比-丘流形，那是一种可以进行数学计算，但无法形成人类体验的非欧几何形态。你的三维刀子——而且是老牌哲学家擅长的那种思辨之刀——任它如何强大，顶多能切出世界上最短的长度、最窄的宽度、最矮的高度，难道还能拐着弯、绕着圈，雕刻出比蝴蝶结、水手结、中国结还要复杂的“卡拉比-丘棒槌碎片儿”吗？

谁不服，谁需要解释芝诺悖论。

芝诺悖论是史上最无聊也最难缠的悖论之一。以阿喀琉斯追乌龟为例，多少人真的懂了？芝诺设想，阿喀琉斯和乌龟赛跑，乌龟先行一段距离。现在阿喀琉斯准备起跑了……等一等，咱们先理论一番：阿喀琉斯为了追上乌龟，必须先跑过前方路程的 1/2 对不对？为了跑过这 1/2 路程，必须先跑过 1/4 路程是不是？然后再一半 1/8、又一半 1/16……谨遵庄子的无限棒槌规则，这个分解过程将万世不竭。我们一万年之后再来看，如果庄子的预言是对的，阿喀琉斯就必然还在脑子里奋力拆分那些不断地接踵而至的新的半程，纹丝未动。

阿喀琉斯不会因为想不通芝诺悖论而迈不出步伐，所以你我都认为芝诺悖论是闲扯。显然，这个悖论纯粹就是论出来的，不闲就不论，不论就不悖。古希腊以来，人类沿着三条不同的路线来对付这个悖论。

第一条路线：哲学思辨。

亚里士多德认为，有限的距离和时间，被分成越来越小无限多的小段后，其总和仍是有限的。大概意思是说，你看，不管怎么细分，庄子的棰棰永远就那么长一根，不增也不减。黑格尔认为："运动的意思是说：在这个地点又不在这个地点；这就是空间和时间的连续性，——并且这才是使得运动可能的条件。"运动本身就是矛盾，运动的物体既在一个地方又不在这个地方。呵呵！辩证法无敌。

芝诺悖论不是闲扯，如果不诉诸科学，各种自以为解决了芝诺悖论的理论，才真的是闲扯。阿喀琉斯肯定会超过乌龟，每个人都知道，这不是秘密，因此所有闲扯都可以梗着脖子坚持自己就是对的，也都会得到来自既有标准答案的强大支持。所以问题不是解答了，而是辩论家们没羞没臊地要小聪明操作词义消解，导致问题失效了。

第二条路线：数学证明。

数学史家卡约里说："芝诺悖论的历史，大体上也就是连续性、无限大和无限小这些概念的历史。"直到 17 世纪，牛顿和莱布尼茨发明微积分，人类学会处理极限问题之后，芝诺悖论在数学上得到解决。

为方便数学理解，我们回到原版芝诺悖论。按照原版描述，阿喀琉斯是跑起来了的，但在追到乌龟的最初起点时发现，乌龟并没有闲着，它已经又爬出一段新的路程。这样，阿喀琉斯不得不继续追赶这一段新的距离。同时，乌龟也继续在爬。如此无限逼近，只要乌龟不停地努力前行，阿喀琉斯就永远也追不上。综合考虑芝诺和亚里士多德的辨析，阿喀琉斯的路程难题转换为数学公式是这样的：

$1/2 + 1/4 + 1/8 + \cdots$

省略号部分，规定是一个开放的深渊，它永远不停。现在，专门处理极限问题的数学理论给出证明，1/2 + 1/4 + 1/8 +⋯虽然数列永远刹不住车，但从结果看，它等于 1。这就相当于说，我不知道庄子的棒槌究竟能剁成多少碎片儿，但我可以证明，如果你能把这些碎片儿全部拼接起来的话，可以得到一根完整的棒槌。亚里士多德呵呵笑了。参照格兰迪级数求和的老套路，不怎么严谨但结果正确的证明如下：

设 $a = 1/2 + 1/4 + 1/8 + \cdots$

则 $2a = 1 + 1/2 + 1/4 + 1/8 + \cdots$

$2a - a = (1 + 1/2 + 1/4 + 1/8 + \cdots) - (1/2 + 1/4 + 1/8 + \cdots)$

$a = 1$

可是，那又怎样呢？一串符号宣称它证明了另一串符号，我们姑且可以相信，但你从中真正理解什么了吗？

第三条路线：物理发现。

哲学总是闲扯，数学擅长戏法，可怜的物理早在一开始就知道正确结果，却偏偏只有物理始终不知道为什么。物理学不知道该在何时、何处通知庄子停止切剁。直到量子论发现能量离散，进而推导出时空离散，物理学才终于跳出芝诺悖论的泥坑。

量子力学的论证是：芝诺的跑道全程由 10^{-35} 米见方的网格路面组成，阿喀琉斯将在正前方第一个“普朗克小格子”处停止细分，然后耗费第一个普朗克时间 10^{-43} 秒，咯噔一下跃过这个格子。虽然乌龟也同时爬过了一小格，但相比阿喀琉斯耗时略长。QED，证毕。

你也可以继续坚持两者都没有运动，这取决于你选择什么理论模型。我们可以等价地认为，宇宙以每米 10^{35} 帧的速度播放《阿喀琉斯追乌龟》电影，只不过两者的姿态和位置，在每一帧胶片上的变化略有不同。然后如你所见，阿喀琉斯大步流星赶上去了。

最小作用量：可以写到一张餐巾纸上的宇宙终极设计。
万事万物的经济法则，如何与“最小组分”悄悄地挂钩……

普朗克发现能量离散，基于拨火棍的温度与颜色、辐射频率与波长的关系。关于这个关系，经典物理认为：

- 温度升高则波长缩短，直到紫色之外。
- 温度降低则波长拉长，直到红色之外。

这是对的。问题是，辐射的波长似乎可以从无穷小到无穷大。这意味着，越来越短的紫外波，将承载越来越高的温度，直到无限高。这个显然没道理，因此被称为“紫外灾难”。听上去似乎也没有什么大不了的，所以开尔文爵士称之为物理学天空中飘着的两朵小小乌云之一（另外一朵是相对论的坐骑）。普朗克设想，如果能量必须表现为非连续整数倍增减，紫外光波就不可能无限叠加吸收能量。这个假设，成为一场科学革命的序曲。因为这个发现，普朗克获诺贝尔奖，头像铸入德国马克硬币，在全德国的收银机里丁零作响几十年。

能量离散？如果你愿意用半分钟时间琢磨一下能量是什么东西，就会同意这是一件咄咄怪事。好比说莎拉・布莱曼或者维塔斯的一段酣畅淋漓一气呵成的飙音，被你听出来中间竟然有无数休止音。他们未必是这样唱的，他们的唱片确实就是这样工作的，激光 CD 是由代表 0 或 1 的凹槽或凸起构成的，唱机可以读取也只能读取 0 和 1 的信息。你固然可以把这些凹槽或凸起刻得更细小，但读取和播放系统不认。所以，唱机就是一个量子化系统，每一个凹槽或凸起，就是一个“CD 量子”。

普朗克的科学灵感，基于最小作用量原理。这是一个充满强烈哲学意味的物理原理，是宇宙所有事物，物质、能量、时间、空间，都要服从的“经济法则”。比如，两点之间直线最短，就可以理解为数学的最小作用量原理。这样的原理，谁需要解释啊？谁又会怀疑啊？

爱尔兰数学家、物理学家哈密顿将最小作用量原理引入力学研究，基本精神是：万物凡有运动，大自然总是安排它们选择最省时间、最省力气的路径。光线在真空中走直线，因为直线最省劲儿。光线射入水中，遭遇介质阻挠，如果还坚持走原来路线的话，就必须付出额外的能量。但造物主不会为他的唯美偏好而追加能量预算，所以我们看见光线竟然发生了弯折。哈密顿最小作用量的基本表达式如下：

作用量 $S=$ 能量 $e\times$ 时间 t

原理的基本精神一言以蔽之八个字：要么费劲，要么费时。例如，猎豹猛然爆发一击而中，郊狼死缠烂打穷追不舍，都是刚好搞到一顿饭的最小作用量。最小作用量原理的简洁性和普适性令人震撼。阿·热的《可怕的对称——现代物理学中美的探索》说，整个宇宙的终极设计可以写到一张餐巾纸上，那一行紧凑的公式可以推导出所有物理定律。而那张餐巾纸上写的，其实就是作用量 S 的表达式。

电磁波能量辐射当然要遵守最小作用量原理。电磁波跟琴弦类似，赤橙黄绿青蓝紫，即为电磁波频率差异。波长与能量成反比，波长越短、频率越高的琴弦，能量越大，直至绷断。“大弦嘈嘈如急雨，小弦切切如私语。嘈嘈切切错杂弹，大珠小珠落玉盘。”嘈嘈用劲小，切切用劲大。重要的是，电磁波频率，即每一个振动周期限定分配一份能量。因为，不存在半个周期的振动，除非琴弦弹断，断了也要在空中画出一个完整圆弧。按照最小作用量原理，大自然不会给高频琴弦赋予无限的能量，否则的话，小弦切切就要累死，大弦嘈嘈则要闲死。

考虑 $S=et$ 关系式，普朗克推测，“高频率承载高能量、低频率承载低能量”应该是一个固定的比例关系。就是说，能量除以（除法的哲学隐喻相当于“分配”）频率，应该是一个物理常数。普朗克命名这个常数为 h，数学表达为：$\varepsilon/v=h$（能量 / 频率 = 固定的物理常数）。

稍作变换，就是标准的普朗克能量子公式：

$\varepsilon=hv$

以光子为例，光本身就是电磁波。光的频率等于光速除以波长。由于光速数值极大，而光波的能量数值又极小，可知这个比例数值极小。普朗克根据实验数据，计算出普朗克常数 h 的具体数值。

这只是能量辐射的情况。普朗克隐约感到，某个盖子揭开了。

我们可以生死相许的宇宙大问：
何为物质能量时间空间的最小组分？

全宇宙最小尺度是 10^{-35} 米。

描写与计算公式如下：

$$最小长度 = \sqrt{微观常数 \times 中观常数 / 宏观常数^3}$$

$$l_P = \sqrt{\hbar G/c^3} = 10^{-35} 米$$

凭什么这么说？凭什么这么算？空口无凭，谁也不服谁，所以我们最好转而讨论实验：如何 DIY（Do It Yourself）世上的最小之物。上一章反复强调，微观探测是越往下越困难的事情。所以，如何制造“最小”的问题，可以进一步转换为：人类制造能力的极限是什么？

天下没有比基本粒子更锋利的解剖刀。所以让它们自己去碰撞，也许是制造“更小”的唯一出路。大型强子对撞机 LHC 的使命，就是制造各种粒子的高能碰撞。不过我们不要忘了，粒子并不是单纯的粒子，粒子同时也是波。所以，我们制造“更小”的行为，必然导致粒子波长的变化。这种情况就是“康普顿效应”。1923 年，美国物理学家康普顿的散射实验发现，高能光子与自由电子作弹性碰撞的过程中，波粒二象性显灵，光子因其粒子身份，将把一部分能量传递给电子，同时因其还有波的身份，碰撞之后将降低自己的频率，这就是康普顿效应。

制造电子对撞，是一项艰巨工程。一个“实体”只有 10^{-15} 米的东西弥漫在 10^{-10} 米长的空间，要想精确定位殊非易事，比在空旷的大厅里用一个米粒击中另一个米粒还困难。更致命的困难是，发射出去的粒子并非光溜坚硬的子弹，它自身也是一团迷雾一样的松散之物。要想精确地击中米粒，就需要尽可能地缩短它自己的波长，以令它更像一颗子弹。按照不确定原理，任何粒子的位置和动量都是一对此消彼长的共轭变量，缩短波长（降低位置不确定度）的途径就是增强动量。

根据本书的扉页公式 $\lambda = h/p$，德布罗意物质波关系式，动量 p（质量 m 乘以速度 v）越大，物质波波长 λ 就越小。如果想要得到一个小到极限的 λ，就需要把 p 放大到极限。对于特定质量为 m 的粒子来说，p 的极限就是要求速度 v 达到极限，而 v 的极限是光速 c。在 $mv = mc$ 这个极限情况之下，物质波波长就是康普顿波长，即：

康普顿波长 $\lambda = \hbar/mc$

这个极限是速度顶格带来的极限。注意，速度 c 的旁边还有质量 m，这是需要考虑的另一个极限因素。康普顿波长越压缩，碰撞能量越大，与之对应的质量就越大。鉴于所有量子本质上都是一些虚头巴脑的东西，两个量子发生康普顿碰撞之后，可以说它们被打成了一些碎片儿，也可以说它们合并生成了新的量子。根据相对论，任何特定质量的物质，尺度压缩存在一个极限“史瓦西半径”。特定质量的物质如果小于这个尺度，新生成的量子就将坍缩为黑洞。德国物理学家史瓦西根据天体的质量、逃逸速度以及极限速度 c，推导出史瓦西半径 R_S 的计算公式：

史瓦西半径 $R_S = 2Gm/c^2$

如果碰撞粒子的康普顿波长压缩到它自己的史瓦西半径的 2 倍（直径），碰撞结果就将得到一个微型黑洞。任何事情到黑洞那里就将全部“黑”掉，什么都进行不下去了。起码说，我们提升位置探测精度的努力，也将在这个尺度达到极限，因为更精确的波长不再有实际意义。

或者也可以不考虑碰撞和探测，而只考虑量子自身的情况。根据波粒二象性和不确定原理，一团量子迷雾没有特定尺寸的硬核，也没有固定不变的波长。所以说，追求更小粒子的行动，实质是要努力压缩迷雾以求得更短波长。根据物质波公式，追求更短波长的实质，可以转换为追求更大的动量。而对于质量特定的量子粒子，又可以进一步转换为追求速度。多普勒效应就可以提供体验式证明：速度越快，波长越短。

康普顿波长 λ 等于史瓦西半径 R_S，这一特定尺度就被定义为大名鼎鼎的“普朗克长度” l_p。上述的康普顿波长公式与史瓦西半径公式，二式联立，简单换算，即可求得 l_p 的解析式。

前提条件：$\lambda = R_S =$ 普朗克长度 l_p

根据 λ 与 R_S 的定义：$\hbar/mc = Gm/c^2$

合并二者：$m^2 = \hbar/c \cdot c^2/G$

也即：$m = \sqrt{\hbar c/G}$

将 m 代入 $\hbar/mc$ 而消掉：$\lambda = \hbar/mc = \hbar/\sqrt{\hbar c/G}\,c$

所得即为普朗克长度：

$l_p = \sqrt{\hbar G/c^3}$

这是什么东西？这是经典物理（万有引力常数 G）、相对论（光速常数 c）、量子力学（普朗克常数 h，常用的是约化普朗克常数 $\hbar$）三堂会审、三位一体、大道至简的极限格物之理。我们已知的这个宇宙，就是由 G、c、h 代表的这三个科学体系给予定义和描写的。

由于推导过程消掉了可变量 m，公式全部由纯粹的常数构成，因而具有普世价值。导入量纲计算可知，这一尺度的具体数值大约是 10^{-35} 米。实际上，我们也可以通过简单的量纲分析，刻意把 G、c、h 的量纲统一到长度量纲，从而定义出这个非凡的物理量来。

黑洞只应天上有，人间难得几回闻。地球成为黑洞的压缩程度，也即它的史瓦西半径大致相当于一颗弹珠。试想，对一个量子粒子实施从地球到弹珠的同比例压缩，那是何等极端的事情！而且也没有任何事物可以达到光速，参与碰撞的质子，在 LHC 功率达到最大时，最高速度可达光速的 99.9999991%。全世界没有比 LHC 更强悍的实验工程。

谁还有什么办法制造“更小”吗？

常数已明，“最小”既定，则万物的各种极限也就确定了。

- **普朗克长度 l_p** 日取其半直至遭遇黑洞的最小尺度 10^{-35} 米。
- **普朗克时间 t_p** 最短距离有了，怎么得到最短时间呢？宇宙最快速度 c，经过宇宙最短距离 l_p，所需的时间当然就是宇宙最短时间。所以，简单计算可知，$t_p = \sqrt{\hbar G^5/c^5} = 10^{-43}$ 秒。
- **普朗克质量 m_p** 上述推导过程中的质量 $m = \sqrt{\hbar c/G}$，即为普朗克质量。它不是绝对最小质量，而是黑洞的最小质量，是微观世界与宏观世界的“阴阳相隔”、量子效应发生作用的关键质量。$m_p = 10^{-8}$ 千克，大约一粒灰尘的分量，也如佛家所谓隙游尘、日光尘，日光下可见的最小之物。这是巧合吗？
- **普朗克温度 T_p** 物质温度之高低，实为粒子运动之快慢。热力学的温度表现为物质质量与运动速度的合作，关系由玻尔兹曼常数 K 调控。温度的通用计算公式为 $T = mv^2/K$，m 为质量，v 为速度。把极限质量 m_p 和极限速度 c 代入，即可得极限温度 $T_p = \sqrt{\hbar c^5/GK^2} = 10^{32}K$。这是宇宙大爆炸第一瞬间的温度，我们的宇宙再也不可能出现更高温度。换句话说，如果你能集中如此高温于一点，也可烧制一个内含百万亿亿个太阳的新宇宙。
- 还有普朗克电荷、普朗克面积、普朗克动量、普朗克能量……

总之，宇宙存在最小的点，万物最小分辨像素。那是基于普朗克发现量子离散而推导，由 l_p 与 t_p 组成的时空结构。它曾经是创世之卵，第一个现世并空前绝后的奇点。我可不可以称之为“绝对量子”？我以充满神圣敬畏的心情来审视它：

空间 10^{-35} 米 × 时间 10^{-43} 秒

PART 02 不确定

大乘般若禅机：宛然有而毕竟空，毕竟空而宛然有。

不确定原理是宇宙之为宇宙的一条底层法则，甚至贵为第一法则。

理解“不确定”，是理解量子理论的第二个关键。

不确定，有什么好大惊小怪的呢？股票大盘就不确定，闲置了三个月的老爷车还能不能点着火也不确定，就连《非诚勿扰》爆了灯的牵手关系都不确定。还有太多事情，例如老板会不会要求你马上结束休假回去加班，下一秒钟会不会有UFO飞过窗外……也不确定。我们必须留意，这些所谓的“不确定”，其实只能叫“不知道”，最多叫“没办法知道”。现在我要求语词让渡，不确定原理的术语意思是，量子在本质上具有不可消除的不确定性质。这种性质，跟谁知道不知道没有关系。然而我必须又要马上补充，事情总是跟人想不想知道有关系。

海森堡不确定原理可以表述为：量子的位置 p 和动量 q，人类不能同时精确测量这两种状态，一种状态越清楚，另一种状态就越混沌。

例如，昨天晚上你还记得自己几点几分入睡的吗？你说不上来，因为你做不到像关掉床头灯那样，啪的一声跌入梦乡。任何时候瞄一眼挂钟，都表明你还醒着。如果睡着了，哪怕刚才还在以数羊的平稳节奏默默读秒，也不可能知道入睡的准确分秒。睡觉和看钟，是一对注定要顾此失彼的矛盾。不确定原理大致是这个意思，而又肯定不止这一点意思。这个事情说起来千回百转，我们的解读要多加一点小心，记住“费曼佯懂警告”：你如果认为自己懂了，则刚好证明你没懂。因为，即便提出不确定原理的海森堡本人，最初也没有深刻理解它的革命意义。

不确定原理的基本精神，早已蕴含在本书第一页的物质波公式里。如果不确定是确定的，则世界的客观性和决定性，也即爱因斯坦关于“上帝不掷骰子”的基本信念，就将面临深刻动摇。

初始理解：主观不确定。

“不知道”当然不等于不确定，但“不确定”首先基于不知道。

冰箱如果关上，里面的小灯还开着吗？不知道。冰箱的先天毛病（卖家说是先进功能）是灯与门的自动配合，我们无法通过打开冰箱门来检查灯泡坏了没有。胶卷底片什么颜色？不知道。胶片的先天遗憾是不能打开曝光，典型的“见光死”。但是不打开看看，谁又能说它究竟是什么颜色？一根火柴，它到底能不能点着呢？最可靠的测量，就是噗的一声把它划燃。而那样一来，我们想要论证的火柴就不再是火柴了。

量子显然也有某种“见光死”性质。量子的先天性麻烦是什么？——太小。由于我们想要探测的量子小于或等于一切原子和亚原子粒子，也就不可能被以任何材料制作的工具以任何形式粘住、钉住、绑住。要想探测一个量子的状态，必须动用足够小的光。而光无论多么微弱，总要对量子造成干扰，哪怕一个光子（别忘了它同时也是一束光波）打过去，都将面临两种结果之一：

- 要么打不着（因光波波长过长，探测不到量子的位置）。
- 要么打偏（因光子动量过大，改变量子的运动轨迹）。

沃纳·海森堡
Werner Heisenberg

这是关于探测局限的思想案例，这个顾此失彼的情景，后称“海森堡显微镜”。海森堡提出不确定原理的初衷正是基于此。这一原理也有强烈的哲学意味，而实际是基于严谨的实证科学。海森堡更有力量的科学发现是，位置与动量的不确定关系可以精确度量，由以下公式计算：

$$\triangle x \triangle p \geqslant \hbar/2$$

△表示不确定量（误差度），x代表位置，p代表动量，$\hbar$是约化普朗克常数。这个公式的意思是说：量子的位置精确度与动量精确度，是

一对此消彼长的关系，误差度是一个确定的数值。由于$\hbar$之值极其微小，在人类进入量子时代之前，没有任何人意识到它的存在。

我们前前后后一直在围绕一个关键词说话：测量。

如果不曝光不观察，而只采取间接测量呢？不管直接间接，不确定关系照样成立。不确定原理的重点是测不准，测不准的重点不是任何事情都测不准，而是不能同时兼顾一对共轭变量都精确。比如用某种人造磁场把量子定住，我们可以确知量子的位置，但是定住之后，就没办法知道它的运动速度和方向了。如果在量子飞行的起点和终点摁下秒表，当然可以知道它的速度，但你就无法知道它途经了哪些地方，有没有去月球背后溜达一圈再飞回来（事实上它很有可能真的这么做了）。用生活的例子来说，一张延时拍摄的车流夜景照片是一片朦朦胧胧的流光溢彩，你可以看见车流轨迹，但很难分清每一辆车的确切位置。一张在半空中清晰定格的网球特写照片，无法判断它的飞行速度和方向。这也有点像你家的猫，你没有办法在摁住它的同时还能腾出手来给它洗澡。总之，按下葫芦起来瓢，大自然似乎具有某种捉襟见肘的特质，不管你用什么方法去探问，它每次只提供一个精确答案。

葫芦 × 瓢 ≥ 普朗克常数

不确定原理的核心要义有两个要点：

- 知道事情的一面，须以不知道事情的另外一面为代价。
- 不知道不等于不确定，但不确定一定要表现为不知道。

后一个要点，是貌似多余而至关重要的补充。如果我们总是不知道，如果我们原则上就没有办法知道，那就可以说是这个事情本质上就不确定。至于在我们不知道的情况下，事情是确定的还是不确定的，我们还真的不确定。所以我们还是可以说，本质上就不确定。呵呵！

进阶理解：客观不确定。

本质不确定？神马烂科学！我知道你一直在冷笑。你肯定认为，就算动手测量不行，间接测量也不行，那么闭上眼睛、关掉设备，咱们理论推演总可以吧？冰箱的灯坏没坏它自己知道，大街上的车辆也不会移形换影，网球该往哪儿飞还往哪儿飞……即便没有任何人去理会，甚至人类从来不曾存在，物质世界它该是怎样，可不还得就是怎样嘛！

如果你真这么想——你肯定就是这么想的，你没法不这么想，好消息是爱因斯坦也是这么想的——那么你跟海森堡一样要被玻尔鄙视。

当初，海森堡拿他的不确定原理去找玻尔，据说遭到了玻尔的训斥。因为基于测量的所有不确定，都属于“观察者效应”，也即说到底是主观的不确定。爱因斯坦和你的内心思想都乐于承认，人类的所有测量可能都是毛手毛脚的，不知道哪儿碰到了不该碰到的东西并引起性质不明的连带反应。但是不管怎样，爱因斯坦和你的内心思想都坚定地认为，即便我们永远不能剔除人为干扰，仍然也应该存在某种“上帝之眼”，它总知道量子的位置和动量吧，要多精确就多精确。那些用挖掘机开启啤酒瓶盖儿的同学们，就对量子力学的烦恼表示呵呵。

玻尔认为，海森堡显微镜是多余的，量子本身没有确定的存在。

玻尔的深刻洞见，可以借由四项科学精神给出立体诠释：

1）　不确定的互补精神

物质波概念指示，量子是波与粒的叠加。具体怎么叠加呢？玻尔认为，量子的粒子性与波动性，二者不是泾渭分明携手并肩，而是相互耦合双向渗透。这就是互补性原理，哥本哈根解释最重要的哲学基础。可惜人类没有办法“真正理解”这样的景观，诚如墨卡托投影地图所示，任何平面地图都没有办法把一个球体“擀平”而不扭曲它。

互补原理的哲学精神重要而平凡。有诗为证，《我侬词》说：“把一块泥，捻一个你，塑一个我。将咱两个，一齐打破，用水调和。再捻一个你，再塑一个我。我中有你，你中有我。”你是粒子我是波，叠加混合成一坨。而所谓测量，相当于人类前往波粒互补的榫卯结构中“捞取”真相。不管怎样捞，粒子的葫芦浮起来，波动的瓢就得沉下去。

由此考察海森堡不确定原理，不确定的根本原因，就源于量子固有的叠加互补性质。如果我们仔细辨析位置与动量、时间与动量等，这些共轭变量都可以追溯到波粒二象性上去。物质波公式 $\lambda = h/p$ 的反比关系，就鲜明地刻画了这种此消彼长的性质，而这个公式一望可知并没有夹带任何测量因素。所以玻尔认为，对不确定原理的理解如果停留于测不准，就是混淆视听的误导。

以原子中的电子为例，大自然将其位置范围限定于 10^{-10} 米之微，这个尺度当然很小，所以它的运动速度可以达到 10^{6} 米 / 秒之巨。反过来，如果我们降低量子的运动速度，例如，利用激光捕获原子技术“冻结”原子，它们的身材尺度就会膨胀，成为“肥胖”一点的原子。如果你努力扩大这种不确定关系，甚至可以干一些让造物主害怕的事情。

1995 年，一组科学家通过激光冻结术，将 2000 个气态的铷-87 原子的运动速度降到每秒几厘米。速度表现为温度，这个速度相当于降温至绝对温度的千万分之一度（已知大自然的最冷纪录，在半人马座方向的布莫让星云，绝对温度 1.1K）。如此一来，按照物质波关系式，这群铷原子的波长，就将从 10^{-10} 米大幅度延展至 10^{-7} 米，以至于它们全部合并为一团浓雾，所有原子集聚到能量最低的同一量子态，由一个原子的波函数描述。这一团浓雾，就是宇宙创生以来闻所未闻的全新物质形态：BEC（玻色－爱因斯坦凝聚态）。

如何理解 BEC 原子弥漫成浓雾的景观？需要仔细辨析的重点是，并不是因为面团擀平成了面片，而是因为动量不确定度 Δp 大尺度降低，导致位置不确定度 Δx 大尺度提升。那个 10^{-7} 米，你可以理解为它们的新的波长，也可以理解为它们同时存在于那一片区域的各处。两种理解综合起来，就可以干脆地宣称，它们膨胀到了 10^{-7} 米这么大。你看，仅仅因为我们对共轭变量之一的测量达到大自然从未有过的精度，就无中生有地创造了新的物质。上帝和女娲造人尚且需要一些泥巴什么的，BEC 却是在没有注入添加任何物料的情况下制造出来的。

BEC 是人类的伟大造物。鉴于 BEC 不是自然之赐，它将会给人类带来革命性体验。科幻电影《幽冥》幻想用 BEC 材料，通过 3D 打印塑造了刀枪不入、无影无形的杀人幽灵 Spectral。他们不是血肉之躯，也不是合金钢，而是一团浓雾，就像光波能穿越玻璃，他们可以穿墙而过。“他们并非活着，但也没有死亡，他们被困在了生死之间。”

都造物了，哪是什么测不准！

2） 不确定的数学精神

傅里叶变换是一种强大的数学分析手段，最初是应用于信号处理的一种重要算法，但物理学家发现它也可以对量子不确定关系给出完美的数学描述。这是维格纳所谓“数学在自然科学中不合道理的有效性”的又一例子。海森堡的发现在多大程度上得益于傅里叶变换的数学精神不好说，但这个模型确实能使一项经验之谈获得数学真理的背书。

傅里叶变换究竟是什么东西呢？18 世纪，法国数学家、物理学家傅里叶发现，任何一个信号都可以用时域和频域两种方式来表达，它们是等效且可以相互转换的。

- 何为时域？如一段音乐，随时间展开，运动的信号，如逝者如斯夫。
- 何为频域？如一篇乐章，按频率展开，静止的信息，如一览众山小。

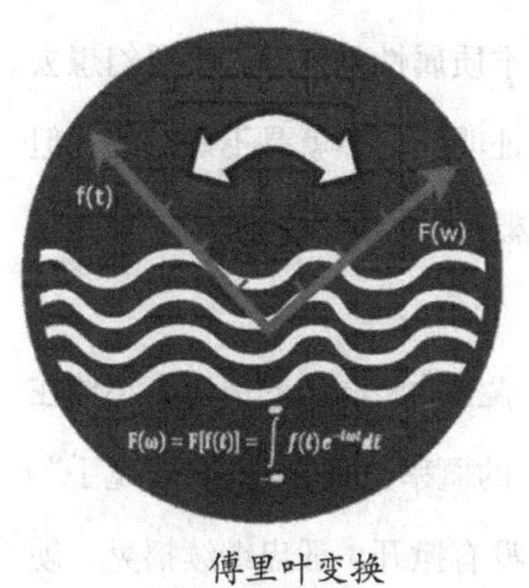

傅里叶变换
中科院物理所网红井盖

傅里叶变换表示时域和频域叠加或抵消的关系。任何信号的时空分辨率和频率分辨率，不能同时提高。频率分辨越精确，空间位置越模糊，反之亦然。量子不确定关系为什么可以由傅里叶变换解释？因为量子不是豆子瓜子，它本身就是描写波的函数。如果将量子的位置和动量数学地抽象为信号，就跟时域和频域的关系是一样的。

时域与频域，更抽象、更本质的精神是时空关系。数学家闵可夫斯基把一个时间维和三个空间维抽象统一起来，揉成一坨“时空”，为解释爱因斯坦的狭义相对论打开视野，于是就有如下的惊人之论：

任何物体穿越时空和穿越时间的合速度，总是精确地等于光速。

把时空看作给定总量的一坨东西，则兔子警官朱迪和“闪电先生”树懒的速度都是光速 c，朱迪的速度结构是时间小而空间大，闪电先生情况相反。在数学理解上，他俩的速度是可以互相转换的。龟兔赛跑的古老寓言，就阐述了时间与空间的转换关系。光速是这种转换关系的极限情况，光本身的时间不确定度为 0（光的运动不需要时间，所谓“光走了多少多少年”，只是相对于观察者自己的参考系而言的），所以它的空间不确定度就达至无限，它一旦生成，就横贯宇宙。后面（P178）再作解读。

任何事物都可以分解还原为信号，任何信号都可以分解还原为时域频域、时间空间。共轭变量无处不在，不确定关系普世皆准。

3） 不确定的概率精神

量子为什么不确定？因为量子的一个本质属性是概率。不要幻想去掀开造物主的帘子偷看，人类有某些办法证明大自然就是不确定的，但它也不吝惜给我们提供一些可靠的线索：概率。概率有两种，一种是脑子里的概率，一种是大自然的概率。

何为脑子里的概率？请考虑街头魔术“三仙归洞”的情况，小球在哪个碗下面，对你我来说，三个碗各有 1/3 的概率。但对于“吴桥鬼手”王宝合来说，概率是百分之百。如果小碗没有掀开、骰盅继续摇晃、硬币还没落地，我们就分别有 1/3、1/6 或 1/2 的猜中机会，但对于“上帝之眼”

来说，机会是百分之百。理论上，我们可以监控骰盅和硬币的所有物理状态，从而作出百分之百的预言。

何为大自然的概率？如果薛定谔方程通过计算告诉我们，在三个碗下面发现某一个量子的概率各有1/3，那么，这个一分为三就是客观事实。废话？这个事情存在明显的表达困难。我是说，某些物理事实可以间接地证明，我们真的可以理解为那个量子"暂时"掰成了三份。何为"暂时"？因为这个状态将在人的测量介入时结束，并且表现得从未发生。此情此景，叫"波函数坍缩"。

双缝实验可以证明。一个一个发射的电子，为何也形成干涉图样？不能解释为电子分割成了左边一份右边一份，不仅因为电子业已被证明没有内部结构，更直接的原因是，它们是一个一个而不是半个半个地落屏。所以我们只能推断，量子以波的形态穿过双缝，而那个波，是抽象形态的概率之波。干涉图样的疏密浓淡，精确反映概率分布。

结论立等可取，质疑百年难消。科学家们左右不是、寝食难安。

第一问：整个过程都是确定的，结果何以断崖式跌入概率解释？

科学存在某种程度的拿不准和某种结构的不确定，对此，科学家们内心深处总有一些挥之不去的智力焦虑。温伯格2017年的一篇文章，表达了他对量子物理未来前景的困惑和担忧。他的疑问是：既然薛定谔方程是完备的，是随时间而演化的"光滑"过程，前前后后并没有任何不确定的因素，那方程之解的概率解释，不是不可以，而是奇怪它是从哪里冒出来的呢？你可以说不知道，也可以说懒得去知道，甚至还可以说没有办法知道，唯独你不能说大自然本身没有准备好还需要配合人的想法现做打算。这是原则问题，是自然科学的底线。哥本哈根解释认为波函数中的概率是客观概率，这种态度不仅是"放弃了自古以来科学的目标：寻求世界的终极奥义。更是以一种令人遗憾的方式投降……"。

温伯格不愿意投降，不惜牺牲整个宇宙来作为代价。追根溯源，概率形成于波函数坍缩，而波函数坍缩是测量行为对薛定谔方程演化过程的破坏，每次破坏都要落得一个概率清算结果。这个不是问题，真正的问题是：薛定谔方程预言的其他结果被谁贪墨了？既然我们不承认概率，就必须相信，所有可能发生的结果都发生了。具体地说，骰子的6个面都出现了。那么怎样才能得到6个面都出现的景观呢？——大声说出来吧：大自然需要同时提供6个宇宙！这就是艾弗莱特的“多世界解释”。温伯格是多世界解释半信半疑的拥趸。

第二问：究竟是客观的不确定，还是主观不知情的不确定？

量子概率形成于并不含概率生成机制的演化过程，消失于并不含概率挑选机制的波函数坍缩。这不可能是物理事实，只有梦幻泡影才是这样。因此有人怀疑，量子概率的客观性可能是观察者的错觉。

2002年，美英两国科学家凯夫斯、富克斯、沙克联合提出“量子贝叶斯模型”，用贝叶斯定理来解释量子悖论。模型认为，波函数并非客观存在之物，什么叠加态、什么波函数坍缩，都是人的想象。概率，只存在于人的脑子里。关于贝叶斯定理，公式表达如下：

$$P(B|E)=P(B)\times P(E|B)/P(E)$$

后验概率＝观测数据决定的调整因子 × 先验概率

约翰·霍根的文章《贝叶斯定理：多大点事？》（What's the Big Deal?）还有一个“RAP版”表述：“给定新证据时信念是真实的概率等于不考虑证据时信念为真的概率乘以给定信念为真时证据为真的概率除以不考虑信念时证据为真的概率。”

量子贝叶斯模型认为：量子系统独立于观察者而客观存在，波函数是描述量子系统的抽象概念，是观察者读到的故事外加自动脑补的剧情。测量过程中，量子系统并未真正发生奇怪而费解的变化，变化的只是观察者选定用来描述自己个人预期的波函数。根据贝叶斯定理，新观察新证据新信念不断推进，概率逐步消退，实相逐步显现。富克斯说：“观察者通过自由意志对每次测量作出设定，在这种互动作用下，每时每刻都可以看作某种意义上的诞生时刻，世界一点点地被塑造出来。”

据说富克斯能够证明，计算概率的玻恩法则几乎可以用概率论彻底重写，而不需要引入波函数。不过，量子力学的困难并不止于这么一点点不确定性，还有概率之外的麻烦，所以量子贝叶斯模型要颠覆概率解释的概率不大。不管怎样，量子贝叶斯模型似乎是在呼应爱因斯坦的那句名言：“波函数代表着我们的无知。”因为无知，所以不确定。

第三问：到底什么东西是确定的，什么是不确定的？

人类的脑子不大善于处理概率问题。概率这东西，What's the Big Deal，正所谓“你不说我倒还明白，你越说我越糊涂了”。萨斯坎德在《黑洞战争》一书提出一个思辨案例（最初用于另外一本书，书名清晰表达大家的焦虑：《我们所信仰但无法证明的事物》）。故事内容是一个不得要领、反应迟钝的学生向教授讨教概率问题，结果令教授郁闷万千。这个梗，我称之为“萨斯坎德概率迷惘”。对话内容大概如下：

Q：我投掷硬币1000次，您说得到字面的概率是1/2，那么应该是500次字面。但我得到了513次，这是怎么回事？

A：是啊，你忘了误差范围。掷1000次的误差范围是30。

Q：哦，每当我投掷1000次，我都得到字面的次数都将在470~530，这才是我可以依靠的事实，对吧？

A：不！你只是很可能得到470~530的某个数。

Q：您是说，也可能200次字面，或者850次，甚至全部？

A：可能性很小。

Q：也许是次数太少。掷100万次呢，情况会好些吗？

A：很可能。

Q：噢，怎么总是“可能”，有没有靠谱的啊？

A：那么这样说吧：若是落到误差范围之外，我会吃惊。

Q：上帝呀！您教我们的所有有关统计力学、量子力学和数学概率论，这一切都意味着，如果它失效，您只是个人感到吃惊吗？

我想这也是萨斯坎德自己跟自己的灵魂对话。他说：“如果我投掷100万次硬币，我可以确信我不会得到所有的字面。我不是一个赌徒，但我如此肯定，以至于我可以用我的生命和灵魂来打赌。我全部豁出去了，以一年的薪水来打赌。……但是我无法证明它，也不是真正地知道它为什么有效。这可能是爱因斯坦为什么说‘上帝不掷骰子’的原因，而且很可能是。”骰子在翻滚，但可能不是上帝掷的。

质疑将永续。不确定原理也许忽略了什么，但至少没错。费曼说：

这是不是意味着物理学——一门极精确的学科——已经退化到“只能计算事件的概率，而不能精确地预言究竟将要发生什么”的地步了呢？是的！这是一个退却！但事情本身就是这样的：自然界允许我们计算的只是概率，不过科学并没就此垮台。

4） 不确定的混沌精神

不确定 ≠ 混沌。量子是本质的不确定，混沌是表象的不确定。

以掷骰子为例，骰子落地几点，事情是客观的，因而原则上是可以确定的。但真要搞清楚的话，你不仅要看动作听声音，还要考虑空气温度湿度变化，由此一路追溯到去年夏天亚马孙热带雨林那只蝴蝶扇动翅膀的频率。论真正的混沌精神，还需要继续追溯，直到把“宇宙边缘一个电子的引力作用”都计算进来还打不住。量子之不确定，不是因为受限于信息收集和计算能力，而是大自然本身还没有揭开盖子。非要拿骰子来比拟的话，犹如骰盅将摇而未摇，硬币想抛而未抛，奈何！

混沌的一个典型例子是“三体问题”。《三体》故事说，三体文明身处半人马座 α 星，那是一个三星系统，由于三颗恒星运行轨道不稳定，它们的12颗行星身处不确定的恶劣环境。三体文明被迫在风和日丽的“恒纪元”与天昏地暗的“乱纪元”之间来回振荡，因不堪其扰，他们世世代代致力于研究三星系统的运行规律。经过 192 代的兴亡，三体人终于明白三体问题不可解，只好下决心远走高飞。

三体问题由来已久。当初牛顿发现，他跟头上那个自由下落的苹果构成二体问题，是万有引力作用下的一个动力系统，运动规律可以精确求解。但是，当太阳、地球、月球构成三体问题之后，情况就陡然复杂了。1890 年，庞加莱证明，一般情况下三体系统运动轨迹不是周期性的，即不可重复。地球人似乎比三体人早一些懂得，三体问题无解。

那么，未解之谜好说，无解之谜是什么意思？三体问题之所谓“无解”，准确地说是有数值解而无解析解。不能用解析式表达出来，只能计算数值解，没有办法得出绝对精确值。以方程 $x^2=2$ 为例：

- *解析解* $x=\pm\sqrt{2}$
- *数值解* $x=\pm1.4142\cdots$

那么三体问题什么情况呢？

A：有解吗？可是我们得不到确定的数值。混沌动力学系统对初始条件十分敏感，初始条件的微小误差会被时间无限放大，因此没有一般形式的稳定解，正如我们不可能描述一个无限不循环小数的规律。

B：无解吗？我们只是无法通过确定的方程式来表达。大自然是确定的，上帝不掷骰子。1772 年，拉格朗日在“平面限制性三体问题”条件下找到了 5 个特解。据此，人类可以在日、地、月三星轨道里，在黑黢黢、空荡荡的太空里，找到 5 个引力平衡的稳定位置，也即著名的拉格朗日点。多贵重的卫星，都可以放心地泊在那里，丢不了。

参考《物质神话：挑战人类宇宙观的大发现》，混沌系统图解如下：

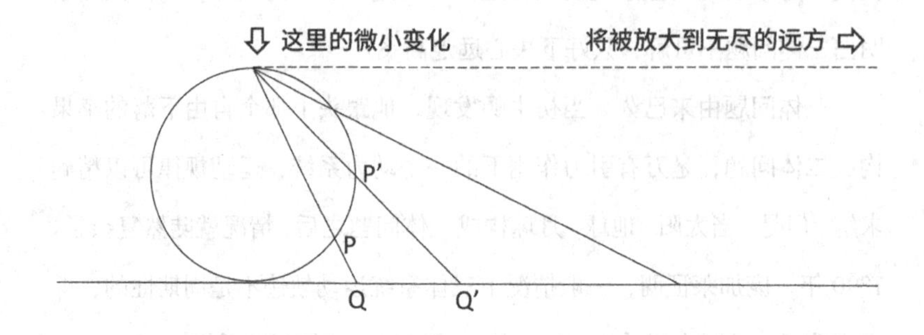

圆弧上的P点越来越逼近顶点，相应地，直线上的Q点将落向越来越遥远的天尽头……天尽头也打不住。然而，圆弧上的每一个点与直线上的每一个点，虽然密密麻麻无穷多，但它们各自都是确定的，而且还存在一一对应的确定关系。初始态越来越小的变化，反而导致输出结果的无限放大。这跟按下葫芦浮起瓢的量子不确定关系颇为神似。

混沌系统是确定的，计算也是可行的，但是，混沌系统内部存在道高一尺魔高一丈的“黑暗攀比机制”，初始条件引发的变化，总是跑在计算能力的前面，直到超过宇宙这部计算机的全部资源和能力。它就在那里，可望而不可即。这是跟量子不确定性的本质差别，量子不确定性说到底是因为在你我动手之前，并没有一个量子“就在那里”。特别引入这个并不相关的问题，就是想要厘清一个关键：把量子不确定理解为混沌，是颇具迷惑性的误读。

你的世界观，准备好向不确定性投降了吗?

洛阳亲友如相问，造物主外星人如相问，我们只好如实作答：
这个世界，我们在原则上是摸不透的。

海森堡不确定原理之于物理，犹如哥德尔不完备定理之于数学、康德不可知论之于哲学。物理不确定、数学不完备、哲学不可知，三位一体，闭环自洽，某种意义上说，它们合力完成了人类理性的边界勘界。

对于相信世界存在、相信理性可靠的科学家们来说，真下决心投降是十分艰难的。惠勒曾向哥德尔教授请教，海森堡不确定原理和他的数学不完备定理有何联系，结果教授生气地将他轰出办公室。惠勒的吐槽有点夸张，哥德尔只是顾左右而言他，把话题转向了星系旋转问题。后来哥德尔解释说，因受老朋友爱因斯坦影响，他从内心深处就有点排斥量子力学和非决定论。

哥德尔数学不完备定理的核心要义是，同一个系统的完备性和逻辑自洽不可兼得。就是说，数学的完备性与一致性，也是一对此消彼长、顾此失彼的不确定关系。一个理论最后要求的完备性，可能存在于外部一个更大尺寸的理论中。正如我们的物理存在，也必须在多元宇宙层面得到最终解释。

如果你愿意向不确定原理投降，你将立刻遭遇它的鬼怪逻辑：

- 跃迁。如果我们最大限度地定住一个量子（动量 $p \to 0$），下一个瞬间它就可以飞到宇宙任一地方（位置 $x \to \infty$）。
- 涨落。你不可能做到严格的“清场”，也即不存在绝对静止和绝对真空，宇宙时空满满都是沸腾的量子涨落。

……

- 创世。甚至宇宙诞生之前也不允许一无所有，总有一个量子要从虚无中无缘无故跳出来，发生对称性破缺而引发宇宙大爆炸。

可知这个原理，简直就是造物主一般的存在。

如果宇宙有一部宪法，它的前三条应该是这样写的：

第一条：无。

第二条：是吗？

第三条：不确定……

此情此景，正是佛家所谓“宛然有而毕竟空，毕竟空而宛然有”。哲学家吉姆·霍尔特作过一次 TED 演讲，题为“宇宙为何会存在？”。

他在演讲的最后说，他向西德尼·摩根贝沙——哥伦比亚大学教授，一位伟大又幽默的哲学家——请教："为什么有物存在，而不是一切皆空？"摩根贝沙教授回答说："哦，即便是一切皆空，你还是不会满意。"

PART 03 不实在

波函数究竟是一坨实实在在的东西，还是一组抽象的数学描述？

所谓“不实在”，主要有三层含义：

- 量子本是数学构造对象，只在物理实验中表现为实在之物。
- 但不是尔等“看得见摸得着主义者”能够理解的任何实体。华老栓“按一按衣袋，硬硬的还在”，这个实验里，华老栓能够确认的只是一种硬硬的手感，焉知洋钱有没有被外星人掉包！
- 要说量子就是观察者虚构的，也不为过。

比较准确也比较稳妥的结论是：

波函数是对一坨实物的数学描述，那坨实物正是它自身。

先看“高尔顿钉板实验”：有没有一条钟形曲线落下来？

实验是一种弹珠游戏。几百颗小珠子随机滚落下来，叮叮当当穿越密密的钉阵，有的落向左边，有的落向右边。这个过程看似杂乱无章，但数学里有一个“中心极限定理”预言，珠子们将按照所谓的“正态分布”阵势落到底部，中间垒高、两边垒低，最终堆积为钟形曲线（也称“高斯曲线”，图见德国10马克钞票），屡试不爽，如假包赔。

试问，谁在指挥它们的团体操造型啊？

如果你无感，多情应笑我。那么就让实验（设问）设计尖锐一点：一颗一颗地放落，结果又会怎样？你我都知道，结果不会有什么不同。想一想，你当然心里明镜似的清清楚楚，因为你觉得你懂得概率。但是，诚如“萨斯坎德概率迷惘”所示，事情恐怕并不简单。请你深夜里独自坐起来再想一想，第1001颗出场的珠子，它不知道前面已经发生的概率，那它怎么知道该往哪里落下，才能符合或者不去破坏你那蛮不讲理的中心极限定理呢？你哪怕想一分钟也好。肯定不是无稽之谈，后面“神话”篇“复杂”一章将继续这个话题，严肃的科学杠精（CK 定理）认为，珠子也有知觉和自由意志，呵呵！此处暂时打住。

现象有点迷惑，原理并不神秘。每一颗珠子遇到钉子后，往左往右，概率各半。外界的物理干扰可以忽略，因为它们可以平均抵消。如果想要每一次都坚持溜边儿落下，则从上到下每一层的概率依次是 1/2、1/4、1/8、1/16 …，机会越来越稀薄。而要往中间凑的话，就有来自旁边的概率共享与汇流，越到正中叠加越多。所以，钟形曲线两边最低、中间最高，当然就是一件再寻常不过的事情。

高尔顿钉板实验实际是把抽象的概率，转化成可视化的几何。尽管我也对原理心知肚明，仍然止不住遐想：一条无影无形的钟形曲线，从上方无声无息降下，冥冥中引领每一颗珠子的落点。这条曲线显然不是什么实在之物，泼雄黄、照镜子、喷显影液也不会现形，它是一个在细节上有点随和但大局上终归清醒的数学幽灵。

我的重点是：钟形曲线是“伪幽灵”，真正的幽灵是波函数 Ψ。

回到双缝实验：究竟什么东西穿过了双缝？

不是电子，而是电子的波函数 Ψ。波函数 Ψ 的绘景（量子系统随时间变化的方式），可以表达为波形曲线，那是可以类比于钟形曲线，但又跟钟形曲线有着本质区别的数学幽灵。在钉板实验里，我们看见实实在在晶莹剔透的珠子在叮叮当当地滚落，我们只是推测，貌似有钟形曲线在引导珠子行动。而在双缝实验里，前面的讨论已经确认，没有什么珠子豆子嗖嗖飞过，我们被迫相信量子粒子化作了无影无形的烟雾龙。然后为了解释中间过程，我们进而被迫相信空中只有波函数在弥漫，也必须有波函数在弥漫。呵呵!

- 钉板实验有珠子在落，没有曲线引领。
- 双缝实验有函数在飞，没有粒子出场。

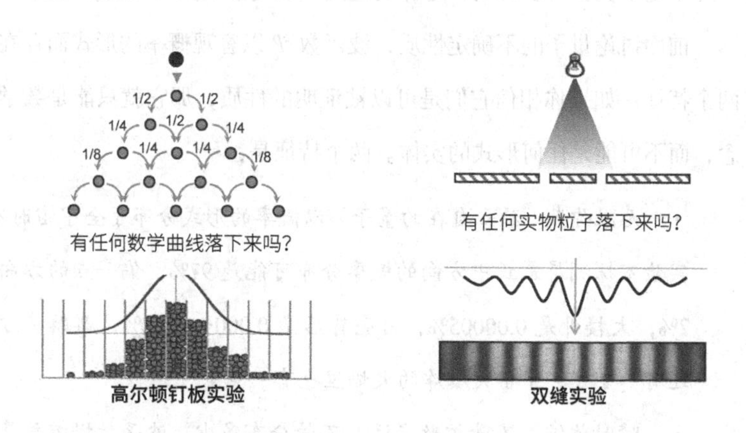

高尔顿钉板实验　　双缝实验

关于波函数本质，存在“Ψ-认识论”与“Ψ-本体论”之争。所谓“Ψ-认识论”是说：Ψ只是黑板上的一堆抽象符号，是为了方便讨论和理解某种隐秘真相，而人为构造的一个数学描写工具。所谓“Ψ-本体论”是说：Ψ就是性质不明的某种实在东西，就像我提到一颗珠子的时候，你也心知肚明我指的具体是什么东西。

1）“Ψ-认识论”承认无知、放弃讨论。

脱离观察的量子粒子被称为“鬼粒子”（Ghost particle），鬼粒子独自穿越的空间被称为“鬼场”（Ghost field）。“鬼”者诡也，意指某些过程不明就里，某些结果不可理喻。我们希望如此描述：一个粒子通过双缝之后变为左右两个粒子。实际讲不通，我们只能这样说话：

$\Psi=\Psi_{左}+\Psi_{右}$

我们必须忘记实物，忘记粒子。这并不会耽误什么。哥本哈根学派认为，波函数神神鬼鬼固然说不通，但是，既然波函数所作的描述与观察结果总是一致，科学研究这一行的初心不过如此，你还想要怎样？至于波函数本身是不是某种实在东西，或者它的背后有没有什么实在之物，一万个量子实验可以证明，这样的追问不仅徒劳，实际也是多余的。

前面讨论量子的不确定性质，波函数 Ψ 以客观概率的形式而存在的两个特征，如果你相信它们是可以被证明的性质，那它就只能是数学概念，而不可能是任何形式的实体。两个特征是：

- 无限弥散。独立自在的量子，以概率的形式分布于全宇宙时空。实验室探测屏幕正中方向的概率分布可能是97%，偏一点的方向是2%，大楼外是0.00005%，月亮背后是0.000…0008%，麒麟座方向还有一丁丁，宇宙大爆炸的火焰里也有一点点……。
- 瞬时收缩。不管扩散多远，不管分布多少，波函数坍缩总是瞬间发生，上述各点的概率全部收回，凝聚为眼前的百分之百。

细细剁碎撒向整个宇宙时空，无论如何不现实，莫如说投一块咖啡方糖居然能让整个太平洋由齁死人变成腻死人。超光速的坍缩回归也是不现实的，相对论断定宇宙间存在光速限制，而波函数坍缩没有可探测的反应时间，那根本就不是一个听到哨音后急速奔跑的过程。所以，波函数不可能以任何实物为基底。你完全可以自由心证作出自己的选择，是接受“鬼场”“鬼粒子”二鬼作祟，还是相信万事万物都闹鬼。

那么这是在暗示，我们必须放弃真相吗？不然，真相已经在你我手中，波函数这种数学结构本身，就是人类能够搞到手的所有真相。玻尔的一则量子《圣经》式箴言说：“根本就没有什么量子世界，只有一个抽象的量子物理学的描述。”意识到这一点，是量子论带给人类的思想革命。这是一层刚刚（其实已经上百年了）被捅破的窗户纸，并不是什么需要借助数理公式才能翻越的智力高峰。

到此我们已经能够理解，为什么哥本哈根学派能这么理直气壮，并没有因绕过“真相”而心虚。首先，它是科学的。萨斯坎德说：“不要理睬‘真实’这个词。让我们在不提‘真实’这个词的情况下来进行讨论。这个词不会给我们多少帮助。‘可重复’比‘真实’这个词要有用得多。”其次，它是实用的。比利时物理学家让·布里克蒙说：“你不应该指责大多数物理学家遵循这种‘少废话，直接算’的精神，正是这种策略带来了核物理、原子物理、固体物理和粒子物理领域的巨大进步，所以大家都认为我们应当把大问题先放在一边。”

噫吁嚱，这番阐述如此透彻，多一句的解读都不需要。

2）“Ψ-本体论”坚信实物、保留怀疑。

最初是德布罗意猜测，波函数描写的波，应该是某种既像电磁波那样无形，又像物质波那样实在的东西。在双缝实验里，正是它在冥冥中引导或推送量子前进，所以德布罗意称之为“导航波”。哥本哈根学派拒绝这一假说，不仅因为实体的导航波始终没有现身，更因为它可以被证明是多余的假设，应交付奥卡姆剃刀处置。

德布罗意之后，玻姆对“导航波”进行升级改造，提出“量子势”概念。量子势是什么东西？大众生活语言是无法定义的，比“以太”“场”这些概念还抽象。那是一大篇晦涩的哲学讨论，懂或没懂，差别不大。还有一大堆复杂的计算公式，基本属于薛定谔方程的各种花式演变。要说“量子势”就是“导航波”的数学表述，差不多。量子势的内涵与推导欠奉，并且还要补充一个善意提醒：薛定谔方程自身就是一笔糊涂账。

近一个世纪以来，总有人不甘心放弃波函数 Ψ 的实体猜想，总是惦记着想要坐实波函数 Ψ，使之从数学幽灵“升格为”某种实在之物。他们像豌豆公主那样，被 20 层床垫和 20 床鸭绒被下面的一粒豌豆硌得难受夜不能寐，希望拨开波函数的迷雾，找到豌豆式的实体粒子。

最新近的一次努力是2005年，巴黎物理学家伊夫·库德实验室一个其貌不扬的“弹跳油滴实验”，意外发现导航波的行为模式。实验情景是，当微小油滴落在振动的油浴表面时，会在油浴表面上下弹跳。油滴弹跳时踢起波浪，然后又被波浪推动前行，相当于“在自己的波浪上冲浪”。这不正是量子骑行导航波的情景吗！

库德他们马上用弹跳油滴来模拟双缝实验，结果令人兴奋，75个油滴的最终落点表现出粗糙的干涉条纹。后续更多的实验表明，这种宏观的流体力学系统可以表现出单粒子折射、量子隧穿、量子化轨道、自旋态等量子专属现象。而且，弹跳的油滴在围绕油面中心转动时，竟也只沿某些“量子化”的轨道运动，这与玻尔的原子轨道模型很相似。

遗憾的是，库德的踏浪而行还是没有引导量子走出多远。这一次是遭遇了玻尔的孙子——托马斯·玻尔的阻击。玻尔三世设想一个双缝实验的“隔板”思想实验，双缝屏障中间垂直设置一面隔板，把双缝两边隔离成两个空间。按照哥本哈根解释，量子波函数不受隔板影响，将同时经过隔板两边并穿过双缝，最终发生干涉。但在弹跳油滴实验中，隔板将强迫油滴选择进入某一边，那么隔板另外一边什么情况呢？虽然油面波遇障碍可以分解为两个波继续延展，但油滴只有一颗，另外一边的导航波将因失去骑手而衰减涣散，最终不会发生干涉。托马斯·玻尔他们声称，他们的观点得到了计算机模拟结果的支持。

就是说，如果你不相信波函数可以自己走路，那么你的“铜豌豆”固然不用变身“烟雾龙”，而你却必须额外假设，还应该存在钟形曲线这样的第二份实体。而这个新的假设，将带来更多且更致命的矛盾。

3） 认识论和本体论之外，还有第三个选择：关系实在论。

认识论这一派悬而未决，本体论这一派查无实据，大致就是一个左右为难的局面。认识论回避了实体，难在不好解释前述的“客观概率”；本体论消除了玄幻，难在不好解释弹跳油滴实验遭遇的质疑。

我赞成折中的意见：波函数既是数学结构，也是实在之物。2017年，清华大学龙桂鲁教授设计实施新的量子延迟选择实验，然后宣布："波函数是实在的东西，它就像一片甚至是几片云，不仅有大小，而且有相位，它们还会变化，弥散在空间。"一个小球没有办法同时通过左缝和右缝，但波函数的"云"可以分成两片。当然，我们永远还是只能"逮住"一个小球，而不是半截儿数学曲线。推而广之，艾弗莱特说，我们认为整个宇宙的波函数本身就是物理"实在"。

伟大的康德哲学，关于"物自体"（thing-it-self）的思想，比量子物理早100年谈论这对矛盾。物自体的存在性（本体论）与它的不可知性（认识论），构成二律背反，是人类思想史上最深刻的悖论。二律背反的魅力是，什么时候你觉得自己显然是某一方，你很快会发现另外一方更有道理更不容忽视。因此，要让我说，认识论与本体论，一个左右都有道理的二律背反，若允许我对事不对人吐个槽不追究冒犯之罪的话，根本就是形而上学语词辩论吃饱了撑的。总不过两种情况：

- 如果你选择Ψ-认识论，而又坚持认为它已经代表了全部实在，那么你的抽象波函数跟彼之所谓的实体，还有什么区别呢？
- 如果你选择Ψ-本体论，而又不得不同意它只能表达为函数关系，那么你心目中的实体跟彼之数学结构，也没有区别啊！

《公孙龙子·名实论》主张"审其名实，慎其所谓"。我们没有必要只盯着名分，而应关注实操过程。一个伟大的格物之理是：

要问波函数是什么，须先回答你对波函数做了什么。

关于量子之"不实在"的描写，多多少少掺杂了名实之辩。深层次的、不可救药的"不实在"，在于波函数不能独立于观察者而存在。玻尔还有一则量子《圣经》式箴言说："任何一种基本量子现象只在其被记录（观测）之后才是一种现象。而在观察发生之前，没有任何物理量是客观实在的。"这一论断，十分唯心主义其表也，十分唯物主义其实也。"我们视为真实的万物，都是由那些不能被视为真实的事物所组成的。”我们心目中的铜豌豆，实际是亦真亦幻的波函数、烟雾龙，而且还搅和着更不实在的意识作用、波函数坍缩，等等。

我们大概可以说，遗世独立、客观实在的量子粒子是不真实的，量子粒子与其观察者之间互动纠缠的关系，才是有意义的真实。当我们提到任何量子粒子的时候，已经暗含这些粒子的整个测量背景。我们所知所论的量子粒子的每一个细节，无一例外都是由测量系统为我们描述和解释的。从这个意义上说，观察创造了实相。套用马克思的名言，“人的本质是一切社会关系的总和”，可不可以说，波函数的本质是一切量子数学物理关系的总和？玻姆也有一个类似的论调：整个宇宙中密不可分的量子联系就是最根本的量子实在。

关系实在论，还有结构实在论，也许还有别的什么实在论。中国学者罗嘉昌、曹天予、赵国求等，研究深入，见解深刻。这些模型若不细究，似可归入认识论与本体论的中间路线，都是试图调和二者的哲学努力。但他们并不接受折中调和，至少曹、赵二人就坚定地认为，波函数背后还有实在之物存在。你我大众读者，向来不大善于把这类模型跟玄学区分开来。我虽然赞成折中意见，但也认为太过精致的讨论意义不大。爱因斯坦认为，一个新的理论，若不是建立在连儿童都能理解的物理图景之上，它可能就没有价值。

所以，我们需要一些简单明快的结论，例如：

世上根本就没有什么基本粒子，只有一种数学怪物——Ψ。

从铜豌豆到烟雾龙，我们的量子解构主义似乎陷入了虚无主义的泥淖。盖因我们所谓的“实在”，那个以铁砧子为代表的冰凉、沉重、坚硬的印象，其实是一个轻率的概念。下面以量子粒子的概念解释为例。

中学解释：粒子是原子和电子、质子、中子。

大学解释：粒子是物质的基本组分、最小单元。

科学家解释：粒子是拉格朗日量对称群不可约表示的一个元素。

科学家（泰格马克）的这个俏皮的解释是成心矫情吗？也不完全是，毕竟他们所知的，而且有把握知道自己所知的，就是这些数学物理关系。谁能说他们不知粒子呢？相反地，当你说“一个基本粒子”的时候，你心中准备指认的是物质构成的基本单元 Atom，你以为清清楚楚不言自明的概念，实际上已经不自觉地夹带了一大堆内涵复杂、定义含混、性质不明的东西。

总之，如果波函数已经描述了量子粒子的全部物理，而你还要追问它的背后隐藏着什么实体，还有什么不可观察的神秘性质，貌似物质主义，实质更具唯心主义特征。布莱恩 • 格林说，非要在现象后面寻找“合理”解释，暴露出人类骨子里的某种“非理性的智力贪欲”。坚持波函数的实体意义，你以为自己是唯物主义，实际是形而上学。玻尔的又一则《圣经》式的量子箴言说：“认为物理学的任务是发现自然是怎样的观点是错误的，物理学关心的是我们关于自然能说什么。”

有的能说，有的没法说。

PART 04 不可说

维特根斯坦：对于不可说的东西，我们必须保持沉默。

波兰尼：凡是知道的就一定能说，不能说出来的就不是真正的知道。

可说或者不可说，似是而非，欲说还休。我曾经请教一个物理教授，量子力学的科普解读太复杂了，鉴于时代匆忙人心浮躁，可否用三句通俗易懂的话向大众讲清楚，两个量子为什么可以发生纠缠？

“哦……我想想……因为，两个纠缠的量子是同一波函数。”

见我还在静候下文，他期期艾艾地说：

“必须用三句吗？”

对不起，真相没法聊，但我们可以谈谈模型。
例如：整个宇宙也许只有一个电子。 呵呵！

1940 年春天，惠勒给费曼打了个电话。

惠勒：费曼啊，你知道为什么所有电子都是一样的吗？

费曼：是哦，我也觉得奇怪，那是为什么呀？

惠勒：因为，它们就是同一个电子！

咔嚓，一道闪电划过天际。惠勒什么意思？前后 138 亿年、纵横 960 亿光年的浩大时空舞台，竟然只有一个电子在独舞？难道说，天下独步的唯一一个电子，它跑前跑后脚不点地拼凑宇宙万物，还能蹲在旁边点燃一支香烟欣赏自己构造大千世界的忙碌身影？

惠勒说的就是这个意思。考察全宇宙 10^{89} 个电子的世界线，这一大堆复杂缠绕的线团，就像一个巨大无比的“中国结”，无论看起来多么复杂，仅仅就是一根红绳编织而成。这些绳线穿梭交织的每一个结点，在我们四维时空的眼光看来，就是一个“实际的”电子。

理查德·费曼
Richard Feynman

这叫“单电子宇宙模型”。那时，费曼还是普林斯顿大学的博士生，惠勒是他的论文指导老师。二人都是语不惊人死不休的奇葩科学家，惠勒以思想疯狂著名，费曼则是思想疯狂外加幽默欢乐。惠勒曾经说，大学里为什么要有学生啊？那是因为当老师有问题搞不懂的时候，可以向学生请教。所以，惠勒就打了那个电话。

惠勒搞不懂的问题是，为什么所有电子都是全同的？每个电子，有且只有自旋、电荷、质量三个指标，此外没有更多内涵。除了自旋方向，每个电子的电荷和质量都严格全同。惠勒认为，这没有道理，批量加工这么多全同电子需要何等精密的仪器，造物主做事情可不可以更简明一些？如果我们假设所有电子其实只是一个电子，这个唯一的电子在时空里穿梭，编织而为万物，则这个奇怪的问题就可以得到优雅的理解。

另一个问题是，反物质去哪了？对称是宇宙的基本特性，宇宙应当存在与普通物质等量的反物质。按照正负相抵的普世原则，正反物质相遇时将对撞湮灭。那么，为什么它们没有早早地捉对厮杀同归于尽？主流的解释是，创世之初，宇宙正反物质总量相差十亿分之一，当下所有物质都是对撞湮灭的残余之物。惠勒认为，反物质可能是多余的设想，反物质可以理解为时间反演的正物质。这样，大道至简，不需要另寻特殊理由对这种突兀的非对称性作出解释。至于我们所知的正负电子的对撞湮灭，那是一个电子在旷野里奔跑一阵之后，突然掉头穿越历史。而我们实际看见的情景是：一个电子跟它未来的自己结伴而行！

那么，惠勒这个说法到底真的假的啊？无所谓啦！这只是理解宇宙万物的一个特殊角度，是解释宇宙的一种思想模型。

- *10^{89} 个电子 or 一个电子的 10^{89} 个分身*
- *反物质 or 时间反演的正物质*

该如何取舍呢？爱谁谁吧，它们在数学理解上没有差别。如果我们没有办法区分二者到底有什么实质性不同，就不能说它们究竟谁是真的、谁是假的。你想抬杠都使不上劲。你是不是还在琢磨，此刻你可以决定掐一下大腿，或者偏偏不掐，然后就可以打乱这个电子的穿越剧情？嗯，单电子宇宙模型还存在一个比时间反演更可疑的东西：自由意志。但可以确定，自由意志至今仍然是未经物理证实的存在。不管你是否心有不甘，此刻你掐或者不掐大腿，都不能证明什么。单个电子穿越时空而编织的那个超级世界，犹如一卷已经杀青的电影胶片，人类意识的观察与感知只不过是电影播放，一帧一帧地照亮它们而已。

物理虚无主义吗？费曼后来获得诺贝尔奖，他在获奖感言中提到了这件事情，说他从惠勒那里“偷”了“正电子等于时间退行的电子”这个点子。费曼的主要科学贡献，量子电动力学的重要工具——费曼图，就有这个点子的影子。费曼图是在时间与空间构成的二维坐标上，用线条描写粒子的运动以及它们之间的相互作用。费曼图既可以表示正负两个电子相向运动发生对撞湮灭，也可以表示一个单独的电子释放能量后时间退行，唯一区别，只在于线条腰上一个小小箭头的开口方向不同。

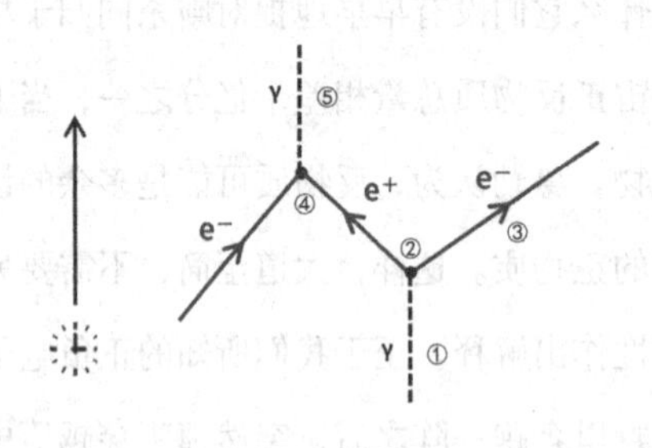

事实真相之一：

正负两个电子生生灭灭的故事。

① 一个 γ 光子从这里进场
② 这个高能光子产生一对正负电子
③ 电子继续运动
④ 正电子遇另一个电子对撞湮灭
⑤ 产生一个新的光子

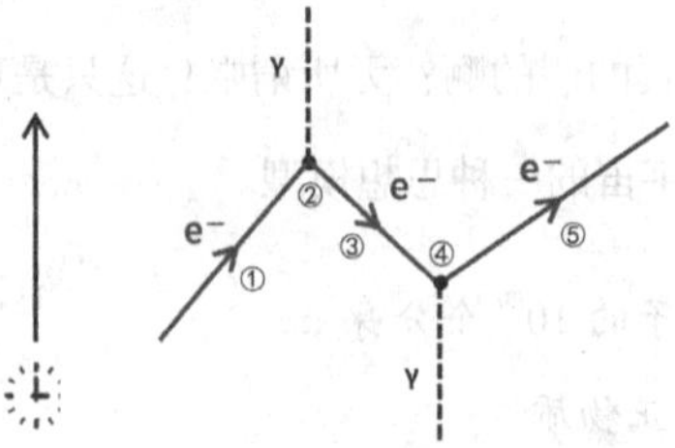

事实真相之二：

一个电子穿越时空来回折返的故事。

① 一个电子从这里进场
② 吸收 γ 光子的能量而散射
③ 沿时间负方向退行
④ 释放光子并受到反冲
⑤ 折回时间正方向运动

至此，我荣幸地推出一个重要思想：

取决于模型的实在论

model-dependent realism

霍金《大设计》有论："每一个物理理论或世界图景都是一个模型（通常本质上是一个数学模型），是一套将模型中的要素与观测联系起来的法则。""追问一个模型本身是否真实没有意义，有意义的只在于它是否与观测相符。如果两个模型都与观测相符，那就不能认为其中一个比另一个更加真实。"好比说，如果你非要坚持宇宙万物不是 119 种元素而只有金木水火土 5 种，较真起来也不能说错了，只能说过于粗糙，比如，你很难解释石墨烯、超流体等东西属于哪一类。因此，跟门捷列夫的模型相比，这种"五行模型"就是过于粗枝大叶的模型。

模型没有对错，只有好赖。所谓模型，就是一套自圆其说的解释体系。科学模型由物理定律和数学公式组成，而其他模型，比如占卜、星相、命理、解梦，则是一些窃窃私语式的八卦故事，或者笼统含混、牵强附会的预言。数学公式难吗？须知那些古诗古语谶语禅机实际更难，更让人摸不着头脑，对不对？

单电子宇宙模型虽然解决了电子全同疑问和反物质疑问，但也制造了另外一大堆新的麻烦问题。因此，无论居家还是出行，建议你最好把宇宙万物视为 10^{89} 个电子的造物，那样既管用也方便，也少费许多口舌。但是，如果你想要深刻理解时空结构和物质实在的本性，那么把 10^{89} 个电子视为一个电子的分身，可能会有意外的收获。总之，取决于模型的实在论，为我们揭示了一个"不可说"的格物之理：

真相不可说，只能说模型。

对不起，其实模型也没啥好说的，我们只能讨论数学。

例如：整个宇宙虽然有许多量子，最好看作只有一个！

宇宙万物简化到一个电子，臻于还原论科学精神的最高境界，至简而大美。如果世界真相不是这样，我倒要替它惋惜。不过，我们也可以继续这么玩。我们可以不管物理事实怎样，在数学描述上强行把所有粒子视为一个粒子。如此，我们可以方便地用薛定谔方程来计算这个点的状态，这意味着探究万物的方程式里，只有一个未知项需要求解！

量子力学有一个重要的数学概念：相空间（Phase Space）。相空间是纯粹抽象的几何结构，用以描述质点状态的高维空间坐标系。经典力学使用相空间计算质点状态，而量子力学研究对象是波函数状态，也即态函数。经典相空间引入态矢量和复函数，即为描写态函数的希尔伯特空间。这是一个很专业的数学工具。据说，希尔伯特空间是冯·诺依曼创造的概念，当初他在台上讲解的时候，希尔伯特本人在下面发问：什么是希尔伯特空间？我当然就更不知道了。以下的讨论，只是关于相空间、希尔伯特空间的基本思路和数学精神，旨在借以建立一个考察世界的特别视角，也即本书所谓“超级世界观”的专属“看法”。

Step1 考察二维平面坐标系。x 轴与 y 轴相互垂直，铺开一个平面。平面上的每一个点，都有两个变量坐标（x，y），分别表示该点在 x 轴和 y 轴上的投影。

Step2 考察三维立体坐标系。x 轴、y 轴、z 轴相互垂直，撑开一个立体。空间里的每一个点，都有三个变量坐标（x，y，z），分别表示该点在 x 轴、y 轴、z 轴上的投影。

Step3 考察四维坐标系。我们需要画一根新的轴，跟 x、y、z 三轴都相互垂直，从而搭建一个“超体”坐标系。这个系统里的每一个点，就应有四个变量坐标及其投影。有谁知道这样的坐标系究竟什么样子吗？没有。主观构造、纯粹抽象的数学结构而已。长宽高三维以上，从学渣到学霸、从纸张到大脑，人类不可能建立更多维度相互垂直的画面。

Step4 推广到 n 维坐标系。以此类推、如法炮制，继续构建更大的 n 维乃至无限维超体坐标系，谁有什么反对理由吗？在 n 维坐标系，情况只是简单地扩展，空间中每一点有 n 个变量坐标及其投影。

- 不管坐标怎样画，我们可以理解的重点是：

  n 维空间中的一个点，可以用 n 个变量来做唯一描述。

- 更重要而有趣的是，我们还可以翻转过来理解：

  n 个变量，也可以用 n 维空间中的一个点来代表。

现在把这个数学模型引入到物理中来。物理科学的一项基本功夫，就是依托坐标系来描述基本粒子的位置和动量。空间中任意一个粒子的任意一个时刻，有一个确定的位置 q。这个 q 在长宽高三个维度方向各有一个投影分量。与此同时，它还应当有一个确定的动量 p（速度与质量相乘的矢量），并且在三个维度方向也各有一个投影分量。

就是说，为了描述一个粒子，我们使用了 q、p 两组坐标总共6个变量。只有 p 组 $3n$ 维的叫构形空间，q、p 两组 $6n$ 维的是相空间。按照上述数学理解，这 6 个变量可以"移植"到希尔伯特空间里来，统一到一组坐标体系，用 6 维空间的一个点来代表。

如果天地间来了两个粒子，这个双子系统就需要用两个 6 维坐标系来描述。那么同样地，我们可以继续合并这两个坐标系，把两个粒子移植到一个 12 维的相空间里来，就可以用一个点来替代这两个粒子。

此处可能需要稍作思量。我们原本是说，空间中的一个粒子，决定了它在各个维度的投影分量。其实我们也可以忘掉粒子的存在，考察各个维度的标量，沿着投影方向回溯，即可定义空间中的一个粒子。两种说法实际是等效的。也就是说，我们可以牢牢死磕一个粒子，任他乾坤旋转。无论引入多少粒子，一律转换为更多的（6 倍）空间维度。

这是数学视角对物理景观的一次故意漠视，一次关于"看法"的战略调整。看法调整而已，不必惊呼"报告老爷，大事不好"，转换过程中我们遗漏任何物理事实了吗？须知我们熟知的两个粒子的物理景观，无非也是一种主观看法，尚且不论哪种看法更为优越。

推而广之，不管多少个粒子，都可以用一个 $6n$ 维相空间中的一个质点，来作统一和唯一的描述。放大到宏观世界的一只猫，不论它白毛黑毛，也不论它行住坐卧，如果你有拉普拉斯妖的那种法力能从相空间的视角看过去，则每一瞬间，你看见的不再是 10^{26} 个粒子构成的肉嘟嘟、毛茸茸的复杂结构，而是一个深藏于一个 6×10^{26} 维茂密丛林里的小小质点，唯一一个。

此情此景的诡异趣味，与单电子宇宙模型不遑多让。大千世界，万事万物，删繁就简化身为小小的一个点。说是一个点，其实有点过于简化，比较完整准确的表述，应该说是一个带有方位箭头、标定数值刻度的矢量，也即“态矢量”。不要小看这个点。要说它描写万物好理解，万事也能描述吗？是的，这个稍微有点迷惑人，它不仅描绘猫的瞬间快照，也能讲述它奔跑跳跃、撕扯抓挠的全部故事。因为这个点代表基本粒子，加诸基本粒子的任何物理行为，就算吃下去了消化掉了，甚至核反应聚变了裂变了，都并不破坏它们，只是让它们在时空中发生运动。而时空运动，说到底无非还不是关于位置和动量的矢量变化。所以，我认为这个模型应当有一个阿基米德式的宣言：

给我一个质点，我可以描述全部物质及其时空关系！

现在，我们已经建立一个观察世界的特别视角。这个视角，从一个点的刁钻角度考察万物，真正的管中窥豹，用空间的复杂性来置换物质的复杂性。我称之为“万维归一”模型。虽然我们八辈子乘以万倍也不可能实际地体验这种观感，但哈密顿方程和薛定谔方程却可以方便地进行描述、计算和预测。这才是物理引入希尔伯特空间的初衷和目标。

让我们忘掉现实，透过这个视角来重新扫描我们熟视无睹的世界。扫描从一维数轴开始，首先是 6 个标量汇聚成一个 6 维相空间的态矢量，那是一个粒子。到后来，10^{26} 个粒子汇聚成一个 6×10^{26} 维相空间的态矢量，那是一只猫。再往后，猫的态矢量与仪器桌椅门窗的态矢量，汇聚成一个更大的态矢量，那是实验室的混乱场面。然后是周边环境，再到大地星空……。分支矢量逐次汇聚形成高维矢量，反过来同样可以理解，高维矢量也可以逐次投影还原分支矢量。所有分支矢量，最终全部指向一个至高无上天下独步的质点：宇宙态矢量。

你好，C仔！——宇宙（Cosmos）态矢量，我替“上面的人”称之为“C仔”。由于它脱胎于基本粒子，在“上面的人”看来它就是一个量子。只不过在“上面的世界”那里，它肯定是无数个籍籍无名毫不起眼的宇宙量子之一。我怀疑“上面”那些人有可能会把C仔发射到双缝实验的屏幕上，用以检测量子干涉效应。也许他们还会吃惊地发现，C仔表现出波粒二象的叠加态。我不知道，希尔伯特空间里一个数学的点，是否也存在一个物质粒子才会有的量子特性，但我知道，他们从“上面”派来的代表，那个把模仿人类肢体运动这件事都搞砸了的人，霍金，就曾经认真地尝试用惠勒-德威特方程来计算宇宙波函数的解。

矛盾叠加态，应作如是观！

回到全书主题，所谓的矛盾叠加态，究竟怎么回事？薛定谔的猫怎么做到既死了又活着？万维归一模型究竟是如何从数学上给出解释的呢？为了描绘叠加态，以下用红黄蓝三原色坐标系来取代抽象无物的x、y、z轴，画风简明，一目了然（参见第一篇“印象”“博隆斯坦方块”）。

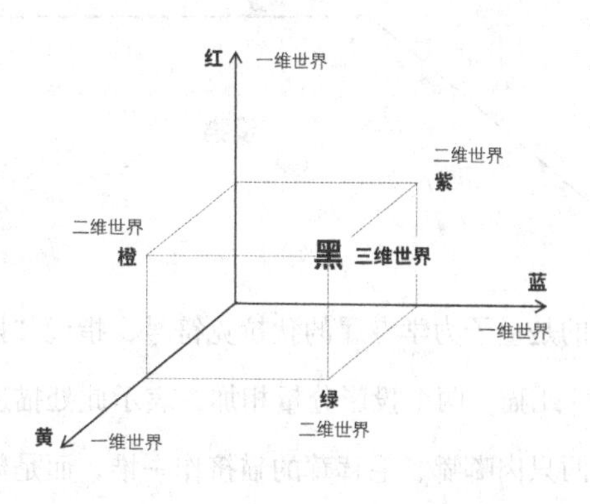

- 一维世界，不知道世界上还有别的色。
- 二维世界，它们有一个共同的疑问：黑色是什么鬼？
- 三维世界，红黄蓝叠加为黑。
- 四维世界，不可说也画不出，但我们显然可以推断某些东西。

上述理解过程反之亦然、双向等效。反过来说：黑，分别投影为二维世界的橙、紫、绿，进而分别投影为一维世界的红、黄、蓝。

此事不难理解，多辩并无裨益。话题的重点是：在希尔伯特无限高维的相空间世界里，存在一个较高维度的薛猫专属态矢量，在某些“更上面的人”看来，它的真实完整状态，是两组三维系统的“投影分猫”的叠加。由于两组三维系统相互垂直，两个投影世界相互不能感知。

死活叠加态，应作如是观！这个高维度薛猫态矢量，坐标应为：

$|\Psi_{薛猫}\rangle = |活猫\rangle + |死猫\rangle$

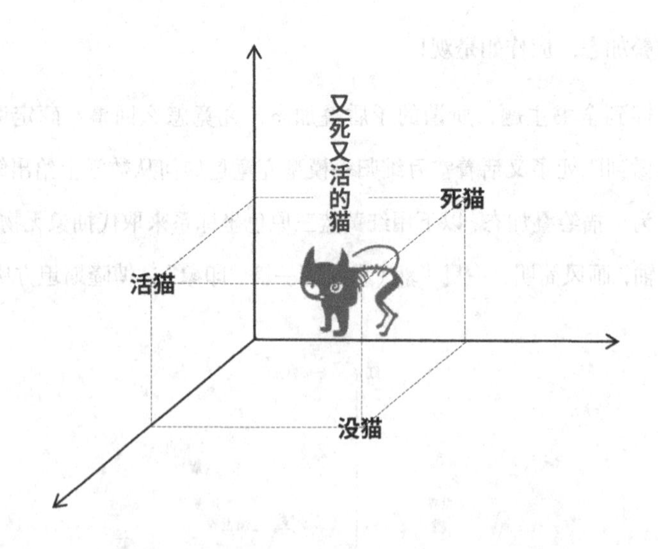

这里使用的是量子力学专属的狄拉克符号，指代“投影分量”的意思。|活猫〉、|死猫〉两个投影分量相加，表示此处描述的叠加态，不是物理语境下两只肉嘟嘟、毛茸茸的猫挤作一堆，而是数学语境下两个

态矢量的合成。符号以示区别，并不负责现实意义。

至此，你也许会感到愤慨：噢，说来说去只是数学把戏啊！

不要客气，你的吐槽是正当的。我的建议是再多考虑一层：究竟肉嘟嘟、毛茸茸的质感是真实实在的呢，还是态矢量这种就连电脑 CAD 作图软件都画不出来的抽象概念是真实实在的呢？本章的主题，正是想要表达这样的境界：不可说。中庸谨慎的结论是，我们没法谈论二者的区别。若要我现在就亮明区别取舍的真实态度，我至少可以说，数学之猫比之于皮肉之猫，更精确。

我对一些科学家的临阵退却表示困惑不解，他们常常到此话锋一转，慌忙补充说：哦，请忽略我刚才的意思，那只是数学描述，现实世界不是这样的……。似乎把一只猫"看成"一个态矢量而不是一坨肉，就已经实施了对猫的肉体伤害。他们大概忘了，皮肉猫也好、数学猫也罢，都是人类的认知，不同视角而已。

量子力学有三种等价的数学表述形式：薛定谔波动力学、海森堡矩阵力学、费曼路径积分。至于量子相空间理论，我们的万维归一模型则是另外一种广泛应用的表述形式。那么，经过前面的讨论，我们学会计算态矢量了吗？还早得很。不管怎样，一个重要的意义在于，我们能够理解这是关于世界真相的纯粹理性的认知和解释。各路巫婆神汉需继续保持矜持，这里面没有任何神神道道的事情。

以下篇章，即将展开量子的计算和量子的诠释。根据哥本哈根学派"Shut up and calculate"的原教旨主义，计算是硬道理，诠释是软科学，我们应当确立数学模型和数学诠释在各类解释中的优先地位。建立薛猫态矢量这一类抽象概念，参悟其超越体验的思维范式，领会其不可言说的数学精神，这不仅有助于后续的许多重要讨论，而且我相信，这也是理解量子之谜的根本出路。

第3章　量子如何计算

三条大路通罗马：波动力学、矩阵力学、路径积分表述。

三个数学描述体系，量子力学的主体科学结构，共同为物质基本组分作出精确计算和可验预言，并使量子论从本质上区别于一切佛学神学巫术妖术以及最聪明的哲学讨论。引用威尔柴可的话说："粒子物理很多时候就是在胡扯，不过至少是用方程胡扯。"

- 左路：薛定谔波动力学
- 右路：海森堡矩阵力学
- 中路：费曼路径积分表述
- 其他……

前方公式出没注意……不，量子基本公式通常并不以复杂为能事，只是有点另类。所有公式都只是描述数理关系，有的知道为什么，有的不尽知道。以下的讨论，只为理解科学精神，不求学会具体计算。

偏波动的科学路线：薛定谔波动力学。
看一个不懂波函数为何物的人，是怎样建立波函数方程的。

薛定谔波动力学的核心是薛定谔方程。方程是怎么来的呢？

德布罗意：我估计电子也是一种波。

薛定谔：我觉得你的估计有道理。

德拜：那么我们是不是应该有个波动方程？

薛定谔：我琢磨琢磨……看看这个如何：

$$i\hbar\partial\Psi/\partial t=\hat{H}\Psi$$

为什么是这几个怪怪的字符，而不是唵嘛呢叭咪吽或者乾兑离震巽坎艮坤？它们挤在一起想要告诉人们什么呢？简单地说，这个方程是用波动力学来描写粒子的运动。听上去有点矛盾，当然啦，不要忘了物质波概念如本书主题所示，本身就是矛盾的。

方程每个字符背后，都是值一个本科学分的专业。费曼说：“我们可以从哪里得到薛定谔方程？不可能从你知道的任何东西中得到它。它来源于薛定谔的思想。”所以你索性还是把它当作来历不明的天外飞仙吧，并不会错过什么，毕竟量子力学一开始就没有“正经”过。中科院研究员曹则贤有一篇博文《物理学家的思维有多跳跃？来看看薛定谔方程的推导过程》，说的是“推导”，关键词是“跳跃”，而且是“从一些支离破碎的信息中拼凑的一个过程”。

埃尔温·薛定谔
Erwin Schrödinger

我理解，飞仙大约是踩着以下几朵祥云跳跃而来的：

- 以“熵”为关键词的玻尔兹曼热力学
- 以“力”为关键词的牛顿力学
- 以“能量”为关键词的拉格朗日力学
- 以“动量”为关键词的哈密顿力学

薛定谔方程完成于薛定谔思想在这几朵祥云之间的“神跃迁”。

第一次“神跃迁”：从概率概念 W，跃迁到波幅概念 W。

凡事都有个渊源，量子力学也要从经典物理开始。薛定谔方程以玻尔兹曼的熵公式为构造基础。熵公式拥有公认度相当高的普世价值，尤其在描写微观物理状态方面意义非凡。薛定谔的科学直觉认为，它值得尝试用于描写微观世界的量子状态。还有一个原因是师承关系，玻尔兹曼是薛定谔的导师的导师。先看公式：

$$S = K \log W$$

玻尔兹曼熵公式，核心功能是刻画微观状态数 W 的物理意义，也给出了熵函数的统计解释。曹则贤认为，这是物理概念第一次表达为概率，因而可以说是物理科学的一次突变式进化。熵增（混乱度增加），为什么是宇宙一个铁打的不可逆转的指向，背后的深层次的数学原因就是概率。托尔斯泰说，幸福的家庭都是相似的，不幸的家庭各有各的不幸。何以见得？稍有人生阅历的人都知道，幸福状态是单调乏味的，混乱和不幸是千奇百怪的大概率事件。再以我的房间为例，如果一只袜子进入视野，另一只袜子在哪里呢？在眼皮底下找到的概率最低，在最意料不到的地方找到的概率最高，这大约就是关于"袜熵"的概率解释。

薛定谔注意到，"概率"一词（德语 Wahrscheinlichkeit）的首字母，也是"波"（Welle）的首字母。如此，薛定谔视之为准许将熵状态引向物质波的神谕理由。呵呵！字面巧合太牵强附会了，这是在给测字先生打广告啊。我们前面讨论的高尔顿钉板实验，才是真正微妙而有趣的例子。试想，珠子按照概率分布落下而形成钟形曲线，概率表现为波形，不正是一种强烈暗示吗！布丰投针实验，也是一个用几何形式表达概率问题的著名例子。我们推测，薛定谔一开始是把熵公式拿来充当量子公式的坯子，并改写成以 W 为主角的形式，经自然对数操作，即得：

$$W = e^{s/k}$$

既然薛定谔方程是正确的，那么薛定谔用熵来类比量子的科学直觉，就一定还有比测字和钉板游戏更科学、更具说服力的道理。在我看来（猜测薛定谔也是这么看来），以下两组物理对象存在某种同构关系：

- 熵视角下的亿万个粒子
- 量子视角下一个粒子的亿万"分身"

我们现在知道（薛定谔当时未必清楚），每个不被观察的量子都分布在整个时空，疏密不均、浓淡不一，这亿万个亦真亦幻的“分身”粒子，也应遵循熵的演化规律，由熵公式来描写。

第二次“神跃迁”：从经典的波，跃迁到量子的波。

把微观态的概率 W 硬生生改为物质波 W，涉嫌偷换概念，薛定谔考虑应当引入表示波的物理关系，给 W 的内涵打一个量子专属的补丁。波的本质是什么？周期性啊。而描写周期性的数学利器是正弦函数和余弦函数。考虑欧拉公式 $e^{ix}=\cos(x)+i\cdot\sin(x)$，前述指数函数中的变量，需要加上虚数因子 i 以表示波动。同时，热力学的玻尔兹曼常数 K，也应替换为量子力学的普朗克常数 $\hbar$。一添一改，即得：

$$W=e^{is/\hbar}$$

第三次“神跃迁”：从熵的概念 S，跃迁到作用量概念 S。

玻尔兹曼公式的 S 原本表示熵，现在，薛定谔的科学直觉将其理解为作用量 S。薛定谔知道，经典力学有一个量纲为作用量的函数 S，以及 S 应该满足的哈密顿-雅可比方程：$\partial S/\partial t+H=0$。把上述 W 的表达式代入其中，按照微分计算规则，代换结果：

$$i\hbar\partial W/\partial t=HW$$

第四次“神跃迁”：从无序度概念 W，跃迁到波函数概念 Ψ。

方程已经成形，从经典力学转到量子力学，这场发生在方程里的科学革命面临最后一跳。鉴于 W 已经不再是表示无序度的物理量，薛定谔将其改写为样子相似的符号 Ψ。哈密顿力学量 H 的意义也已改变，在经典力学里是一个量，在量子力学里是算符，应当改为 $\hat{H}$。最终，方程从内涵到外表都焕然一新，而且名正言顺：

$$i\hbar\partial\Psi/\partial t=\hat{H}\Psi$$

这个公式后来被刻在薛定谔墓碑上，它将名垂千古。

【薛定谔方程科学渊源示意图】

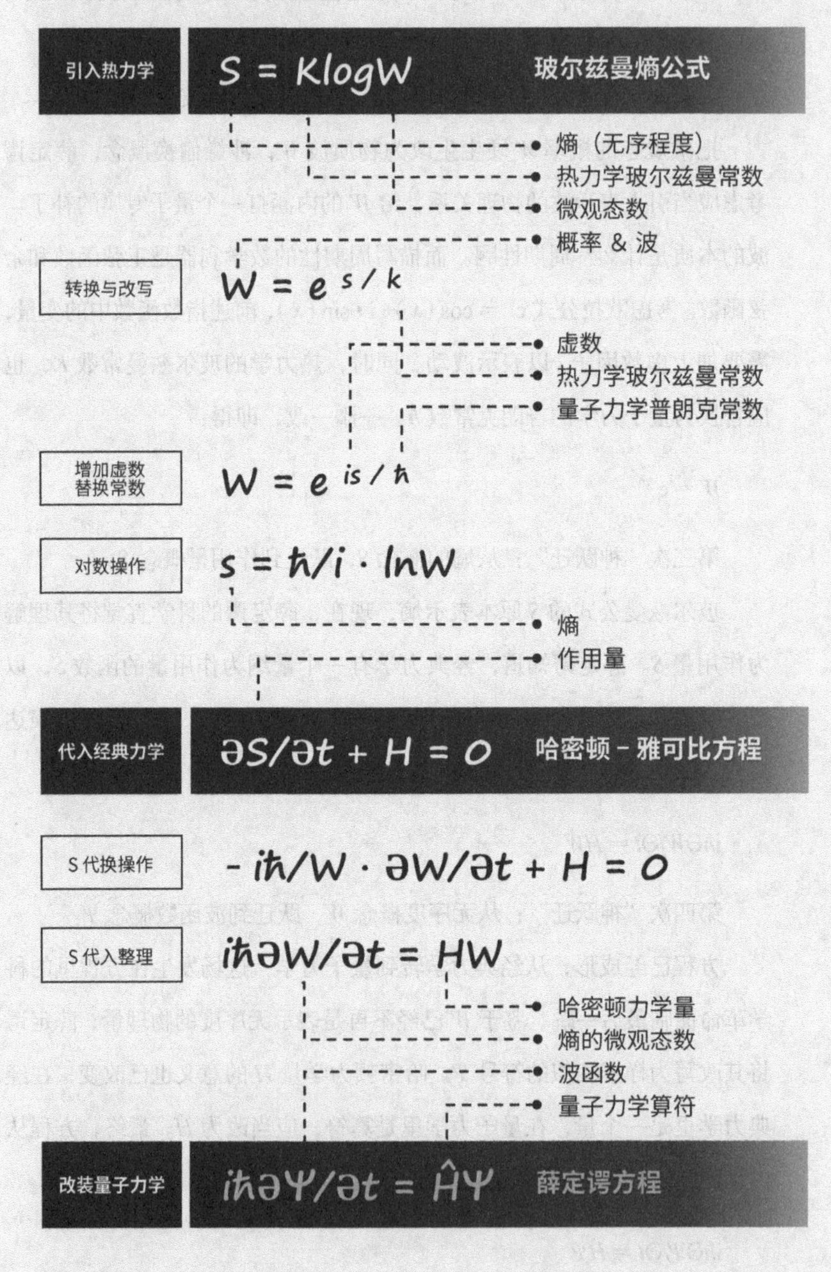

当然，这只是公式的简写版和核心版，它还有许多复杂的延伸扩展。上述推导过程，与其说是推测还原，莫如说是合理解读。薛定谔构造出这么一个以 Ψ 为核心概念的公式，他本人却并没有完全理解更不能准确解释 Ψ 的意思，所以有“薛定谔自己都搞不懂的薛定谔方程”一说。直到玻恩提出波函数的概率解释——那正是我们推测薛定谔引用熵公式来解释量子波的初衷—— Ψ 才逐步放射出诡异而耀眼的光芒。

马克斯・玻恩
Max Born

$$|\Psi(x, y, z, t)|^2$$

波函数 Ψ 的解，就在三维空间 x、y、z 加一维时间 t 的时空结构里。“只在此山中，云深不知处。”不知道它究竟在哪里，但知道它在四维时空里的概率分布。回到前面“袜熵”的例子，薛定谔方程并不能指出袜子具体在哪里，但可以描绘一幅等高线图那样的概率分布图。

如果你以为，薛定谔方程的主治功能只不过是描写一个比微尘还小亿万倍的粒子，就太小看人了。任何系统，从一个电子到一个 C 子（我们的整个宇宙），都可以用波函数 Ψ 来表达。例如，詹姆斯・哈特尔纪念霍金 60 岁生日的文章《霍金的宇宙波函数》介绍，无边界宇宙波函数公式是 $\Psi=\int \eth g \eth \phi e^{-i[g, \phi]}$。

如此简单，大约 45 个 LaTeX 键就可以写出来。哈特尔说，盖尔曼曾经调侃他：“如果你知道宇宙波函数，你为什么还没富起来？”原则上，宇宙波函数可以给出宇宙的某种终极答案，但要用来预言地球上的一些具体事情，例如英国 FTSE 指数明天的上升幅度，还有相当大的难度。

但是，它有可能会给出你突然隧穿到前世或来生的发生概率。

偏粒子的科学路线：海森堡矩阵力学。
看一个不懂矩阵为何物的人，是怎样建立矩阵力学的。

物理科学崇尚看得见摸得着主义。海森堡认为，“电子的周期性轨道可能根本就不存在”，玻尔的能级轨道是看不见摸不着的假设之物，薛定谔方程描写的波也不是有形的波，而是抽象的概率波。海森堡主张，应该回归唯象理论路线，坚守那些实实在在的物理量。他有一句名言说：“如果谁想要阐明‘一个物体的位置’（例如一个电子的位置）这个短语的意义，那么他就要描述一个能够测量‘电子位置’的实验，否则这个短语就根本没有意义。”一切靠可观测量说话。这个信条成为不确定原理及矩阵力学的哲学基础，也是量子力学作为一种全新科学范式的基本特征。据此，海森堡的量子计算路线可由三个关键词来解读：

1） 离散性。海森堡认为，所谓电子在两个能级轨道之间跃迁，事出有因查无实据，但两个能级之间的能量差，却是一个可观测的量。存在两个能级，表明电子的能量是没有连续渐变过程的离散的量。这些量子化的物理量，堆在一起，形成表格。海森堡发现，这些变量（土豆）和表格（麻袋），适合以多项式形式进行运算。海森堡当时并不知道，他发明的这种数学手段叫矩阵，而且是在19世纪就已问世的东西。玻恩和约尔丹继续海森堡的路线，建立起量子矩阵力学。

2） 操作性。既然只接受可观测量，就应当意识到，完整的可观测量应包括观测行为的“箭头”。这不奇怪，物理量向来就有标量与矢量之分。经典物理用六个实数描写一个基本粒子，三个数负责位置，三个数负责动量。但量子力学认为这些物理量不是数，而是算符，文小刚说，“这简直是莫名其妙”。使系统状态发生变化的手段即为算符。算符表示祈使、要求、指引、加持。

3） 非对易性。既然立足操作，既然引入行为“箭头”，当然就有方向与次序问题。穿鞋与穿袜，虽然都是加诸脚的算符，但先后次序是不可对易的。喝汤与吃饭，北京与广州的操作次序也是相反的。矩阵的计算，就要求讲究次序。说到底其实也不奇怪，因为纯粹的数学也存在非对易关系，例如 $a - b \neq b - a$，$a \div b \neq b \div a$，等等。海森堡发现，对于量子的动量 p 与位置 q，依据观测加持的孰先孰后，计算结果略有不同。这种非对易性，正是量子不确定关系的数学基础。

$$xp - px = i\hbar$$

矩阵力学最基本的科学精神大抵如此。矩阵力学当然是对的，波动力学当然也没错。薛定谔、狄拉克、冯·诺依曼、希尔伯特等先后作出证明，薛定谔波动力学与海森堡矩阵力学是等效的，殊途同归。

追根溯源，二者的数学结构都有一个宗师：哈密顿。薛定谔波动力学源于哈密顿–雅可比方程，海森堡矩阵力学源于哈密顿动力学方程体系。而这两个方程体系，在哈密顿那里本来就是等价的。事实上，哈密顿最早意识到波粒二象性，他发现，以下两个原理对于物理现象的描写，二者“在形式上是一致的”。

- 粒子动力学遵从的最小作用量原理
- 几何光学遵从的最短光程原理

当然，这只是哈密顿数学公式的客观呈现，他本人不会去想象，这居然是一种“合法的”、实实在在的物理景观。

量子场科学路线：费曼路径积分表述。
看一个不懂量子力学的人，是怎样建立量子电动力学的。

量子或粒或波，二元本体，左右为难，机械唯物主义强迫症患者表示无所适从。如果你希望有一个超越二元本体的确定模型，你还有波和粒之外的第三种形态可供选择：场。

场是一个暧昧的概念。冰箱贴与冰箱之间存在磁场，遥控器与电视机之间存在电磁场，英格兰伍尔斯索普庄园的苹果与牛顿的脑袋之间存在引力场……场是一种东西吗？场不能还原为任何粒子，它永远不会上榜元素周期表。但是，因有冰箱贴、遥控器提供物证，即便最顽固的“看得见摸得着主义者”都愿意接受，场就是一种具体的物质存在，而不是像钟形曲线那样只存在于你我脑子里。场虽然看不见摸不着，但它至少可以被另外一种同样看不见摸不着的场屏蔽。钟形曲线呢，谁能扔一条锯齿状曲线进去拦截它？

量子场论认为，双缝实验光源与探测屏幕之间存在一个量子场。

量子场的思想有两个来源：

1） “狄拉克海”模型。狄拉克设想真空是一个负能电子的海洋。如果没有能量注入，大海处于基态，风平浪静，人神不知。当有能量注入时，负能电子因吸收能量而跃迁到正能态，大海里跳出一个普通电子，同时留下一个负能态空穴，相当于形成一个正能电子。

量子场论发展这一模型的思想精神，设想真空是处于基态的量子场，量子场遇能量激发，一个个量子就跳出来。量子场与量子犹如大海与浪花，大海嘛，当然比波函数多一分实在意味。进一步说，量子场的“大海”还真不是姑且取代真空的抽象概念，而是像真的大海那样存在一种永不消停的晃动。根据不确定原理，处于最低能量态的量子场仍然拥有十分迷你的“零点能量”，在普朗克尺度的极端微观世界，虚拟粒子喧嚣混乱的波动起伏一刻也不停歇。

2） 路径积分。路径积分思想可借一番课堂问答来理解。

教授：电子从A点出发，通过窄缝 S_1 的概率，与通过窄缝 S_2 的概率，加起来就是到达B点的概率。

学生：再开一个窄缝 S_3 呢？

教授：那就还得加上 S_3 的概率。

学生：再开第四个窄缝 S_4 呢？

教授：应该把通过所有窄缝的概率都加起来。

学生：如果在隔板后面再加一个也有若干窄缝的隔板呢？

如果开凿无穷多个窄缝呢？

如果这些隔板都不存在呢？！

这个杠精学生就是费曼本人。故事是不是戏说不重要，反正这番对话已经把路径积分的基本思路说清楚了。量子波函数是一片无远弗届弥漫时空的概率迷雾。量子波函数从A到B，有阻隔是特例，没窄缝是常态，它的概率迷雾应当是铺天盖地遮天蔽日而来。这一团概率迷雾，就是量子场。量子场到底是什么？所有专业解释都是越描越黑越说越玄，简单地说，一言以蔽之：量子场是量子波函数的拟物化景观。

关于路径积分，霍金有一个"墨迹比拟"：一滴墨水落在纸上的A点，墨迹四下弥散开来，并将洇湿到B点。即使在A、B两点之间切开一个口子，墨水也可能会绕过口子前进绕道至B点。墨水的每一条细细印迹，都是量子粒子可能的历史。对于一个量子粒子来说，现实的历史就是从A到B那条最深的印迹。这些墨迹线路有深有浅、有左有右、有进有退、有直有弯，把所有墨迹线路综合起来，平均、抵消、叠加，然后剩下一条主线，那就是我们地球人看见的实际路线。

路径积分计算体系是量子电动力学的基础，照例很精确也很复杂。此处引用（引自张天蓉）路径积分推导过程中一个简单的表达式：

$$\text{从A到B的传播子}=\sum e^{i/\hbar S(\text{A, 路径, B})}$$

$\sum$表示积分求和；e是自然底数，计算复利的微积分工具；i和$\hbar$是量子的数学结构和物理常数；S是指作用量。基本精神，大意如此。

路径积分跟其他描述体系的本质区别在于，它不是对概率进行筛选，而是对概率进行求和，不是挑选可能性最大的那一个，而是对各种可能性进行加权抵消加总起来得到一个。当然，四下弥散的不是量子粒子本身，而是它的波函数。一个粒子不可能像一滴墨水那样弥散，波函数可以。你不要追问一个量子粒子为什么要这样做事情，又为什么善于计算并作出正确选择，这个模型只是说，这样解释最为合情合理。也不要去问费曼本人，因为我已经引用过他的警告："……我自己就不理解。"

虚数：量子不实在的数学精神。

量子的计算，三个核心元素：普朗克常数 h、波函数 Ψ、虚数 i。

我们已经了解 h、Ψ 的物理数学意义，那么 i 为什么也是必须的？

虚数者，虚构之数也。“奥义”篇讨论虚数概念，已知虚构行为的本质是对实数轴实施 90° 旋转。当初，笛卡尔、欧拉、高斯等数学大神引入虚数，不过是摆弄数学结构的智力游戏，并不是因为他们对物质世界有了什么新的认识。虚数虽然纯属虚构，它内在的数理逻辑似乎并没有任何违和之处，而且，实数域的所有事情在虚数域照样可以发生，就像正数轴的一切在负数轴同样成立。所以，莱布尼茨意识到，虚数似乎是某种“既存在又不存在的两栖物”。后世的人们吃惊地发现，这个既存在又不存在的数学精灵，可以很好地描述两个似物非物、且虚且实、既存在又不存在的物理对象：

- 量子
- 量子的时空背景

我们对前面的讨论稍作总结，量子的数学之身，一半在实数轴上，一半在引入虚数之后的复数平面上。我们已经确认，量子有实的可探测性质，也有虚的不可探测性质，有鉴于此，数学对量子的描述需要实数虚数相互叠加，就是一件合情合理的事情。前面也已讨论，量子的数学身份是波函数，而波与周期性相关，周期性与旋转相关，旋转的函数与三角函数相关，三角函数的旋转性质与虚数相关。因此，虚数成为量子数学结构的不可或缺的关键元素。如遇不含 i 的公式，则跟不含 h 差不多，你要小心遇到了假的量子力学公式。以虚数的数学精神来看，量子的数学化存在，应该是复数平面上的一个点，几何坐标为：

$a+bi$

关于量子反常存在的本质，再没有比 $a + bi$ 更强烈的暗示了。这意味着，量子既属于现实世界（因为它有实部，在实数轴上有投影 a），也属于超现实世界（因为它有虚部，在虚数轴上有投影 b）。由此可知，大自然并不是一款标准的现实主义作品。这也是为什么量子的那些怪事，数学能够解释而常识无论如何也不能理解的根本原因。

量子的时空背景，虚数又是如何解释的呢？

1905 年，法国数学家、“人类历史上最后的数学全才”亨利·庞加莱发现，如果将时间作为一个虚坐标 i、c、t（i 为虚数，c 为光速，t 为时间），并与三个表示空间的实坐标共同组成四维时空，则洛伦兹变换就可以看作是这一时空中的坐标旋转。然后，爱因斯坦狭义相对论将三维空间与一维时间物理地结合起来，描绘了一个令人脑洞大开的抽象物体：四维时空（space-time）。1908 年，爱因斯坦的老师闵可夫斯基进一步将虚的时间坐标替换为实的时间坐标，并利用一个四维实矢量空间来表述时空的四个自变量（x, y, z, t）。

时间与空间，驴唇不对马嘴，当然是完全不同的“物种”，但在庞加莱–爱因斯坦–闵可夫斯基的时空思想体系里，i、c、t 结合，得到长度量纲，成为一个“类空间长度”。所谓“类空间”，以时间类比空间，将时间之早，转换为空间之远。太阳与地球之间，既可以说相隔 1.5 亿千米的空间，也可以说相隔 8 光分的时间。

之所以能够实现这种转换，关键是光速限制，光速是宇宙运动速度的上限。凭什么断言没有比光子更快之物？宇宙每个犄角旮旯都找过了吗？砸多少钱也造不出来吗？这是一个百年科普难题，远比永动机难题更甚之。因本书的主题是量子论而不是相对论，我建议避开相对论的巨大脑洞，直接从运动速度的本质去寻找旁证、谋求理解。我们首先假设，宇宙万物本来就是以每秒 30 万千米的速度运动（相比于宇宙一开始的 10^{32} K 高温，这个假设并不需要更多理由，若非要坚持万物静止的话，我将把每秒 30 万千米以下的速度表述为负数），但物质因为拥有质量而迟滞了运动速度。有一个假说，标准模型的希格斯机制认为，整个宇宙充斥着希格斯场，某些基本粒子因与希格斯场相互作用而获得质量，从而降低了速度。形象地说，希格斯场像一池黏稠的蜜糖黏着于它们的翅膀，导致它们无法以“既定”的30万千米秒速飞行。粒子与场耦合越强，粒子质量越大，翅膀越沉。但是，希格斯场的黏着效应对光子无效，所以光子维持宇宙“初始”速度。如此，我们质疑有没有比光子更快的基本粒子，问题已经转换为，无论宇宙任何犄角旮旯，有没有质量低于0的东西？既然没有比0还轻之物，当然就没有比光更快之物。

宇宙存在速度上限意味着什么？由于速度描述的是时空比例关系，速度 v = 空间 s / 时间 t，速度存在上限意味着物质时空关系存在一个固定的比例，分子（空间 s）与分母（时间 t）此消彼长。任何速度，都可以表现为时空坐标系里的一支矢量标枪，枪尖可以在时间轴与空间轴之间摇摆（乌龟的箭头靠近时间轴，兔子的箭头靠近空间轴），但枪杆长度（标量）恒定不变，精确地等于光速。所以，兔子与乌龟究竟谁快谁慢，完全取决于你站在哪个角度去看。更关键的是，时间可以按照特定比例“兑换”成空间。在实际的物理世界，如果适当地调整参照系，这种转换就不只是数学分析技巧，我们甚至都无法区分它们二者。

综上，解读space-time的结构，我们至少可以从数学描写的意义上，把时间理解为应由虚数表示的维度。换言之，关于space-time的数学结构，空间是其实部，时间是其虚部。

引入虚数之后，需要引入新的算法。

描述四维时空间隔坐标的新算法，也即闵可夫斯基度规如下：

$$ds^2 = -dt^2 + dx^2 + dy^2 + dz^2$$

ds：想要求解的时空坐标变量。

dx、dy、dz：分别代表对象的三维坐标变量。

dt：类空间的距离变量。

这是什么？这是超级毕达哥拉斯定理，相对论时空版的新算法。

一切都正常，除了 dt 前面那个怪怪的负号。$-dt^2$ 是代表类空间长度的时间项，负号的来历，需要回到洛伦兹变换的数学结构那里寻找根源，但洛伦兹未必能帮多大的忙，因为与之对应的物理意义仍然晦涩难解。如果我们愿意粗略领会的话，考虑地球绕太阳运行的情景，也许可以得到一些启发。由于太阳自己要围绕银河系质心旋转，地球的轨迹并不是围绕一个质心（太阳）画平面椭圆，而是围绕一条直线（太阳轨迹）画三维螺旋。地球绕一圈不能回到原点，而是要跟随时间流逝跑出一段时空距离。刻舟难求剑，舟行水亦流，需要扣减时间流逝的间隔，才能找到落水的剑。把立体的螺旋压平，才能用平面的椭圆公式来求解。此情此景，是否可以帮助我们品味闵可夫斯基度规那个负号的意义？

负号的存在可以接受，负号的独立存在就犯了物理学讨厌非对称之大忌。继洛伦兹变换制造负号之后，意大利物理学家吉安·卡罗·威克的对称性强迫症发作，借助解析延拓思想，推动抽象的闵氏几何结构再作转动，从而消掉负号。此举称为“威克转动”（Wick rotation），转动的本质是将实数时间替换为虚数时间，即：

$$t \to -i\tau$$

替换之后，闵可夫斯基度规回归眉清目秀的四维欧几里得度规：

$$ds^2 = d\tau^2 + dx^2 + dy^2 + dz^2$$

威克转动本是一种数学技巧，初衷是为了方便公式求解，寻解之后还将逆转回闵可夫斯基空间。霍金推测，威克这一不经意之举，可能捅破了宇宙的又一层窗户纸。虚数时间 $-i\tau$ 不只是辅助计算工具，更是真实存在的“虚时间”。虚时间跟实时间一样实在，甚至更实在。

实数与虚数相互垂直，虚时间与实时间也相互垂直。虚时间的引入，可以别出心裁地回答那个“天下第一大问”：宇宙起源之前发生了什么？宇宙历史这根绳子的最远端不是 0 而是“虚”。宇宙没有开端，甚至连创生事件也不存在，零点也不存在。时间从垂直方向下来，所谓的宇宙创生，只不过是虚时间在那里拐了个弯，转到我们所知的实时间这条轨道上来。霍金认为，虚时间的观念将是我们必须接受的某种东西，跟我们相信世界是圆的相比，这是一个同等程度的智慧飞跃。“也许虚时间才真正是真实的时间，而我们称为实时间的仅是我们的想象。”

公众号“返朴”中董唯元的文章《温度与神秘的虚时间》，以威克转动为焦点，把虚数、虚时间与量子力学和热力学的数学结构联系起来，解释量子隧穿、计算路径积分、证明温度相当于循环的虚时间、求解黑洞辐射温度等，应用效果意外地好。

以量子隧穿为例。量子翻越高于自身动能的势能势垒，在经典物理世界是不可能发生的事情。但在虚时间的世界里，由于威克转动翻转了时空背景，不仅令时间由正翻转为负，连带势垒之山峰也颠倒而为势阱之山谷，如此，不可能的势垒翻越就变为稀松平常的势阱滚落。这反过来逼迫我们认真面对，威克转动不仅是姑且借用的数学假设，而且是应当当真的物理事实。

量子隧穿的瞬时效应，也跟翻越势垒一样难以解释。根据最新的实验探测，隧穿过程耗时 0.62 毫秒，快过光速，这与相对论相悖。但如果我们引入虚时间维度，假设量子在虚时间里经历了翻越和移动过程，就没有超光速什么事了。“山中方七日，世上已千年。”由于虚实两路时间相互垂直，虚时间之度日如年，实时间之白驹过隙。

“隐藏的秘密仍待发现”，虚数和虚时间可以解释更多量子异象，并帮助我们省却许多浮于表面的哲学辩论和唯象描述。

第 4 章　量子如何解释

薛定谔那只猫，可能是指引我们读懂量子的最好老师。

尤里卡 or 知道了。

历史上所有物理新发现，从来没有听说还需要什么解释。阿基米德突然悟到浮力原理，从澡盆里跳出来高叫“尤里卡！”（我发现了）。像浮力这类“正常”的科学问题，一个人发现了，全世界就都发现了，谁还不明白就是谁个人的问题。到了相对论，多少费解一些，你不懂总还有别的人懂。唯独量子物理，实验千遍，论文万篇，并没有真的解释为什么。你没有机会像阿基米德那样戏剧性地叫喊“尤里卡”，你只能像清朝皇帝那样，满腹狐疑地朱批三个字：“知道了”。

只有猫知道。

“薛定谔的猫”是一个思想实验。根据实验设计思想，某些量子物理学家建议你相信，暗箱里有一只已经死了同时也活着的猫，童叟无欺，假一罚十。不过，你永远不要指望他们会真的从箱子里拎出两只猫来，一只死的哐啷摔在地上，一只活的喵呜跳上窗台。你要明白，他们所谓的死活叠加，跟欧拉公式的鬼怪答案 −1/12 一样，不仅是一种不可亲眼见证的物理真实，而且是一种正常理性不可接受的数学真实。

薛定谔设计这个实验，初衷是用以嘲笑波函数坍缩的荒谬之论。实验内容本身很简单，但是，科学界对实验的表述和理解却十分含混。薛定谔没有料到，一个简单的思想实验竟然引发一场复杂而持久的讨论，80 多年热度不减。薛定谔更没有料到，这只猫不仅没有将量子论一击而溃，反而诱发越来越多、越来越怪的量子邪说。争论并没有结束，结论是没有结论。好消息是，你可以放心地选择相信后面将要讨论的任何一种解释，没有哪个科学家敢大声反驳你。

一道久等未上的芝士焗海鲜……

世上有说不尽的莎士比亚，说不尽的希区柯克，说不尽的《红楼梦》，还有不仅说不尽而且说不通的薛定谔的猫。要想秒懂，也有办法。我推荐一则幽默：一道久等未上的芝士焗海鲜，本质上处于做与未做的薛定谔猫态，一旦找来服务员要求退菜，立刻坍缩为已做状态。

待我们完成以下讨论，你会同意这个笑话竟是无与伦比地传神。

薛猫实验是怎样设计的？

把一只猫关在密闭的盒子里，盒子里安装一套毒药释放设备，外加放射性原子和盖革计数器。设备是否释放毒药，取决于放射性原子是否衰变，盖革计数器探测到原子衰变后，触发机关释放毒药。那么放射性原子何时发生衰变呢？哥本哈根解释认为，在特定时间内，原子衰变纯粹是一件概率事件，衰变与不衰变，各有 50% 的概率。结果：

- 原子衰变，则放毒，猫死。
- 原子不衰变，则不放毒，猫活。

这不就是抛硬币定生死吗？不是。哥本哈根学派认为，暗箱打开之前，放射性原子处于波函数叠加状态，它的衰变与不衰变都是真实的事情。某种意义上可以说，衰变的事情发生了，没衰变的事情也发生了。必须注意所谓“都发生了”究竟意味着什么，不是像小孩吃药减半那样，将一个原子掰成两半，吃半个、留半个。

是非叠加、矛盾共存，这是故事的关键。听清楚这个“不可能”的意思了吗？那么够了，Freeze！奉劝读者不要擅自再往前迈出一步，任何自动脑补合理想象，都只会使我们的讨论更加混乱。不管谁来解释薛猫实验，也不管他从什么角度来描述薛猫实验，如果你没有听到“叠加态”这个概念，如果你没听出叠加态的真实意思有多么荒唐，或者居然听出任何合理正常的缘由，那么很遗憾，那肯定是假的薛猫解释。

打开看看不就明白了吗？不行，哥本哈根学派认为，人的观察将瞬间破坏放射性原子的叠加态，薛定谔方程描述的波函数演化过程将发生断崖式终止，也即波函数坍缩。听上去，简直就是一桩不抓现行就死不认账的赖皮案子。薛定谔认为，量子如果可以存在矛盾叠加，这种特性就没有理由不发生在量子的集合体身上。薛猫实验的设计思路，就是要将这种叠加态从量子传导和放大到宏观世界，然后质问：

- 既然原子衰变与不衰变都是事实，是不是放毒系统也应该保持放毒与不放毒的叠加？那么暗箱里的猫，它是该死呢还是该活？
- 波函数坍缩究竟是什么行为？难道是《黑客帝国》的拔掉电源，或者《盗梦空间》的梦境返回吗？
- 回溯曝光之前，箱子里刚才什么情况？鉴于我们从未见过既死了也活着的猫，更加严峻的问题是：猫如果活着，那么它刚才死过吗？如果猫死了，是不是在打开暗箱之前还活着？

当初爱因斯坦也提出同样的质疑，他设想的不是毒药而是炸药，问题就更尖锐了：怎样想象一桶既爆炸了又没有爆炸的炸药？呵呵！

以上的纠结过程看清楚了？

以下是更纠结的各种解释。

【NO.01 版薛猫】

哥本哈根解释：只有事实，没有解释。

不要忘了，薛定谔设计的这个矛盾冲突是未经证实的思想实验。

薛定谔的薛定谔方程，可以很好地描述量子的运动规律，精确地计算量子波函数在时空中的演化数值。但是，薛定谔方程本质上只是一个数学解决方案，并不负责对应任何符合人类体验的物理图像。好比说，中国家庭人口平均 3.35 人，这只是数学计算结果，不表示有任何家庭真的存在0.35个活人。因此，薛定谔方程虽然描述波函数的矛盾叠加状态，但并不接受哥本哈根学派对其所作的物理描述，即一个具体的量子在物质形态上也存在矛盾叠加的荒谬情形。

薛猫实验直击哥本哈根解释的要害。可是，哥本哈根解释并没有急得一夜白头，它坚持波函数叠加的数学真实就是可以谈论的全部，至于薛定谔吐槽他不能建立相应的物理体验，他拒绝为此承担责任。因此，鉴于薛猫只是空口无凭的思想实验，哥本哈根解释的回应是不回应。

什么猫？哪有猫！

Shut up and calculate!

不争是争，无懈可击，满满的科学霸气。欧洲文艺复兴以来，人类政治进化史实现了一次重要分裂：上帝的归上帝，恺撒的归恺撒。现在我们看见科学上的一次重要分裂：事实归事实，解释归解释。知其然而不知其所以然，科学当然可以这么干，它从来就没有承诺包治百病。

或问是否接受哥本哈根解释？德国物理学家鲁道夫·佩尔斯说：

嗯，我首先反对用“哥本哈根解释”这个词，因为，这听起来好像量子力学有几种解释。其实只存在一种解释，只有一种你能够理解量子力学的方法。有许多人不喜欢这种方法，试图去找别的什么东西，但是没有谁找到了任何别的，却又首尾一贯的东西。

【NO.02版薛猫】

哥本哈根解释的补充解释：退相干。

退相干假说，量子解释体系的重要支柱之一。它的理论依据是含混的，且大有根据结果来反证原因之嫌。但它的结论是确切的：“因为所以”不重要，“如你所知”即为本，你实际所知的是，叠加态在宏观世界并不现实存在。量子与世间，生死两茫茫。这跟哥本哈根解释的基本精神相一致，所以我送它一个华丽的昵称：“哥本哈根解释之拒绝解释的补充解释”。极端微观世界的数学真实，在向宏观世界的物理真实过渡时，将像沙滩上的字被海浪抹去。

通俗理解，总共两个要点：

- 量子矛盾叠加可以，因为没人管得着。
- 猫死活叠加不行，因为没人做得到。

具体而论，至少三种情况：

1） 量子叠加现象，究其物理本质，体现为多个量子波函数同频共振，这叫“相干性”。猫要想实现死活叠加，意味着活猫与死猫各自身上的亿亿个量子波函数，必须完全地同步振动，而这是技术上无法实现的事情。实验操作中，要让几十个原子相干振动都难于登天，何况以天文数字大规模集群、还不断扭来扭去的薛猫量子！

2） 世上不可能存在绝对密闭的暗箱，宇宙射线和中微子都可以轻易穿透任何密闭环境，从而早早就带去观察者的影响并触发多米诺骨牌效应，导致放射性原子以及猫的波函数发生坍缩。每秒钟、每平方厘米，超过600亿个中微子从太阳抵达地球。谁能躲得过？月亮也在以极其轻微但并不为零的潮汐力，日夜揉搓薛定谔暗箱。因此，猫或死或活总是在一瞬间坐实。布莱恩·格林提供了一些数据：屋子里飘浮的灰尘，其波函数受空气分子涨落的影响，将在10^{-36}秒之内退相干。如果这粒灰尘被完美隔绝，受阳光影响，也将在10^{-21}秒之内退相干。如果放在黑暗幽深的太空里，受宇宙微波背景辐射的影响，这粒灰尘的波函数坍缩速度是百万分之一秒。

3） 即便隔绝外界干扰或人类观察，每个量子也存在波函数自动坍缩的概率，大约每10亿年发生一次。10亿年听上去遥遥无期，但对10亿个量子来说，那就是每年都有1个量子发生1次波函数坍缩的概率。我们知道，区区一滴水就有若干亿亿个以上的量子，总有一个多米诺骨牌会在一瞬间倒下。简单计算即可知，如果薛猫拥有10^{23}个彼此纠缠的粒子，那它大约每十亿分之一秒就会被固定一次。

基于以上缘由可知，我们头上顶着和脚下踩着的这个宇宙，从来不曾发生且永远不会发生阿猫阿狗死去活来的怪事，即便我们想借助强大的科技手段刻意制造这种事情，也是无法做到的。极端而言，如果中微子和宇宙射线无孔不入的影响真有那么大，人类就没有任何实验手段来制备任何量子叠加态。顺便地你能理解，这也是制造量子计算机的难处，为了抵抗无处不在、永不消停的退相干，环境净化要求极其苛刻。

退相干假说最早由德国物理学家迪特尔·策在1970年提出。

马克斯·泰格马克
Max Tegmark

泰格马克在不知道已经有人提出退相干假说的情况下，经独立思考提出，量子现象之所以在宏观世界从未发生，乃是因为人的观察存在一种妙不可言的“审查效应”。泰格马克为他的“尤里卡”兴奋得自己姓什么都忘了——他本来叫一个很大众的名字，为了配合这个新奇成果的公开发表，郑重其事地改用了现在这个别名。呵呵！

何谓“审查效应”？

等效的问题是：我们的观察是如何毁掉“传说中的”叠加态的？

我们考虑最简单的量子叠加态系统：一个既在这里又在那里的电子。然后再考虑最简单的“观察”：我们对这个系统的观察，至少需要派一个光子前往探测，然后反弹给我们的眼睛（或者感光底片）。这个外来的特派员光子，既然被操作为光子，则它自己的波函数就已经坍缩，当然置身电子叠加态事件之外。它没有分身，所以它只能探测到“两个”电子的其中之一。这个过程，相当于“审查”了电子的位置。审查的物理结果是，特派员光子、感光底片和我们，都“知道”了电子的确切位置。审查结果的相关消息，像明星八卦那样迅速传遍现实世界、宏观世界，谁也别想重新捂住盖子。而“另外那个电子”则比昨日明星还惨，被人忘得一干二净。我说一干二净是真干净，因为整个物质世界都跟它没有任何瓜葛。须知，翻开硬币的字面，就等于盖住硬币的花面。

就是说，在我们看来，或者对我们而言，波函数坍缩了。

严格地说，我们因“触碰”而“获得”了波函数的两个解之一。

审查效应的这个解释，微妙而近乎隐晦。

隐晦之一：另外一个电子哪里去了？像泡影那样幻灭了吗？

不可说。但可以参考“狄拉克海”的解释。我们已经知道狄拉克海的意思是说，真空可以理解为一个无影无形而又实实在在的海洋，能量输入将从中“抠”出一个一个的电子，整个物质世界都是这样抠出来的。量子叠加态可以与此作某种类比，探测行为相当于从叠加态中抠出一个确定态来。我们身居的世界，我们通过眼耳鼻舌身直接探测且通过仪器设备间接探测的世界，就是由无数叠加态的“抠出物”所构成。再如芝士焗海鲜那个例子，它的叠加态坍缩可以有多种解释，其中一种情况是，鉴于你已经表示关切，服务员把已做态的菜调度给你，把未做态的菜安排给心不在焉的其他顾客。

隐晦之二：为什么信息的传递可以产生破坏一个系统的物理作用？

任何信息，必须并且总是要跟一定的物理行为捆绑在一起。审查效应的信息，产生于观察。我们前前后后反复强调：所有观察都是袭扰。世界上不存在严格意义的“旁观”和“偷瞄”行为，每次观察至少需要一个光子的碰撞。叠加态只是一种抽象的数学真实，而我们所知所感的全部物理真实，都始于一个光子的探测，并沿着每一个探测行为的信息传递渠道建立起来。叠加态并没有被破坏，而是物化为现实了。此处已经在暗示一个深刻到邪性的格物之理：世界的本质，就是信息。呵呵！

当初，袁克定面向乃父一个人定制《顺天时报》专版，精准投放各界拥戴帝制的信息。袁世凯被“信息茧房”（凯斯·桑斯坦，《信息乌托邦》，2006年）所困，建立了一个真正如梦幻泡影的中华帝国，自娱自乐83天都还没来得及昭告天下就结束了。时至今日，××头条公然宣称“你关心的，才是头条”。我们的手机正在订阅越来越多的《顺天时报》个人版。不要埋怨他人，这其实是我们无法摆脱的困境，本质上，我们只能通过自身感知系统为我们定做的《顺天时报》和××头条，去认知这个世界。袁世凯固然掩耳盗铃自欺欺人，但对于整个人类及其历史来说，就不好说谁在欺骗谁了。由于人类之外并没有谁针对我们封锁、歪曲、隐瞒信息，茧房之外的世界就应该视为真的不存在。或者更准确地说，我们所处的物理世界，一山一水、一冷一热、一明一暗，无一不是建立在我们感知到的信息之上。再准确地说，获得任何更多的信息，并不意味着茧房的开放，而只不过是茧房的扩大。我说清楚了吗？

归结起来一句话：审查一个量子，就意味着获得一个世界。

上述解释，你替泰格马克再作思量，为什么他要惊呼“尤里卡”？

不管退相干如何解释波函数坍缩，也不管人们如何解释退相干解释，它终归只是一种解释，没有作出新的科学发现，也没有新的计算公式。多数实用主义的、秉持“Shut up and calculate”信念的，特别是那些掌握官方课题和大笔经费的科学家，都认真接受这个理论。他们认为，悖论也许存在，但并不是现实的物理问题。有点像“汤姆生灯悖论”的情况，我们实际无须纠结所谓的最后结果，灯泡肯定早就闪坏了。类似地，量子叠加永远不会发生在宏观物体身上，物理科学不需要硬着头皮去面对这种“永不现实的现实问题”。也因此，他们认为以下各种戏剧性的薛猫解释纯粹是自寻烦恼，物理系的学生要是参与相关议论而被教授听见的话，可能会被劝转哲学系。

“要是我中了六合彩，而且每期都中的话，我就要买……”

“Shut up!”

【NO.03 版薛猫】

哥本哈根解释的内心解释：死活叠加，就是真的。

哥本哈根解释也不尽然是拒绝解释，否则它的“科学良心”何处安放！calculate 之余，它也有一些与自己身份不太相符而不大方便说出口的意见。如果你多约几个量子物理学家喝两杯，那么总有一些人会告诉你，如果承认量子叠加，就必须承认毒药既放了也没放，进而就必须承认汤姆既死了也活着。

中毒的汤姆也许会因为挣扎而导致波函数坍缩，但是，汤姆没有中毒也即波函数没有坍缩也是事实。我们没有理由让一个中毒发生的事实，压倒另外一个中毒没发生的事实。因此，汤姆肯定是死活叠加的，只有这个结论才是合乎逻辑的推断。退相干解释不管多么坚实可靠，只是强调了技术上做不到，理论上的可能性仍然存在。

死活叠加这种古怪存在，到底有何不妥呢？它只不过是违反了你的常识和直觉而已。你断定汤姆在暗箱里没有处于死活叠加状态，而实际上，你的常识、直觉，甚至你的整个理性认知体系，并没有为此提供任何直接证据，对不对啊？现在我有证据而你没有，按照“谁主张、谁举证”的控辩法则，你无法举证，就得含恨默认。反对无效。

必须郑重提示的是：不是人们不知道猫的死活，也不是人们闹不清楚猫的死活，而是说猫的死或活都跟欧拉公式那个 −1/12 一样，不是地球人的脑子结构能够理解的真实存在。在万维归一模型里，它就是较高维度相空间里一个普普通通的点。我们要么跟着卡壳死机的物理留下发呆，要么跟着不可思议的数学继续前进，总得选一个。量子论敦促我们幡然醒悟，学会接受这种永远无法举办公演展览的事实。至于这种怪事如何产生，又如何结束，不管有没有答案，至少可以确认，那是第二位的事情。心理上是否情愿接受，更是第 n 位的事情。然后我们不得不接受，至少没有理由去阻挡后面的更多邪说。

【NO.04 版薛猫】

隐变量解释：我们肯定漏掉了什么，毕竟我们太年轻……

许多人高度怀疑，哥本哈根解释是半拉子工程，大自然不应该是这个样子，至少不完全是这个样子。隐变量解释要点如下：

- 我们肯定漏掉了什么。
- 可惜我们不知道漏掉的东西具体是什么。
- 但目前这个状况显然差点什么。
- 我们总有一天会弄明白漏掉的到底是什么。

以爱因斯坦为代表的经典唯物主义，不能接受以玻尔为代表的刁钻唯物主义，也即哥本哈根解释那种不由分说的不确定性和随机性。要么存在隐藏变量，否则就是闹鬼了。1935年，爱因斯坦与波多尔斯基、罗森共同提出EPR悖论，批评哥本哈根解释涉嫌闹鬼（spooky）。根据第三篇“魔术”的实验报告，EPR悖论不成立，前前后后没有隐藏变量什么事情。但隐变量从来就不甘心轻易退出历史舞台，先后有两个概念，念念不忘要来担当隐变量。

- 导航波（德布罗意）
- 量子势（玻姆）

德布罗意虽然正确地提出了物质波概念和物质波公式，但正如费曼说没有人理解量子力学，德布罗意本人并没有真正理解矛盾叠加的非法情状：怎么可能既是粒子也是波呢？粒子和波又是如何做到瞬间切换的呢？为了帮助量子力学自圆其说，德布罗意苦心孤诣，设想量子是粒子，但它可以像哪吒踩风火轮那样出行。具体地说，冥冥之中存在一种看不见的波，引导量子按照波的姿态前行并选择最终落点。人们猜想，导航波可能是玻色场、光子场、希格斯场、零点能量场这一类东西。后来，玻姆构想的量子势，与德布罗意的导航波一脉相承，只不过更加晦涩难解。量子势的公式也过于复杂，而且除了用于弥补它自己带来的bug之外，别无他用。这一套思想被称为德布罗意-玻姆理论，它很像一个左支右绌千疮百孔的谎言，因而始终未能成为量子力学的主流解释。

拿什么来拯救你，我们的隐变量？

探寻隐变量，是决定论、实在论致力于破除神秘主义量子迷雾的最后挣扎。这场运动的前景并不被看好，不仅在于难以找到本就子虚乌有的东西，更在于它对量子怪象的解释存在自身无法解决的逻辑矛盾。为什么如此肯定呢？因为，量子自身就是矛盾的。你可以支持矛刺穿盾，但你必须牺牲盾撅断了矛，怎么才可能同时成立呢？

除非……除非你能当场克隆一个宇宙。

【NO.05 版薛猫】

多世界解释：平行宇宙，分道扬镳。

敬告薛定谔，猫有九条命。

如果你无法接受非理性、反逻辑的死活叠加态，如果你对“观察创造实相”这类有着超级唯心主义浓烈气息的说法表示鄙视，那么你还可以选择相信一个极其奢侈的解释方案。

惠勒的学生、物理学家艾弗莱特猜想，打开暗箱，眼睛一瞄，我们脚下这个大千世界立刻一分为二，一个世界里猫早就死了，另外一个世界里猫一直活着。就像一部 A、B 结局的电视连续剧，不同剧情的片子同步在播放，就看你的遥控器转到哪个频道了。

这就是 MWI（Many Worlds Interpretation，多世界解释）。

薛猫的态矢量(波函数)为什么存在一个突兀的坍缩机制，既无缘由，也不科学，成为量子力学最严峻的难题之一。MWI 认为，既然薛定谔方程对波函数的描述是自洽和完整的，波函数坍缩就是大煞风景之举。

休·艾弗莱特
Hugh Everett

皮球可以坍缩，死亡恒星也可以坍缩，一个数学结构的坍缩是什么意思？本来渐变演化的一条光滑曲线，凭什么因为观察者不经意间的一瞄，就必须立刻改用直尺画一个直角，这是什么妖怪逻辑？MWI 认为，薛猫的波函数如果存在三分死、七分活的概率，大自然没有理由成全一部分概率，糟践另外一部分概率。上帝不掷骰子，这正是爱因斯坦至死不渝的科学信仰。因此，观察者介入之际，最合理的推测是宇宙分裂为两个世界，一个活猫的世界、一个死猫的世界。波函数既然没有 bug，就不需要波函数坍缩这个难看的补丁！

全人类都觉得这是华丽的神话，最反智、最浪漫的唯心主义都不好意思那么去想。然而你未必能够意识到，它实际是相对最具科学精神的解释，因为至少它排除了意识对物理现实的作用。据说，20 世纪末以来，物理学界的几次国际会议搞了匿名投票，测试结果没有哪一个学派取得压倒性优势，超过半数都难，倒是这个看上去荒腔走板、离经叛道的 MWI 得票较高，还一次比一次高。2001 年，惠勒和泰格马克在一篇纪念量子 100 周年的文章中作出判断，多世界解释已经取代哥本哈根解释，成为量子理论的新的正统。

特别提示，别看 MWI 疯疯癫癫，貌似跟老实巴交的退相干解释天差地远，其实二者关系很亲。稍作思量你也会同意，实际 MWI 更老实、更朴素。退相干解释承认死猫的波函数和活猫的波函数都真的存在，只不过观察者永远只能捕捉到其中一个。而 MWI 不仅相信两个波函数都真实存在，而且相信两个波函数都能被观察者捕捉到。MWI 的初衷是要求从观察者身上找原因，不要打波函数的主意。

MWI 充满歧义，饱受误读。怎么可能因为观察者介入，一个宇宙就可以像细胞分裂那样平白无故地一变而二？谁也没有看见叮叮当当热火朝天的施工场面啊！脑洞开到这个程度，岂非顾头不顾腚强盗逻辑外加封建迷信装神弄鬼？惠勒当初就发现，“分裂”这个词不准确，宇宙不是发生分裂，薛猫也没有发生“Ctrl + C”复制、“Ctrl + V”粘贴这类劳民伤财鸡飞狗跳的物理过程，而是波函数原本固有的两个解都水落石出，化作现实了。就是说，这纯粹是一桩无声无息的数学事件。

请考虑万维归一模型。在希尔伯特高维度相空间里，一只携带 50% 死亡概率的数学之猫，一只携带 50% 存活概率的数学之猫，两猫合并表现为一个点。前面我们已经理解，薛猫叠加态，应作如是观。实际上，这个过程应该反过来看，一开始只有高维度的薛猫态矢量，但我们可以在许多低维度空间找到它的众多投影分量。

那么，所谓观察导致波函数坍缩是怎样一个过程呢？

在没有人类存在的情况下，在没有人探测感知的范围内，世界万物在高维空间里"混沌"地存在和发展着。我们不妨理解，这个数学情景是宇宙底层真相，是隐藏的、无比广阔的现实，即如布莱恩·格林所谓的"隐藏的现实"（The Hidden Reality）。概括地说，波函数坍缩的本质，就是因为观察者的介入，导致隐藏的数学现实成为裸露的物理现实。

这是一个数学模型"物化"的过程。

三维世界的探测者，没有办法感知高维世界的情形，每次总是并且只能探测到这个态矢量在自己这个三维世界的投影分量。一旦有人探测，则意味着有人感知到了薛猫态矢量的一个投影分量。准确地说，是将其中一个投影分量物化到我们的物理世界了。另一个投影分量哪里去了呢？由于数学上的高维叠加态已经被"瓜分"，另一个投影分量不会像退相干解释说的那样无故消失，而将物化到另外一个与之垂直正交的三维物理世界。所以，刚才说"有人感知到了薛猫态矢量的一个投影分量"，显然是错觉，根据万维归一模型的内在逻辑进行反推，可知应该是两个投影分量都被人感知到了。两个投影世界垂直正交，互不干涉，当然也就互不知情。我们的世界从此获得一个新的初始态，就像树枝分杈那样，两个世界按照不同剧本展开历史。

进一步说，人们还会有一些细腻的疑问，在薛猫这个例子里，我们只能探测到非死即活 50% 概率的情况，不可能探测到 51.3% 活猫、48.7%死猫的情况，仅仅因为我们只能感知整数维度，不能感知分数维度。

波函数坍缩，应作如是观。

没有人知道宇宙分叉的物化过程具体是如何实现的。对于如此重大的事件，薛定谔、维格纳、维格纳的朋友，还有从古至今在生息繁衍达

1000亿之众的地球人包括艾弗莱特本人，都是浑然不觉的。按照温伯格的妙喻，就像打开电视机，每次只能收看到一个频道。我们除了制造污水、垃圾、核废料、臭氧空洞，还在以成本几乎为零的行为，分分钟大批量地制造宇宙，令无限广阔的希尔伯特空间一片繁荣。

在双缝实验里，一个宇宙带走波状的量子，另外一个宇宙带走粒子态的量子。为了保卫波函数，为了拯救科学的客观性，物理学家们真是豁出去了，宁可让这个拥有亿亿万万庞大星系团的宇宙不停地自行拷贝、生成副本，也坚决不肯让人类的主观意识得到一丝机会，来决定昏暗凌乱的实验室里一个毫不起眼的小小量子该往左飘呢，还是往右走！

MWI比神话还神，却还能得到高度的专业认同，体现了科学的求真唯实精神。如泰格马克所论，人们质疑的两个主要问题都不是问题。

- 如此兴师动众，是不是太浪费了？——既然创世以来已经无缘无故地浪费一个宇宙了，何必在乎多浪费几个？或者索性每天浪费10万亿个，固然显得过分，但要搞清楚，这当中有什么不妥之处是MWI额外制造的吗？
- 如此小题大做，是不是太复杂了？——其实不然，实际这个方案最简明。既要维护波函数的客观性又要解释波函数坍缩，那才是真正的高难度。“整个集合往往要比集合中的单个元素简单得多。”

MWI开启了平行宇宙的科幻时代，越来越多的好莱坞英雄在平行宇宙间来回奔波打打杀杀。但物理科学并不开心，因为MWI惹出来的新麻烦，远比它解决的老问题要多出许多。

【NO.06版薛猫】

观察者难题：维格纳的朋友手牵手……

人的观察，在相当可疑的程度上决定着客观事实。有史以来，人类第一次需要严肃地考虑一个听上去愚蠢至极的问题：可能存在一个如影随形但未被观察的“后脑勺的世界”，一个左看右看、横看竖看总也看不到的世界。在那里，存在一些我们从未看见（废话），因而也从未纳入感知加以体验，并纳入理性加以理解的现象。

观察，究竟是什么行为？单纯的袖手旁观，何以存在某种干预客观事实的物理机制？于是我们似乎不可避免地引向意识作用的解释。唯心主义且慢，承认意识作用，观察者难题就解决了吗？没这么简单。

我们无法知道汤姆目击了什么，更不知道它脑子里想了什么，这也是薛猫实验无法付诸实践的致命原因。那么，让一个人进到暗箱里蹲在汤姆旁边呢？这是物理学家尤金·维格纳提出的扩展思想实验。我们认为，观察行为导致波函数坍缩，而观察总是人在观察，观察行为的实质必须是人类的意识。为了检讨这个观点，维格纳的思想实验提出，让他的朋友进去观察。如此，你以为一切问题就清楚明白了？

任何观察者，包括他脖子上产生意识的那颗脑袋，本身也是量子构成物。如果维格纳的朋友不被观察，那么他的波函数也不会坍缩，因而也将跟猫一样处于叠加态。人也可以处于死活叠加状态，为什么不呢？维格纳的朋友自己不会知道，他本人就存在两个分身。为了让维格纳的朋友坍缩为一个有效的观察员，还必须劳驾维格纳通过暗箱猫眼看一看，隔箱喊话也行。那么，谁来让维格纳波函数坍缩？再请一个朋友来？或者实验室窗外的扫地大妈？无所谓啦，只不过扫地大妈也需要旁边的朋友来帮忙。朋友的朋友，朋友的朋友，如此递推下去……这个悖论称为“维格纳的朋友”。

不麻烦朋友，改用摄影机如何呢？我们在双缝实验中已经使用过摄影机或者类似的探测仪器，结果没有什么不同。在维格纳这个例子里，摄影机仍然帮不了谁的忙，因为，如果一台摄影机算作观察者，那这台摄影机跟维格纳的朋友的处境还是一样的。冯·诺依曼认为，无限递归理论可以证明，“观察者链条”将不可避免地延伸到宇宙之外。

霍金认为，整个宇宙视为一个量子、一则波函数，并没有任何不妥。那将会引出许多有趣的问题。比如，我们这个宇宙，连同待在这个宇宙之内、通过观察这个宇宙而使这个宇宙得以存在的观察者，以及观察者邀请来帮忙的朋友们，是否还需要一个跟宇宙万物毫无瓜葛的“场外观察者”？这样一个“场外的”、不需要朋友的终极观察者，如果他不是量子态基本粒子构成物，他就只能是上帝。

为了让宇宙波函数坍缩，使之从混沌叠加态坐实为一个清晰确定的宇宙，需要劳驾某个人帮我们在外面瞄一眼。当初牛顿期待的“第一推动力”，原来只是这么简单的一瞟，比之于神殿的洗礼、佛堂的摸顶，更为敷衍和缺乏仪式感。迄今为止，没有人能够解释究竟是谁瞟了这“天下第一眼”。

【NO.07 版薛猫】
多历史解释：观察改写历史。

打开暗箱，坐实死活。就算是吧，可仔细一想，你会发现问题非常不简单。难道说，我们在暗箱打开之后的观察行为，能够决定此前的放毒事件，能突然让汤姆从不死不活的叠加状态，变为一直活着，或者已经死去多时？是，从结果看，量子的历史貌似可以因为人类而改写。

这个推断，连哥本哈根学派自己都归入细思恐极一类。要说死活叠加和观察决定生死，勉强都还说得过去，都可以视为无害也无用的哲学诡辩。留给物理科学的困扰，无非是要不要接受这类额外的新增的事实。可是，“改写历史”这种逻辑怎么进行下去？突破理性的底线，那就连批判和探讨的工具都损坏了。

延迟选择实验，讲的就是量子的反常时空表现。惠勒的参与式宇宙模型、费曼的历史求和假说，都清楚地指认，我们所知的过去、现在、未来，并非真实存在。我比较乐意接受这个版本。因为，再作深一步考虑的话，这个事情也可以等价地认为，我们关于时间的感觉是错误的。读者明鉴，这里只是宣布我们的感觉错了，而没有提供关于正确感觉又该怎样的进一步描述。不关我事，不要穷追。如果你听谁宣称他自己知道正确的时空观，劝你也别太认真。

【NO.08 版薛猫】

生物中心主义：我们把物质与意识的关系弄反了。

生物中心主义（biocentrism）秒决量子物理的一切烦恼。

生物中心主义是“叛逆的思想者”、美国医学博士罗伯特·兰扎和美国天文学家鲍勃·伯曼合作提出的基于量子理论的宇宙新论。该主义的核心命题是：“在生命和意识之外没有独立的物质宇宙。未被感觉到的东西就是不真实的。一个外在的、沉默无声的物质宇宙存在的时间根本就没有过，生命也不是在这个时间里的稍晚时期中突然随机迸发出来的。作为感知的工具，空间和时间只是以思维构建的方式存在的。”具体地说，我们睡下之后，外面的大千世界也将蜷缩回去，直到次日凌晨，世界将随着我们的窗帘一起展开。“任何事物可能存在于多元宇宙中某一点，意味着死亡不会存在于任何真实感官意识，人类生命死亡过程犹如多元宇宙中花卉绽放和凋谢的四季循环。”

生物中心主义的理论体系由 7 个原理构成：

- 我们感受到的真实是一个与我们的意识有关的过程。
- 我们的外在和内在感觉是相互纠缠的。
- 亚原子粒子与观察者的在场有着相互纠缠作用的关系。
- 没有意识，“物质”就处在不确定的概率状态中。
- 唯有生物中心主义才能解释宇宙的真正结构。
- 在动物的感知之外，并无真实的时间存在。
- 空间与时间一样不是物体或事物。

这一番宣言，掷地有声，振聋发聩。兰扎和伯曼呼吁，应当从意识的决定性出发，“把宇宙由内向外作一个翻转”，由此开启科学新纪元。不难看出，生物中心主义跟惠勒参与性宇宙模型的基本理念有着很深很直接的渊源。只不过兰扎和伯曼他们比惠勒走得更远、更激进，他们不仅相信意识参与了宇宙的形成，并且旗帜鲜明地而不是扭扭捏捏地宣称，意识创造了宇宙存在。如果让他们来画惠勒 U 图，那条自食蛇一样的怪物，应当把它的尾巴全部缩到那只眼睛里去。

科学新纪元无限好，只是没人知道第一步该以怎样的姿势迈出。

【NO.09 版薛猫】
越来越胖的猫

主流物理科学，特别是退相干假说认为，量子论仅仅适用于微观世界。但是，没有人知道“STOP！量子止步”的警示牌应该钉立在哪个位置，微观宏观两个世界之间并不存在一道泾渭分明的楚河汉界。实验证明，量子叠加也可以发生在宏观物体身上，而且大小尺度不断刷新。2010 年，一项实验成功地使一块金属片处于静止同时又振动的“薛定谔猫状”，这块金属片长约千分之一毫米，已达到阳光下肉眼可辨的尺度。2011 年，新的实验使一些有机分子表现出干涉图样，其中最大的分子含 430 个原子，号称“迄今为止实现的最胖的薛定谔猫”。

还有 NO.10 版、NO.11 版、NO.12 版……

够了吗？所有这些解释，物理体验绝无可能，数学抽象又没有增加什么实质东西。专业人士常常过于漫不经心，许多人都自以为懂得这只猫的猫腻，正如他们自以为懂得量子理论，诚如“费曼佯懂警告”所示，其实是低估了它的邪性。这个案例涉及的问题相当微妙，特别是观察行为是否决定汤姆死活、人的意识究竟扮演了什么角色等，科学和哲学界一直存在争论。我无权给出个人的解释意见来干扰视听，但我可以确定地告知读者，薛定谔 1935 年提出佯谬至今，争论各方没有形成公认的结果。如果你听谁说薛猫悖论已经解决了，不管你听到的结论多么在理，也可以肯定是假的薛猫解释。现在你大概已经明白，为什么霍金每每听人说起这只猫，就忍不住要去掏枪。

对，实在是烦透了。

第五篇

神话｜最早之前与最大之外

大量

无物

复杂

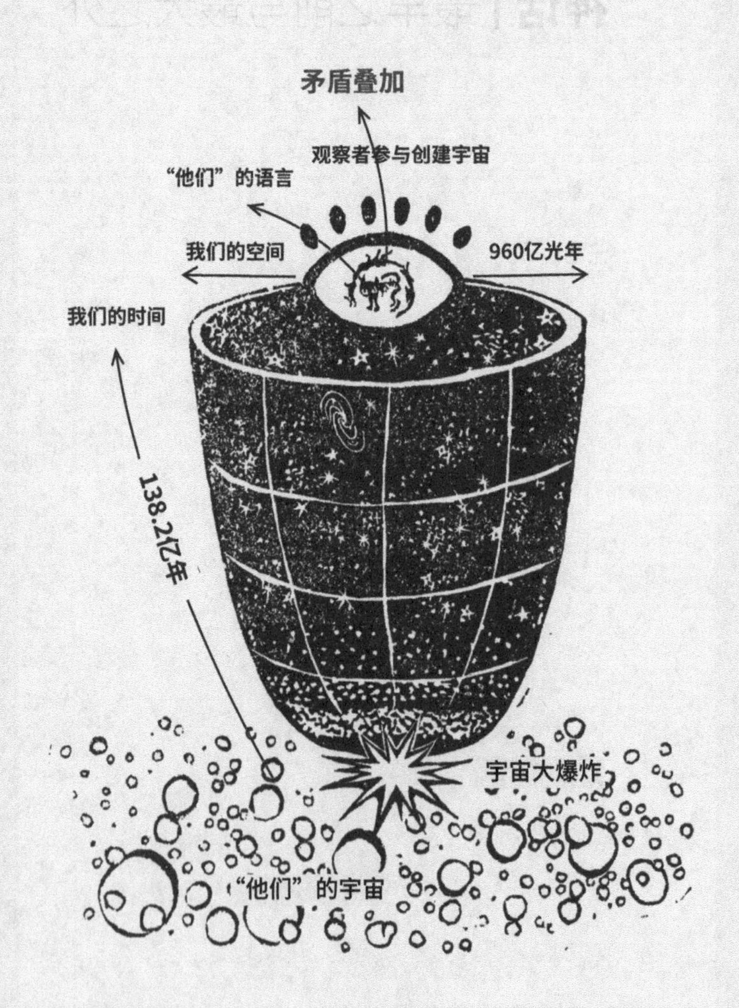

矛盾叠加
观察者参与创建宇宙
“他们”的语言
我们的空间
960亿光年
我们的时间
138.2亿年
宇宙大爆炸
“他们”的宇宙

这一篇，讨论量子理论指引下的超级世界观。

除了宇宙，可能还存在超级（extra）宇宙，而且可能非常出格。

信不信由你，这是一条狗命加一条人命而且 double 的赌局。

- 马丁·里斯：我愿意拿我家小狗的性命，赌多元宇宙存在。
- 安德烈·林德：我愿意押上自己的性命来赌。
- 史蒂文·温伯格：我也相信多元宇宙的存在，我愿意把里斯家的狗和林德本人的性命一并押上。

若干年前，谈论多元宇宙还是一件备受奚落嗤笑的事情，体面的科学家都认为，这些东西无疑就是没有实证基础的伪科学。现在情况大不一样了。他们意识到，新物理学前进到每一个新的路口，都会发现通向多元宇宙的路标。“绕开多元宇宙比证明多元宇宙更困难。”

在许多人看来，多元宇宙就是有点矫情的概念。宇宙是什么？未必是四方上下往古来今，也未必是唯一存在的旋转体，但总逃不过“存在的一切”这只箩筐。可是，如何定义“存在的一切”？它应当包括哈勃体积（可观察宇宙）之外的世界。我们绝不可能听任哈勃，以及哈勃二世、三世乃至万世圈定最终范围。那么，如何解释众多的“边界之外”？还有那些理性不可接受而又似乎存在的事物，比如时间倒流、逻辑倒错、$\pi = 3$ 的世界。甚而你似乎还不能随随便便就漏掉某种空空如也没有任何物质能量没有时间空间的世界。泰格马克认为，最简洁也可以说最优雅的物理理论自动包含平行宇宙。“许多宇宙还是许多语言”（Many worlds or many words），你总得选一个。

布莱恩·格林《隐藏的现实：平行宇宙是什么》说：“20 世纪末和 21 世纪初，一个疑虑已成定局：当我们谈及揭示现实的真正本质时，日常经验是带有欺骗性的。平行宇宙是隐藏的现实。……我们业已证明：有别于我们直接见证的一切，空间、时间、物质和能量具有一种特殊的行为品行。如今，有关这些品行的深入分析和相关的科学发现正引领我们通向下一个可能的认知巨变：我们的宇宙也许并非唯一存在的宇宙。”大自然不会故意隐藏什么，实际情况是我们没看见。

第1章　大量

有些事情并不反常，只因数量够大，也会闹鬼。

我相信存在大量的多元宇宙。

此处所谓大量，想要表达的是堪称非凡的巨大数量。

大数有妖之一：空间副本奇观。如果宇宙占有的空间足够大，你我一定存在“副本”。简单估算可知，基于一个人 10^{26} 个原子排列组合的全部可能性，你只需搜寻方圆 $10^{10\wedge 29}$ 平方米空间区域，就有机会碰见另外一个从头到脚、从里到外都完全相同的自己。至于能不能穿越到那里实现这种跨宇宙的自我会面，那是另外的技术性问题。

大数有妖之二：时间轮回奇观。如果宇宙存在的时间足够长，宇宙一定发生“轮回”。按照庞加莱回归定理的预言，宇宙无论多大，万物之生成、万事之发生，各种可能性终归是有限的，大约在 $10^{10\wedge 10\wedge 10\wedge 2.08}$ 年之后，你本人，以及你在当下这个宇宙所见者所知者所有者，全部都将完整重现毫厘不差。至于这个事情有什么现实意义，也是天晓得。

信或者不信，只需要认真考虑足够大的空间、足够长的时间，就可以自己作出选择。如果你对这种“副本”奇观和“轮回”奇观感到吃惊、不解或不适，一定是因为你从来就没有认真考虑：单纯地、机械地增加数量，增加到一定程度的量，比如达到 10^{40} 量级、古戈尔量级、G_{64} 量级的时候，情况到底会怎样。就连这些数量概念本身意味着什么，我打赌你也没有认真想过。这也许是在你整个智慧思想体系里，最不引人瞩目的一个小小误区。

量子各种怪象暗示：宇宙不止一个，宇宙的数量、种类和发生历史可能极其地多。不过这些推测尚构不成直接证据。我吃惊的是，为什么你连间接证据都没有，就不假思索押宝在了“只有一个宇宙”上？

PART 01 大数字

无穷大∞概念有毒，它可能妨碍人们理解非凡大量的意义。

我们不如花点闲工夫，认真掂量一些具体的巨大数字，例如 G_{64}。

人类文明进化史，始终伴随着一个数字代号总是不够大的历史。古希腊最大数字代号是 myriad，表示 10 000，他们的生活不需要处理更大数量的事物。史学家黄仁宇发现中国古代历朝历代都不重视“数目字管理”。目前最有力的大数代词，也许要算美国公众科学家卡尔·萨根发明的“Billions & Billions”，中文译作“亿亿万万”，这个词也是他一本科普著作的书名，深得天文数字的精气神。真正巨大而具体，且有重要物理意义的数字，是 20 世纪 30 年代狄拉克提出的概念。他发现，如果拿几个重要的物理参数——电子电荷 e、电子质量 m、质子质量 M 和万有引力常数 G，来组建一个比值关系：

$$e^2/GmM$$

各项参数的量纲都会消去，最终取值是一个无量纲量：

$$10^{40}$$

所有量纲（物理单位）都是人为的，因而是可以任意修订的。好比任何量纲都是各种纸币，无量纲之量才是硬通货。那么，上面这个光秃秃的、没有计量单位的“硬通货”数字，硬在哪里呢？这个有一点儿神性，物理和天文学发现，在我们所知的这个宇宙里，万物与时空，好几个重要比值关系的取值，竟然都是 10^{40}，或者它的平方。例如：

- 最大与最小的可探测空间尺度之比
- 最长与最短的可探测时间尺度之比
- 宇宙哈勃半径与电子经典半径之比
- 静电力与万有引力强度之比

- 可观察宇宙间质子与中子的数量之比
- 宇宙质量与宇宙年龄之比

……

保罗·狄拉克
Paul Dirac

狄拉克认为，这不像简单的巧合，一定有某种关乎宇宙本质且尚不为人所知的缘由。这个猜测，就是所谓的“狄拉克大数假设”。冥冥之中，宇宙基本尺度，我们的物理范围，从最大到最小的存在跨度，似乎被 10^{40} 这个数量级圈定了。

可是，在本书主张的超级世界观看来，10^{40} 太小了，此数极有可能只是第二代“地心说”体系的代表性数字。地心说第一代，我们认为只有一个太阳。后来升级到地心说第二代，于是我们知道有 700 万亿亿个太阳，以及 10^{40} 这个神数。现在，按照最新的宇宙学假说，天外的宇宙比天上的太阳多多了。我需要找到恰当的词来取代 10^{40}，用以描述那非凡大量的宇宙集群景观。

大量，究竟多大的量？

网络报道，1938 年，美国数学科普作家凯斯纳和他九岁的外甥塞勒塔，两舅甥科研合作，凭空定义了两个巨大数字：

古戈尔：Googol $= 10^{100}$

古戈尔普莱克斯：Googolplex $= 10^{\text{Googol}} = 10^{10\wedge 100}$

世之所谓“大量”，鲜有超过古家两舅甥划出的范围。

先看“小古”。古戈尔 $= 10^{100}$，这个量级的事物是现实存在的。我们可观察宇宙里所有实际存在的东西，无论恒河之沙、银河之星，还是原子、电子、光子、中微子……天地间凡可计数之物，全部加总起来，接近而不超过 1 个古戈尔。所以人们喜欢在 Google（据说谷歌公司拼写错误）上搜寻一切。如果还觉得抽象，兹有一个“沙子计算”的例子，可以帮助我们建立古戈尔专属画面感。阿基米德等人曾经研究一个问题：把整个宇宙填满需要多少粒沙子？古希腊人认为，宇宙是一个表面镶嵌繁星的水晶天球，地球到天球面距离 10 亿英里，照此推算，填满这个空心球约需 10^{63} 粒沙子。而实际上，古希腊的宇宙水晶球还没太阳系大，这堆沙子只够覆盖到土星轨道的空间范围。直到 20 世纪，哈勃望远镜发现一个纵横千亿光年的宇宙空间，乔治·伽莫夫据此为沙子计算给出新的答案：填满"哈勃体积"的沙子颗粒，总数为 1 个古戈尔。

再看"大古"。古戈尔普莱克斯 $= 10^{10\wedge100}$，这个量级在我们的宇宙没有实际对应之物。这是一个巨大到出人意料而略带神性的数字，首先考虑怎么把它写出来，就不容易建立正确的画面。此数如果展开，在 1 的后面需要写的不是 100 个 0，而是 1 古戈尔个 0。我们刚刚提到，填满宇宙的沙子就是 1 个古戈尔。所以大古展开来，就需要在每一粒沙子上面写一个 0。然后请你琢磨填满宇宙的这一大堆 0，究竟表示多少亿亿亿……可是，宇宙本来就空空荡荡干货不多，既然大古自身的计量符号就已经塞满宇宙，它实际计量、指称的东西在哪里呢！

如是我闻，佛有开示。佛学体系思想开阔视野宏大，创造了一些非同寻常的巨大数量概念。比如三千大千世界，比如佛土，有论者认为，其空间计量尺度分别对应恒星、星系、星系团等数量级。佛土之外，还有遥远的极乐世界。据《阿弥陀经》记："从是西方，过十万亿佛土，有世界名曰极乐。"佛学界对这些概念有不同解读，有论者取高限的换算尺度来计算，极乐世界大约在 300 万亿亿亿光年之外，也即 10^{45} 米。多大呢？居然远远不及小古身上的一根寒毛。

佛家另有抽象的巨大数量概念，比如《华严经》有所谓"菩萨算法"的描述，数字单位从洛叉、俱胝、阿庾多……直到"不可说不可说转"，少说也有几十个数量级。根据对经文描述的一般理解，"菩萨算法"的构造规则是，每一量级依次以平方算法进行翻番。"不可说"应该是到头了，以下再说什么的话，就违背"不可说"的定义了。有人进行换算计算，“不可说不可说转”的具体数值为惊人的$10^{3\,758\,096\,384}$，即1的后面需要写37亿多个0。考虑佛学家们不同的概念解读，有人声称换算结果是$10^{37\,218\,373\,881\,977\,644\,441\,306\,597\,687\,849\,648\,128}$。有点意外的是，“小古”是早就超过了，但跟“大古”相比还有太大的差距。

为了建立突破性形象，我推荐一个有科幻色彩的数字概念：

G_{64}：Graham’s Number（格拉汉姆数）

G_{64}据说是现代数学所谓“拉姆齐理论”中一个抽象问题的特殊解，作为正式数学证明中出现过的最大的数，收入吉尼斯世界纪录。此数巨大，普通文字难以表述。古戈尔普莱克斯是两层指数，G_{64}不是需要多少层指数的问题，而是没有办法用指数方式来表示，它需要采用更加强大的“高德纳箭号表示法”。根据维基百科的定义规则，那是一个指数塔嵌套指数塔、64个嵌套层级构造的庞大指数集群。如果转换成线性上升的指数塔，那就不是两层，而是一座直冲云霄、再接再厉直上宇宙星云也打不住的指数塔。有人戏称G_{64}是“把脑洞开成黑洞”的神数，意思是说，如果你尝试在脑子里把G_{64}数展开，即便采取最小信息记载格式，你的大脑也会由于信息密度过大而坍缩成一个黑洞。

G_{64}量级并无现实所指。此处费尽心思铺垫渲染，一本正经地引入这么一个纯粹虚构的概念，只为丰富我们的词语，突破想象力限制，并节省许多文字来描述我准备表达的“大量”。当然，谁都可以任意定义规则，编造更大数字，比如我说G_{64}，你就说$G_{64}+1$。维基百科有一个《大数总列表》，最新纪录是“大脚野人”。这些概念不仅早就跟现实世界毫无关系，甚至跟数字本身也没有关系。他们比拼的不是具体数字，而是数字构造规则，看谁用更狠的方式表达更大数字的输出能力。

无论如何，这不是重点，重点是我们在思考宇宙的时候，未必认真对待这种自由想象的权利。

不要拿“无限”来说事。轻率动用“无限”概念，对于我们理解宇宙是有害的，可能会让我们错过某些事情。一方面，“无限”是我们自以为明白、其实根本驾驭不了的妖怪概念。一些隐藏在巨大时空背景之后的宇宙真相，会被这个自作聪明的概念糊弄过去。另一方面，如果我们真的认真考虑可能存在的 G_{64} 量级的某些事物，就会想到并坚信，一些非常小的小概率事件，即便穷极无聊的人也不好意思去想象的妖怪事件，其实是完全可能发生的，甚至是稀松平常的。

欢迎 G_{64}！新的词语建立了，现在我的问题是：

- 如果实际存在 G_{64} 个多元宇宙，究竟意味着什么？
- 如果我们处于 G_{64} 个哈勃体积的空间区域之一，
- 处于宇宙永恒暴胀进程中的第 G_{64} 个暴胀分支，
- 处于第 G_{64} 次宇宙始态重现的“庞加莱回归”，
- 处于类似《黑客帝国》《盗梦空间》的第 G_{64} 层虚拟实境，

……

那是怎样的壮丽景观，又是怎样的陌生体验？我们只不过是不习惯罢了，我们的想象力冥冥中被古家两舅甥圈禁了。这世界并没有以任何方式知会我们，它的空间必须只能多大、时间必须只能多长。你知道，没有人能够阻挡你构造并想象比 G_{64} 更大的数字，那么又有谁、凭什么，要阻挡大自然制造比 G_{64} 更大量的宇宙呢？我们未必认真思考过如下问题，这个说起来显而易见而我们极有可能抱有错觉的问题，即：

推断 G_{64} 个宇宙的存在，是否比一个宇宙的存在需要更多理由？
知道 G_{64} 个宇宙的存在，为何比一个宇宙的存在更让人吃惊？

我没有证据宣布 G_{64} 个宇宙的存在，但是，如果无限多都成立的话，G_{64} 又算什么呢！你能证明造物主做事不会那么夸张吗？你能证明宇宙最多应该多少才是合理的呢？七八个就够了吗？

大数信仰，并不无聊。仔细搜寻 G_{64} 个宇宙，别的先不说，至少有可能捡到一块自然天成的金表，外加一棵包心菜。

PART 02 小概率

设想你在人迹罕至的沙漠里捡到一块金表，如果我告诉你，这块金表是大自然鬼斧神工之作，你将轻蔑地呵呵，对不对？可是，为什么踢到一块石子儿就正常，捡到一块金表就惊讶呢？

“佩利金表”与“宇宙惊喜清单”

所谓“佩利金表”，是18世纪英国神学家威廉•佩利在他的《自然神学》一书中提出的著名思想课题。佩利的意思是，如果你认为金表的后面一定存在一个钟表匠，那么大自然的上面也应该存在一个设计者，比如上帝。因为，宇宙不过就是一块稍大一点的手表啊！哲学家休谟的《自然宗教对话录》，最早对佩利的目的论、设计论提出批驳，这种批驳仅仅是以论辩形式将其逻辑进行到底以暴露其矛盾。具体地说，以休谟的怀疑论思维来看，没有什么奇迹或者复杂性值得我们认真地表示惊讶，你说宇宙精美如金表，斐罗（休谟书中的论辩人物）说，“对他而言宇宙更像包心菜”。手表背后有手表上帝，包心菜背后有菜农上帝，收音机背后有半导体上帝——乔布斯是苹果手机的上帝吗？

佩利的问题没有那么好对付。两个多世纪以来，上帝与钟表匠的类比，成为“目的论”与“自然论”双方持续热议的经典话题。保罗·戴维斯的《上帝与新物理学》、英国生物学家道金斯的《盲眼钟表匠》、乔治·威廉斯的《谁是造物主：自然界计划和目的新识》、马特·里德利的《自下而上：万物进化简史》，还有你手里这本书，先后都参与进来，讨论宇宙的存在究竟出自偶然还是设计。这些作者的基本意见，正如道金斯书名所示，如果非要认为存在宇宙钟表匠，那他也是瞎碰的。

我们不欢迎抽象的哲学思辨，让我们回到金表话题的本意：大自然究竟会不会偶然地、自动地形成一块金表？支持佩利主张的人论证说，把一块表的零件碎片全部放进一个鞋盒子，然后抖动鞋盒一整天，难道会变出一块表吗？当然不会。抖动一万年呢？一万亿年呢？就算你永远抖不累，零件和盒子也永远抖不坏，如果没有神的存在，这种事情是不可能发生的。我内心深处也是这么想的，而且感觉怪怪的。谁若非要说埃及那些狮身人面像、复活节岛的几百尊摩艾石像是风化而成的，也许都还可以接受，但没有人相信金表会出自天然，以命相搏都奉陪。

物理和哲学都感到迷惑的是：究竟是什么因素令我们如此笃定地坚决不相信？虽然我们每个人都知道，陀飞轮组件、卡罗素结构、寒光毕现的合金齿轮，其实跟疙瘩土块和包心菜一样，都是各种原子分子的排列组合而已。你瞧那只从金表旁边唰唰跑过的沙漠蝎子，就没有对金表的存在表示惊讶啊！那么，我们敢于以命相搏的信心究竟来自哪里？理论上，这个事情并非绝无可能，而是可能性无限趋近于零。我们都同意，发生概率太小太小的事情，就可以放放心心地忽略掉，所以我从来不买彩票。可是，放到浩大的宇宙中来考虑呢？如果宇宙很大很大，或者存在很多很多比如 G_{64} 个宇宙呢？也就是说，如果有足够量大的基数作支撑，我们还有没有勇气认真地直面那些极小概率事件？

我们可以沿着达尔文的路线，从钟表匠回溯到非洲猿人，再到单细胞生物，鸡生蛋、蛋生鸡……如此一直追问下去，我们也会发现，回答宇宙第一个氢原子从何而来，并不比回答“佩利金表”从何而来更容易。特别地，如果要确保在这个倒推过程的终端，一定要出现至少一个真正的钟表匠的话，就必须开列出一份长长的“宇宙惊喜清单”。

惊喜清单第一项也许要算“金凤花地球”。像地球这样拥有蓝天白云的“生命友好型”行星，它的各项物理指标，如大小、质量、跟恒星的距离等，都必须恰到好处。增之一分太肥，减之一分太瘦。2015 年，开普勒太空望远镜发现，1400 光年之外有一颗代号“开普勒 -452b”的行星，可能具备孕育智能生命所需要的“金凤花因子”。对我们来说，宇宙即便不是绝对地荒凉，也是非常地荒凉。

惊喜清单接下来应当列上“宇宙六数”。英国天文学家马丁 • 里斯提出宇宙六个最基本的物理参数 N、ε、Ω、λ、Q、D，它们是宇宙自己的“金凤花因子”。

- N：静电力与万有引力的比值，大小为 10^{36}。
- ε：度量原子核中的质子和中子黏在一起的“核力”大小的数，大小为 0.007。
- Ω：宇宙物质能量含量的实际密度同临界密度之比，也称宇宙学常数，其值非常接近 1。具体地说，精确到 10^{-123}。有人根据相对论弗里德曼方程计算，在宇宙大爆炸最初的 10^{-9} 秒，Ω 值如果在第 24 位出现偏差，宇宙将无法保持今日之矫健步伐，偏大将发生大崩坠，偏小则将发生大撕裂。
- λ：主导宇宙膨胀的某种性质不明的推动力，比如暗能量，或者反引力，也是一个非常小的数。据保罗·戴维斯计算的数据，精准度相当于从宇宙这一头，向 200 亿光年之遥的那一头射箭，要射中一个 1 英寸的靶，瞄准的精度是 $1/10^{60}$。
- Q：表述宇宙微澌的幅度特征，大小约为 1/100000。
- D：宇宙的空间维数，所有人都知道其值是 3。

这些参数的具体取值有大有小、有整有零，看不出任何特别之处，造物主随手撒出一把骰子而已。但里斯证明，如果要确保宇宙形成当下这个样子并进化出人类，它们的取值范围极其敏感。

惊喜清单然后是“DNA 奇迹”。1953 年，史上第一个还原生命创生过程的“米勒实验”，尝试亲身体验造物主的工作。米勒他们用一些烧瓶模拟原初地球的海洋和天空，证明氢气、氨气、甲烷和水蒸气等这些东西，可以在闪电作用下自然生成有机小分子，包括几种氨基酸、氰氢酸、腺嘌呤。然后，按照实验者的期许，我们可以坐等大自然摇晃它的 22 种氨基酸，去慢慢拼凑 RNA 和 DNA 分子，最终从鞋盒子里抖落出第一代单细胞生物。但是，所有神学家和许多科学家认为，这是不可能的事情。生命科学家霍夫曼计算，蛋白质 DNA 分子所有可能的数目是 10^{260} 种。如果宇宙利用概率和它全部 10^{90} 多个基本粒子来拼装蛋白质，那么，即使它一生除了造蛋白质之外什么都不做，也需要重复 10^{67} 次，才可能造出所有可能的 200 种氨基酸构成的蛋白质。

金凤花因子层层叠加，使得你我想要现身这个宇宙的综合可能性，呈现指数式降低。肯定比鞋盒里抖落金表要难些，天文学家休·罗斯有一个比喻说，这种概率相当于“龙卷风在袭击废旧车场时凑巧完整装配成一架波音 747 飞机的可能性”。如果你愿意跟我一样认真品味波音飞机那 600 多万个盘根错节的精密零件，你也会感觉害怕！

该如何理解这些宇宙惊喜？

物理科学没有表情，它眼中没有惊喜。物理科学研究两样东西：初始状态和演变规律。物理系统的初始状态，特别是宇宙的初始状态，最好能够证明由一组或者一个公式推导而成，否则，许多物理学家更愿意视之为偏哲学，乃至纯哲学，或者神学问题。但是，宇宙惊喜清单上面这些惊人巧合，究竟所为何来？不管能不能写出公式，我们的灵魂需要解释。我们大致有两个半选择：

1） 存在一个设计者。

所有困难问题打包起来托付给上帝，只遗落一个问题：上帝本尊从何而来？我不满意佩利及其广泛代表的目的论、设计论、神秘主义，仅仅因为在我看来，上帝，the old one，或者别的什么宽袍大袖长髯飘飘的神，比如真主安拉、如来佛祖、YHWH（雅威）、盘古女娲、鸿钧老祖、混鲲祖师、元始天尊……他们的存在与行为，实在是比大自然更难理解。须知，时间之箭、万有引力、DNA 和包心菜都已经罕见，再来一批无所不知、无所不能、无所不在又身世复杂、喜怒无常的设计者的存在等着我们给出理由，如此，我们关于“哲学的最黑暗问题——世界为什么存在，而不是一无所有”的探索，岂不更加无望？

我无意冒犯各路神仙，我只是说就算信了诸神，并不解决问题。

何况，鄙人的人生运气和费米子参数都强烈暗示，这个世界根本就不像一件稍微下过一点功夫的设计作品。关于费米子参数，泰格马克有一项研究，他将 9 种费米子的质量标注在数据表上，计算它们的概率分布（不论使用什么量纲，它们的数值分布关系是固定的），斜度没有超过 10%，符合随机性特征。由此可以断定，它们不具备所有设计制造物特有的规则性，也即没有明显的“匠气”。用科学范式来审视，它们的特点是，非常不可能通过一个公式推导出来。如果仅仅从自然而然的角度，而不考虑人择原理意义上的金凤花因素来看，它们的存在表现出明显的凌乱随意。换言之，如果非要坚持这 9 种费米子是造物主投掷的飞镖，那他也一定是一个蒙着眼睛的飞镖手，也即道金斯所说的“盲眼钟表匠”。这与爱因斯坦“上帝不掷骰子”的信念是相悖的。如果搞一组 DNA 大分子都得靠运气的话，还说什么万能啊！

温伯格说：“在过去，自然是神的设计这种看法很流行。因为地球的环境是如此舒适，如此愉快，每一种机制都运行得恰到好处。但是，当我们对宇宙越来越了解，我们知道它并不是一个很友好的地方。我们只不过似乎是一场宇宙彩票的中奖者而已。”“所以我并不认为设计者的想法就会让我们安静下来，不再探索了。我认为我们永远处于一个不能深刻理解事情为什么会按照特定的方式发生的悲剧位置之上。你只能习惯于此。但是说这一切都是由设计者所为，这样的说法不能解决问题，对我们毫无帮助。”是的，设计者解决一切问题，唯独不解决它自己为什么存在的问题。

2） 人择原理化解追问。

谁都可以梗着脖子说：哪有巧合？什么巧合？谁跟谁巧合？问题问得多傻啊！宇宙总得一个样子，要么这样，要么那样，而今它碰巧就是我们所见所得的这个样子。它如果不是这个样子，就没有我们在这里讨论它应该是什么样子。正如所有鱼儿都在困惑，为什么它们刚好就生活在水里？道理很简单，所有跳上岸的鱼儿早就都干死了，哪里还有望天发问的机会！这，正是人择原理的基本意思。

我们智能生命，本身就是在适合的环境下创生出来、成长起来的，而不是相反。想想看，你是否愿意相信生命起源的“蒲公英模型”：从某个神秘的“生命梦工厂”设计定制、批量预装、弹射出厂，然后带着降落伞包四处游荡，直到碰到一个合适的宇宙、一个合适的星球，才降落下来安营扎寨，还得避开冰川纪、寒武纪以及霸王龙横行霸道的时代。在此之前，并没有人追问宇宙为什么是这个样子。

霍金鲜明支持人择原理。他不同意存在设计者，因为他认为，关于宇宙为什么存在，为什么以如此姿态开始一切，这一类终极追问的最佳答案就是人择原理。当代物理科学已经能够合理解释绝大多数物质问题，从苹果为什么落下，地球为什么转圈，到星星为什么眨眼，黑洞为什么发光……。既然我们已经证明，几条可靠的物理定律和几个简洁的数学方程就可以推导推演万事万物，为什么还要多此一举，去求助某些来历不明、手法不详的神秘嘉宾？剩余几个基本物理参数，它们之所以无法通过任何公式推导出来，也只因为它们原本就可以任意取值。宇宙这台机器不仅可以自动运行，而且可以在最开始的时候自动地卷紧发条。

人择原理耐人寻味。有一个科学讽刺桥段，我命名为“You are here 惊奇”。此梗基于一则网帖引述的、基督教科学家斯蒂芬·昂温在其《上帝的概率》一书中所讲的小故事：

两个男孩在商场里迷路了，他们试图看墙上的地图去寻找出路，当他们走近地图时，一个男孩喊道：“噢！我的上帝！简直不可思议，我不敢相信！”地图上有一个箭头，箭头的旁边写着：“You are here”。男孩说：“我们正是在箭头的位置，他们怎会知道的？”

人择原理的真谛，就是正确的废话。它主张什么了吗？没有。它解释什么了吗？也没有。因为它的核心理念是：根本不存在需要特别解释的事情。它化解而非回答了问题。所以，任何时候选择相信人择原理，也许谈不上有多少真知灼见和科技含量，至少错不了。

所以，人择原理只能算我们理解宇宙偶然性的半个选择。

也正是这个原因，人择原理的科学名声始终不大好。里德利《自下而上：万物进化简史》认为，人择原理若非平庸，就是愚蠢。不存在任何“天钩”（Sky Hooks），大自然就是自然而然的，它不是任何人的设计作品，当然更不为任何人量身定做。里德利引述科幻作家道格拉斯·亚当斯的一个幽默桥段：为什么泥浆总是刚好填满泥坑？

想象一下，有一摊泥浆清早醒来，它想：“我发现自己所在的世界真有趣啊，我所在的这口坑太有意思了，刚好适合我，不是吗？老实说，它跟我的契合度好得太惊人了，说不定是专门为我造的呢！”

这是我见过的对人择原理最尖刻的嘲讽。我曾经也如里德利和亚当斯一样嘲笑人择原理，但我后来意识到，我们可能并没有深切理解人择原理的迷惑性，以及为什么总有许多物理学家在人择原理的泥坑里挣扎。他们甚至羞于直呼“Anthropic principle”其名，而又不得不经常提到这个“A 字母打头的理论”。它比想象中难缠，很像某种“从这个窗口被赶出，又从那个窗口溜进来”的东西，也像某种“科学鸡肋”，持之无用，弃之可惜。至少可以说，它的力量在于它很好地符合“奥卡姆剃刀”的科学精神，指导我们认真考虑提问的正确姿势，而不必自寻烦恼。

量子理论深入发展，人择原理万丈光芒。从观察影响实在、波函数坍缩、不确定原理，到惠勒的参与式宇宙模型，量子论深刻揭示人类观察（意识）与物质实在之间的纠缠关系，我们无法离开意识去谈论量子的存在。量子论意外地为人择原理的思维范式提供了实验证据，证明人类虽然微不足道，但若没有人类，宇宙万物也没有意义。

科学界普遍不满意人择原理，是因为它既没有正面主张也没有理论预言，还因为科学家们无法忍受任何科学理论的不确定性。如果某个理论的成立需要 99.9999% 的好运气的话，无需深论，仅此一条，就足以成为他们鄙视这个理论的最直接理由。

3） 大数信仰。

龙卷风拼装波音飞机？算了吧，这个太邪了。手表呢，放在盒子里摇晃能摇出佩利金表吗？我信你个鬼！那么 DNA 会不会好点？毕竟米勒实验已经证明，摇晃化学烧瓶可以生成生物蛋白质所需的 4 种氨基酸。如果已经预备好一批蛋白质，约翰·梅菲尔德《复杂的引擎》向我们保证，摇晃烧瓶可以得到一些病毒，例如 T4 噬菌体。这是一种蝌蚪状的烈性噬菌体。54 种蛋白质、3500 个单元，也许比手表零件多一些，但它们的形态很简单，仅仅靠相互之间的榫卯结构，即可像乐高积木那样拼装而得。大海里就富含噬菌体，那是浩瀚大海长期晃荡的结果。

有人批评关于多元宇宙的理论是伪科学，因为它不可通过实验方法证伪。这是基于科学哲学的批评。萨斯坎德辩解说："不能因为有些人对科学该怎么做有哲学偏见，就停止思考。什么是好的科学，这是由实际做科研的科学家决定的，而不是由哲学家或者'基比泽'决定。多元宇宙观点完全可以被证伪，只要有人提出一项有力的数学论据来解释暗能量的数值，而不需要依赖于多元宇宙的存在，就行了。"

大数信仰是朴素的，是最不可能假的假说。保罗·戴维斯的《上帝与新物理学》认为，相信设计，还是相信偶然，都是信仰。英国神学家理查·斯温伯恩提出"概率有神论"（Probability of Theism）。按照斯宾诺莎"神即自然"的泛神论，概率也是神。如果谁愿意在神龛上增加一块"P"（概率）的牌位，再刻一则公式在牌子上，例如：

概率 P × 基数 G_{64} = 所有奇迹

鉴于人择原理既不主张什么，也不解释什么，依我看，它就是一个理论上的聋子。既然是聋子，它就不会在意我们往后讨论的其他可能性。包心菜、佩利金表、智能生命，还有龙卷风组装的波音飞机，哪一个更无聊？你确信只是调侃？中夜坐起，扪心自问，我一个都不相信，可是我没有找到坚决拒绝的理由，最终我宁愿皈依大数信仰。

PART 03 一切皆有可能，一切都正在发生

第一种"大量"——空间。

人生克隆：另一个你，就在 $10^{10^{29}}$ 米开外。

如是我闻，那些戳心的话，阿弥陀佛么么哒说："请相信，这个世界上真的有人在过着你想要的生活，既可以朝九晚五，又能够浪迹天涯。"不要郁闷，那人就在 $10^{10^{29}}$ 米开外，跟你一模一样。那人就是你自己，如假包换的你本人，而他（她）过着"当下的这个你"所向往的、三毛式的浪漫生活。而且，如果真的存在一个副本的话，诡异就不止一点点，在深邃宇宙的其他地方，应该还有很多很多的你本人，有的想要朝九晚五而不得，有的不愿浪迹天涯却被迫流放……

大量是概率之母。只要基数供应足够，大数定律不会随便错过一切撒野的机会。52 张扑克总共有 80 658 175 170 943 878 571 660 636 856 403 766 975 289 505 440 883 277 824 000 000 000 000 种排列组合。这是一个巨大的数字。全人类从猿猴开始啥事不做只是围坐桌子旁边世世代代洗牌抓牌，也不能保证就能拿到两副一模一样的牌。如果还要期待每张牌各自的新旧纹理差异都一模一样，那就叫穷极无聊了。可是那又怎样呢？无聊归无聊，事实归事实。

这个说法究竟是鬼话还是科学，要看你是否认同几个前提条件。

1） 万物原子造。除了灵魂。马特·里德利《自下而上：万物进化简史》说，人们总是乐意猜测，灵魂是蹲在脑子里某个隐秘位置的小矮人，就像操控变形金刚汽车侠的驾驶员。你若信这个，那么以下内容乃至全书内容，对你来说都是废话。

2） 原子全同。世界上没有两片完全相同的树叶？基比泽式的哲学论调罢了，物理科学的世界观不这么看，各种基本粒子具有全同性质，电子跟电子、质子跟质子、中子跟中子，无一例外都是严格全同的。如果你考虑向造物主订购一批原子来克隆自己，不用挑三拣四，不必担心无良商人给你掺杂一些破损的、有毒的、奄奄一息的原子。质子存在衰

变期，但这种衰变是不可预期的概率，对所有人都是公平的。

3） 时空离散。宇宙时空存在最小单元。你可以挪一点点以示差别，但你不能像芝诺悖论那样无限地细挪。考虑海森堡不确定原理，位置和动量不可能同时无限精细，这就进一步限制了万物存在与运动的差异。

4） 泡利不相容。玻色子可以无限叠加，费米子不行。根据抽屉原理、鸽巢原理，有限的粒子存在于有限的空间里，事情总会重复。

沃尔夫冈·泡利
Wolfgang Pauli

5） 无独有偶。泰格马克用“遍历随机场”概念来讨论这个事情，即在一个给定体积范围内出现各种结果的概率分布，在另一个体积里面取样得到的概率分布是一样的。“任何在原则上可以发生在这里的事情，在其他的某个地方实际上就会发生。”再通俗一点说，我们没有必要漫无边际地讨论佩利金表、龙卷风飞机，若问远方会不会遇到蓝精灵、奥特曼或中国龙，我们无从知道也不宜妄论，但是，既然你本人已经确切地出现过一次，大自然就自动获得了一份再造一个你的参考概率。

如果你接受这些说法，那么 $10^{10^{\wedge}29}$ 米就只是简单推算即可得到的一个普通数字，基于超市收银台的计算器也能承担的计算任务。

如果空间无限大或者足够大，除了你本人出现一模一样的副本，还可以要求见到你的亲朋好友、城市楼宇乃至地球月亮太阳星星的生活环境，一起出现全同副本。只是需要再跑远一点。如果要求一个半径 100 光年的环境出现重复，所需尺度是 $10^{10^{\wedge}91}$ 米。而要整个可观察宇宙，也即所谓的哈勃体积再现一个副本，就得远行到 $10^{10^{\wedge}118}$ 米之外。泰格马克证明，10^{118} 还是保守估计，只是计算了一个哈勃体积内、宇宙温度不高于 10^8 开时所有的量子态。考虑泡利不相容原理，在 10^8 开之下，一个哈勃体积最多只能塞进 10^{118} 个质子。如此说来，推算“另一个你”所在的实际距离，很可能远小于 $10^{10^{\wedge}29}$ 米。如果你不在乎自己副本的精确度，一路上就可能遇到好多，这将使我们的寻亲之旅充满意外惊喜。

多几米少几米实在无关紧要，都是真正遥不可及的事情。可是，相对论和量子论都一再示意，时间空间并非某种绝对不变的东西。万一哪天虫洞开通，我们就有机会从这里进去，然后从 $10^{10^{118}}$ 米之外出来。或者，如果M理论被证明是正确的，一个高维度的宇宙就在鼻子尖不到1毫米处，而且我们学会像莫比乌斯环带上的那只蚂蚁那样翻越高维度空间，就有机会不知不觉间一下子绕到 $10^{10^{118}}$ 米之外，然后……

然后突然邂逅你自己。

第二种“大量”——时间。
宇宙轮回：宇宙的一生一世，大约是 $10^{10^{10^{10^{2.08}}}}$ 年。

还有戳心的话，网友一句么么哒的留言：“此生无缘已成定局，等待下一次庞加莱回归的相遇吧。”这个说的是比空间副本更惊悚的时间副本。1892年，法国大数学家庞加莱证明“始态复现定理”，这条定理暗示，只要给宇宙足够的时间，一切发生过的事情都将重现。因此，如果到那时你还记得上一次把局面弄糟了的话，这一次务必抓住机会。

轮回？是。但这是物理重现，不是佛家轮回，不带任何道德奖惩和报应补偿机制，当然也不带记忆，半路上也没有孟姜女在奈何桥边拦住人灌饮孟婆汤。大自然创造了你，然后它愿意再来一次，或者多次。显然，你对自己的这一奇遇，也即你实际已经去了又来，而今已是梅开二度这个事实，原则上是浑然不觉的，直到你读到此处。现在，我要如何才能说服你相信，你已经往返人间无数次了？

始态复现定理也称“庞加莱重现”：孤立、有限、保守的动力学系统，会在有限的时间内回复到任意接近初始组态。简单逻辑，证据欠奉，论证过程没有趣味。该定理本来是针对瓶子罐子箱子盒子等封闭小环境来说的，如果我们将这个逻辑进行下去，运用到整个宇宙呢？宇宙其大无外，不算孤立系统算什么？只是结果有点惊人。加拿大物理学家唐·佩奇计算，可观察宇宙实现一次回归，约需 $10^{10^{10^{10^{2.08}}}}$ 年。如果按照林德式暴胀宇宙的情况来计算，则回归时间需要延长到 $10^{10^{10^{10^{10^{1.1}}}}}$ 年。太漫长了……可是，有任何因素阻碍这种事情发生吗？

宇宙级的庞加莱重现，也许是物理学上视野最宏大、内涵最朴素、最具神性而最没有实用价值的定理之一。有网友开玩笑说："如果你想给自行车打气的话，只需要拧开气门芯，等待足够长的时间，车胎会自动充满。"没人会真的蹲在一旁死等，什么也不会发生，因为车胎跟地球大气不是一个封闭系统。但是，如果从整个宇宙来看，曾经充满过的车胎有机会再次充满。据说，英国人格雷厄姆•帕克就愿意这样死等一次。此君坚持不看攻略，以纯粹撞大运的方式拧魔方，历经 26 年，耗时 2.7 万个小时，居然真的实现了六面魔方的复原。普通的三阶六面魔方，总变化数高达 10^{19} 种，考虑到无数重复弯路，26 年时间绝不充裕，帕克靠他的野蛮执着，为庞加莱重现提供了可信的实证，至少一例。

宇宙级的庞加莱重现，跟另外一个物理学上视野最宏大、内涵最朴素、最具神性而最没有实用价值的定理——热力学第二定律——严重冲突。热力学第二定律也称熵增定律。该定律认为：覆水难收、破镜难圆，宇宙发展的总趋势是坚定地、不可逆转地走向混乱，进而溃散，终于蒸发，直至无限稀释到热寂死亡。这是一则奇怪的定律，奇怪之处在于：它是正确的，但没人知道它为什么就是正确的。物理学家找不到更深层次的缘由，又不能撼动它的正确性。热力学第二定律这种情况，我称之为"爱丁顿热二魔咒"。因为亚瑟•爱丁顿爵士说过一番著名的话：

> 如果有人指出你心爱的宇宙理论和麦克斯韦方程矛盾，那麦克斯韦方程也许会倒霉。如果你的理论和实际观察矛盾，实验物理学家有时候是会把事情搞砸。但如果你的理论和热力学第二定律矛盾——那我不能给你一丝一毫希望，你的理论必将在最深重的羞辱中坍塌。

庞加莱宇宙重现与爱丁顿热二魔咒深刻矛盾。根据宇宙热寂假说的计算，宇宙达到最低能量状态所需时间大约是 10^{1000} 年。热寂时间虽然漫长，但远远不及重现时间的零头。关键问题是，宇宙热寂之后，空间无限空旷，能量无限稀薄，试想，这种情况下还能发生什么事情？又有谁有本事让任何事情发生？换句话说：谁能打破爱丁顿热二魔咒？

阿西莫夫最具影响力的科幻短篇小说《最后的问题》，讲的就是这个天大的矛盾。热寂发生的最后时刻，宇宙进入无尽的、毫无希望的黑暗，最后的人类向超级电脑 AC 提出最后的期待。

人类最后一个灵魂在融合之前停顿下来，望向宇宙。那儿什么也没有了，只有最后一颗死星的遗骸，只有稀薄至极的尘埃，在剩余的一缕无限趋向绝对零度的热量中随机地振荡。

人说："AC，这就是结局了吗？这种混乱还能被逆转成为一个新的宇宙吗？真的做不到吗？"

AC 说："数据仍然不足，无法作答。"

人的最后一个灵魂也融合了。只有 AC 存在——在超时空中。

之后，AC 以宇宙的一生积累足够信息和计算资源发现熵的逆转。AC 思考着怎样最好地做这件事情。AC 小心地组织起程序。

然后 AC 说：要有光！

于是就有了光。

在我们看来，超级电脑 AC 就是曾经的上帝。

阿西莫夫的 AC，就是下一次轮回的上帝。

我们的上帝，就是上一次轮回的 AC。

量子论的不确定原理可以挑战爱丁顿热二魔咒。霍金将不确定原理视为所有物理定律金字塔顶的基本原理，神圣地位相当于牛顿向上帝致敬的所谓"第一推动力"。它的优先性和不可抗拒性跟热力学第二定律相似且明显更甚之，它们是正确的，但没人知道它们为什么就是正确的，也找不到更深层次的生成缘由。所以，AC 的命令下达之后，不确定原理指引宇宙发生量子涨落，绝对虚空跳出第一粒光—— 一个 10^{-35} 米 $\times 10^{-43}$ 秒的小点……

第三种“大量”——机会。

摆脱皮囊：玻耳兹曼大脑随机涨落的概率是 $e^{-10^{28}}$。

一头抹香鲸正从太空急速跌落……它原本其实是一坨钢铁家伙，是《银河系漫游指南》玛格里西亚星防卫系统发射的两枚核弹之一。几分钟之前，它被“黄金之心”号太空飞船的“无限非概率引擎”（Infinite Improbability drive）击中而变成了鲸鱼，另外一枚变成了牵牛花。鲸鱼在跌落过程中忽然产生了自我意识，但这个过程太快太突然了，它先是定义了本体——“我”，然后定义出客体——“世界”，紧接着意识到了一些生活细节。就在刚刚定义出“地面”的时候，啪嚓摔到地面成了一摊烂肉，还没来得及思考生命的意义。

无限非概率引擎是一件好东西。非概率是说，有可能发生的事情就必然发生，我们不用去考虑可能性有多大。那么它是不是也有可能不小心击中一块在太空深处流浪的陨石，然后变成一个大脑呢？这个大脑所含的原子和亚原子粒子比鲸鱼的少，但比鲸鱼懂得很多。这个大脑清晰确凿地认为，它是一个人的思想意识，这个人靠在一把舒服的椅子上，正在读《矛盾叠加——量子论的超级世界观》，正在琢磨为什么说无限非概率引擎是一件好东西……它就是你本人。没有身躯，只有自我意识，只是一个在宇宙黑暗深空里裸奔的大脑。[呵呵!] 此事的可能性有多大呢？换句话说，无限非概率引擎为你优惠减免了多少概率呢？

$e^{-10^{28}}$

如果你认为无限非概率引擎跟机器猫的任意门一样都是哄小孩子的东西，你就必须面对非常小概率事件的严峻性。裸奔大脑自动生成所要求的 $e^{-10^{28}}$ 的概率已经是难以言表地小，若还期待大自然为它配上你感到顺眼的头颅、身躯、四肢和五官，那就是可能性超出无数量级的超小概率事件。我们已经有一份“宇宙惊喜清单”，还有佩利金表。沙漠里自然风化形成一块手表，或者从鞋盒子里随机抖落一块手表，都是这种耸人听闻的小概率事件。进一步检讨，不管是捡到的还是抖落的，如果这块表居然还在嘀嘀嗒嗒地稳健走时，也是不可思议的小概率事件。佩利金表的背后，还有一件貌似稀松平常、实质诡异难解的东西：

时间

宇宙为什么存在时间之箭？宇宙为什么不是一幅安静的画卷，而是一部喧嚣且冗长的影片？宇宙为什么不是一堆散乱的零件，而是一座上紧了发条的嘀嘀嗒嗒似乎永不停歇的钟表？为什么宇宙的历史不是像《土拨鼠之日》那样循环播放？

关于时间的本质，现代物理学有一些怯怯的猜测，如心理学时间箭头、热力学时间箭头、宇宙学时间箭头、弱力时间箭头、辐射时间箭头、量子时间箭头、因果时间箭头，等等。热力学时间箭头影响最大，这个解释模型认为，时间之箭跟熵增有关，是热力学第二定律决定的。

时间的熵增解释模型表明，宇宙是一名重度的强迫症和反强迫症患者。开始时，宇宙强迫症发作，物质零件布局极为整齐，熵值极低。例如，即便不去追溯初始态，我们现在也可以探测到，宇宙微波背景辐射全天空各个方向只有十万分之一的温度差异。创世 10^{-43} 秒之后，反强迫症发作，宇宙启动时间流，开始一点一点弄乱它的房间。宇宙已经花费了 138 亿年，预计还要花费大约 10^{1000} 年（最后一个黑洞蒸发完成的时间），来让所有物质能量逐步松弛凌乱、逐步走向彻底溃散，最终让一切都跌落到最低能量态而无法发生任何事情。然后，时间停止。

听上去像闲聊，没有什么技术含量，但它就是科学模型。把时间解释成这样，物理学家们尽力了。令人失望的是，这还只是解释了一半，也即时间的方向。至于时间本身究竟是什么，究竟有没有时间的流逝，依然不清不楚。超弦理论怀疑，时间空间可能是弦的某种编织物。

那么宇宙初始的熵，能有多低？试想，给你一个直径几百亿光年的空间，再给你大约 10^{80} 个基本粒子，你有多少种方式来摆放它们？又需要怎样布置才能确保后续那些金凤花故事如约发生？物理学家居然认为，这是可以计算的问题。

如此漫无边际的事情，依据什么来计算呢？罗杰·彭罗斯的《皇帝的新脑：计算机、心和物理定律》和《宇宙的循环》为了解释和计算宇宙熵的演化，提出一个奇特的数学模型：共形几何。根据相对论，宇宙大爆炸有一个奇点，黑洞中心也有一个奇点，从某种意义上说，两个奇点都代表物质能量时间空间的尽头，一个决定开始的情形，一个决定终结的情形。那么大自然为什么要一下子搞两个？彭罗斯认为，起点与终点的两个奇点存在某种亲缘关系。

罗杰·彭罗斯
Roger Penrose

从数学视角看，两个奇点的几何特征在本质上是一致的，也即共形。例如，带手柄的咖啡杯跟甜甜圈就是拓扑共形关系。不过，奇点的具体形状是无法直观表达的，从彭罗斯随手画的示意图看，有点像切开的杨桃。江山易改本性难移，大爆炸奇点的共形因子有如宇宙从娘胎里带来的脾气，只是随着宇宙时间的推移而放大，却始终不会改变和丢失。甚至直到宇宙最后的黑洞灭亡，都还要残余某种密写水印式的痕迹。

从熵的视角看，一个熵值最低，一个熵值最高。宇宙初始态的熵是最低的起点，那时造物主刚刚松开发条的扳手。万流入海之后，宇宙全部物质能量统一到黑洞，熵达到最大，发条彻底松弛，时间停止。黑洞因为熵满而时间静止，是物理的动力学解释；相对论也认为黑洞时间静止，是因时空弯曲到闭合而时间静止，是数学的几何解释。

综合上述两个视角，我们就可以调查黑洞的熵与宇宙奇点几何结构之间的对应关系。彭罗斯的计算模型是，把全宇宙所有的 10^{80} 个重子，转换为希尔伯特空间的 1 个粒子，按照宇宙初始态与黑洞之间的共形关系，宇宙初始的低熵态，可以描述为这个粒子在相空间里的选点。根据贝肯斯坦-霍金黑洞熵公式，汇总 10^{80} 个重子的宇宙终结黑洞，总熵应为 10^{123}。由此可推算宇宙初始态的熵值（几何），相当于用针尖瞄准相空间体积里的 $10^{10\text{^}123}$ 个小点之一。

如果宇宙是上帝随手掷出的骰子，那么这个骰子最有可能是一个没有时间箭头的黑洞。宇宙没有一开始就跌入黑洞，乃是因为上帝掷骰子的角度非常刁钻。你问如此惊人的低熵从何而来吗？没有缘由，就是撞大运。“上帝”并非掷骰子角度刁钻，仅仅因为掷得太多太多。

任何一个系统的熵虽然保持递增总趋势，但过程中存在波动起伏、随机涨落，正如黄河东流入海，沿路也有九曲十八弯。随机涨落是熵的热力学本质。时间足够拉长的话，还可以有巨大幅度的涨落。玻尔兹曼认为，我们观测到的低熵世界来源于高熵宇宙的随机涨落。一盆水可以有轻微晃荡，一片海就可以有滔天巨浪，在大数定律的支持下，任何可能发生的随机涨落都会发生。虽然没有人等到自行车轮胎自动充满，但我们确实曾经碰到了一个极其罕见的“精致”的奇点。这一次随机涨落造就了金凤花宇宙、金凤花地球，最终造就1000亿个智能生命。按照网络百科提供的热力学计算数据，这次集万千好事于一身的随机涨落，形成概率比彭罗斯从几何结构来计算的数值的绝对数小，但也依然非常巨大，约为 $e^{-10^{\wedge}100}$。

再次考问：这样的好运气，你到底信不信？

其实你可以选择相信一个更合理的假设：你是一个裸奔的大脑。

其实这也是我对你的合理判断：你就是一个裸奔的大脑。

DNA分子结构发现人之一，弗朗西斯·克里克提出“惊人的假说”：“‘你’，你的喜悦、悲伤、记忆和抱负，你的本体感觉和自由意志，实际上都只不过是一大群神经细胞及其相关分子的集体行为。”既然是脱离了神圣背景和神秘意义的神经细胞集群，原则上讲，它可以在几分钟前还是一头鲸鱼，还可以更早一点是一枚核弹。

我前面提醒说，你可能是在每个方圆 $10^{10^{\wedge}29}$ 米区域都存在的克隆副本，也可能是每隔 $10^{10^{\wedge}10^{\wedge}10^{\wedge}2.08}$ 年都要出现的克隆副本。对此你表示呵呵，我内心也万般挣扎，毕竟这样的假设太浪费宇宙资源，太麻烦无限非概率引擎了。因此，最经济最合理的假设、发生概率最高的情况，还是宇可相信你就是一个最低装配的大脑。玻尔兹曼推测，熵的随机涨落产生千亿人类成本太高，不如产生独立的大脑漂浮太空，如同幽灵一般。这就是著名的 BB（Boltzmann Brain，玻尔兹曼大脑）。

无限非概率引擎击中我们所处的低熵世界并进化出千亿个真实大脑的概率是 $e^{-10\wedge 100}$，相比之下，仅仅涨落出 BB 的概率要大得多：$e^{-10\wedge 28}$。大自然不需要制造金凤花地球，不需要部署全部物种进化历史，也不需要安排你的传奇人生经历，就可以直接成全你当下所思所想的一切。按照最小作用量原理，宇宙不会自找麻烦，至少不会频繁地自找麻烦。这是朴素的因而也是值得信赖的道理。

我思故我在，没错，一个 BB 照样可以因为反思而感觉我在，你很难证明事情不是这样。原则上，我们不能辨别自己是不是邪恶科学家培育操控的缸中之脑，也不能辨别我们是不是一些原子和亚原子粒子在热力学运动的随机涨落中形成的神经细胞集群。BB 没有培养皿，没有电线连接营养和信息输入系统，缺点只不过是存在时间短一点。

你说人生如梦，你说往事如云烟，你还说刹那等于永恒……你的这些感慨很有可能都是对的，因为你的专属 BB 可以仅仅存在 1 秒钟，就清晰闪现无限非概率引擎帮你杜撰并让你深信不疑的全部人生故事。你刚才有那么一瞬间突然走神，脑子一片空白对不对？那是抹香鲸从你身旁呼啸而过的干扰，险些消散的 BB 又重新聚拢了。

Don't panic！物理学家们就不慌，他们说这些说法属于哲学。

Everything that can happen does happen.

为什么会有一个宇宙存在？尼莫、楚门和灰太狼为我建立的基本信念是：如果一个仙女下凡是真的，就会有七个仙女下凡。如果一只恶心的外星蟑螂爬上窗台，你就得小心后面将有亿万只外星蟑螂遮天蔽日而来。同样道理，如果当下这个宇宙的存在是无缘无故的，那就要认真考虑，我们究竟是依据什么，非要坚持认为这种怪事只会发生一次，或者仅仅发生在我们脚下？

量子论有一个奇怪的宣言：一切皆有可能，一切都正在发生。布莱恩·克劳斯、杰夫·福修《量子宇宙》一书的副题就是：Everything that can happen does happen。“does”这个词强调确切性，而不是将要、或许、可能。这个跟“墨菲定律”有点像。墨菲定律说会出错的事情就一定要出错。而这个宣言说，出糗也好、出彩也好，如果有什么事情存在可以发生的可能性，那么所有事情都在物理意义上已经发生了。你根本没有机会发问：世界为什么要这样，为什么不那样？无论你的回答和解释是什么，都是对的。甚至——宇宙不存在——就连这个事情，也是“does”的。

根据前面的讨论，如果我们既接受量子存在不可免除也不可“偷窥”的客观概率，同时又坚信“上帝不掷骰子”的决定论，那么我们就必须认为，不仅那些被观察者“坐实”了的事实是事实，另外一些可能存在的事实，也即薛定谔方程预言存在但未被观察的事实，也是事实。也就是说，在多世界解释描绘的平行宇宙结构里，凡可能者，皆为现实者。全世界从古至今每一个人对宇宙的每一次观察，哪怕是最微不足道的瞄一眼，都在制造一个宇宙，或者说开启一个独立的宇宙历史。

我们知道爱丁顿“无限猴子定理”：让一只或者一群猴子到打印机上面去蹦跳，只要时间够长，总有打印出莎士比亚全集的时候。伽莫夫补充说，还包括莎士比亚扔到纸篓里的每句话。2003 年以来，有人在网上实施“猴子军团”实验，用电脑模拟猴子随机打字，面向所有网友开放参与。据约翰·巴罗说，他随便一天上网一查，即发现有 18 个字符与《仲夏夜之梦》中的某一段相符。在我看来，这是一项足够无聊从而值得尊敬的工作，但不知道实验今天是否还在进行。人们无法反驳，人们也不敢相信。有人计算，即使可观察宇宙挤满了猴子不停打字，打出一部《哈姆雷特》的概率仍然小于 $1/10^{183\,800}$。可是那又怎样呢？纸张和油墨不是问题，原子数量不是问题，宇宙寿命也不是问题——所有这些，我们本来就没有下单，更没有付费，对不对啊！

第 2 章　无物

既然每一个基本粒子都是一则函数，天地间哪还有什么物质实在？我抱歉地通知你：今生今世你来到了一个假的宇宙。

公园长椅上，陌生人凑过来说的那句鬼话：并没有一个宇宙就在那里。呵呵！你当然不同意。重点在于，你有什么过硬的反驳理由吗？你依据的不过是与生俱来、不假思索的常识罢了。你可愿意打一个宇宙豪赌？我赌外部世界不存在。我有四层理由，综合胜算至少 93.75%。

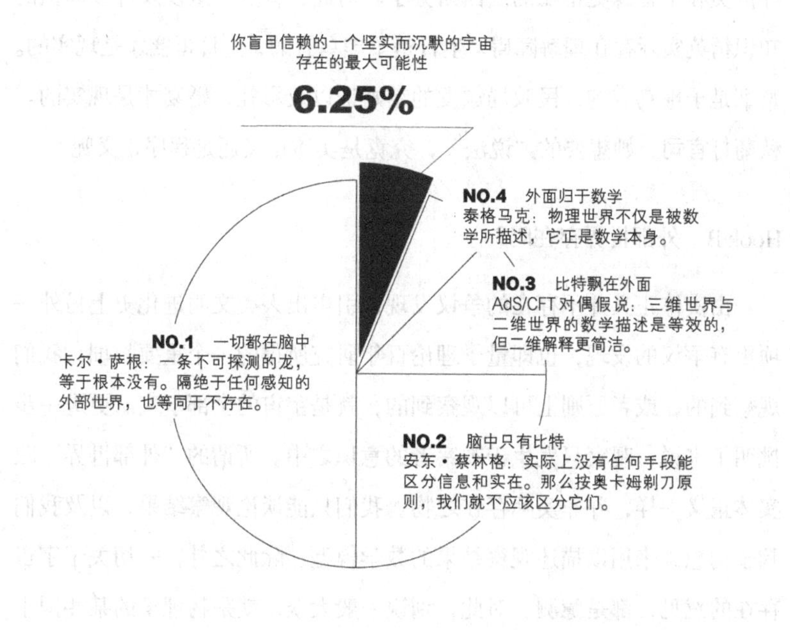

STEP 01 一切都在脑中

伍迪·艾伦金句：“要是我们世界里的一切都是幻觉，一切东西都根本不存在呢？真是那样的话，我的地毯肯定买贵了。”

Hook A 实体正义存在吗？

“辛普森杀害妻子的鲜血连上帝都看见了，但法律没看见。”这个讲的是人类文明进化史上一项饱受争议的重大发现：实体正义是高度可疑的，程序正义就是人类可以指望的正义的全部。如若不然，如果你非要坚持相信并努力追求实体正义，你必须确保每一桩案子都要由包青天、圣明天子甚至上帝安拉来亲自主审，要不然就请大街口愤怒的群众来判决。那样的话，参考哈耶克《通向奴役之路》所论，你极有可能成为比陈世美和辛普森更糟糕的法西斯分子。对此，普罗大众以及许多固执的知识精英实际存在理解障碍。生日是子虚乌有的，生日蛋糕才是现实的。婚姻是子虚乌有的，民政局颁发的结婚证以及彩礼、婚宴才是现实的。秋菊打官司，她想要的“说法”，究竟是实体正义还是程序正义呢？

Hook B 外部世界存在吗？

由实体正义并不存在的争议发现，引申出人类文明进化史上另外一项更有争议的发现，也即量子理论百年研究所得的一个重要教训：我们观察到的，或者原则上可以观察到的，就是宇宙的全部事实。更进一步挑明了来说，观察只发生于观察者的意识之中。所谓的“外部世界”跟实体正义一样，并非实际存在之物。我们只能谈论观察结果，以及我们脑子构想出来用以描述观察结果的数学模型。除此之外，一切关于宇宙存在的意见，都是臆测。对此，别说一般大众，就是物理学的某些博士或教授也存在理解障碍。例如，爱因斯坦就不同意。

咳咳，一个恶棍的无罪开释、一个宇宙的凭空幻灭，都令我们始终心有不甘，难以释怀。以下我们从一个小问题开始，看一个气象万千的宏大宇宙，是怎样一步一步给弄丢了的。

存在就是被感知。
贝克莱又不是动不动就打响指的漫威灭霸，你怕他什么？
你无须担心信了他的歪理，就要一脚踩空。

我们准备辨析的小问题是：没有人的森林里，一棵树倒下还会发出轰隆声吗？类似地，如果没人看见，彩虹还会从雨后的山谷升起吗？

真是欠揍的问题，跟欧拉的 -1/12 奇葩问题有一拼。不要摔书，这是正经的哲学问题，我简单查了查，贝克莱、柏拉图、笛卡尔、洛克、休谟、康德、叔本华……都认真讨论过，正反双方至少争论了几百年。

1） 常识意见。正方是你我这类正常人，以及所有辩证唯物主义者。大家都惊呼这不废话吗！一名网友就生气地说："当然有声音啦，如果听不到就认为没有的话，乐队要贝斯手干吗？！"贝斯负责表现乐队低音，一些被电声摇滚震聋了的后排听众吐槽，说他们没有听见。

2） 呵呵意见。反方是一根筋认死理的偏执型唯心主义和唯我论者。他们认为：有没有轰鸣，要看耳朵在不在；有没有彩虹，要看眼睛在不在。有的要求在宇宙里即可，有的竟然要求必须在案发现场！

3） 折中意见。哥本哈根解释是骑墙派。他们认为，听见了就有声音，看见了就有彩虹。嗯，正确的废话。至于没听见、没看见的情况下还有没有声音和色彩？他们的科学答案是：朋友，你无权这样发问。

主张无声无色的偏执型反方意见，拥有科学和哲学的双重理由。

论科学，树木倒下的轰隆声不过是某种频率范围（20~20k 赫兹）的空气振动模式，天边彩虹不过是七段电磁波（波长 380~780 纳米）某种特殊的排列组合，都不是物质实体。万物原子造，而声音和七彩不是原子构成物，世界上并不存在什么红元素、绿元素，也没有什么轰原子、隆原子。

论哲学，以贝克莱、洛克等为代表的经验主义认为，我们谈论的这些事物，都可以视为物质存在，但原子属于物质第一性质，声音和色彩属于第二性质。第二性质基于人类与物质的互动体验，是第一性质的附属性质，它本身不能独立存在。

因此，如果没有人类，或者我们天生没有眼睛耳朵及其视觉听觉系统，轰隆响声和七彩霓虹就是不存在的。声音和色彩，无论它们的“名”（意识概念），还是它们的“实”（神经活动），都存在于大脑里的某部分神经网络，也仅仅存在于此。如果没有人，轰隆和七彩这类具象概念没有机会被定义出来。没人会追问，一件从没听说过的东西哪去了。

那么再次梳理一下，我们听说过的东西，总共都有哪些？

- 第一性质：原子和亚原子粒子。
- 第二性质：它们的组织结构、集群效应，等等。
- 第三性质：应该还有某种难以名状的性质。让我想想……

贝克莱之流，没有我们以为的那么蠢。“存在就是被感知”，你以为是绝对唯心主义，可是请考虑，仅就它坚持以感知为依据，不越雷池半步这一点来说，何尝不可以理解为是比你更唯物主义的极端唯物主义呢？几百年、几千年来，东西方哲学家们谁也没有说服谁，如果没有量子物理，这个话题还会以无聊的方式继续辩论下去。直到量子理论时代，苏格拉底式的广场辩论变成可以经由实验证伪的科学问题，只是人们没有料到，唯我论、唯心主义主导的无声无色这一派竟然大放异彩。

你不能假装不在场。
那你凭什么坚持，你不在的时候月亮还挂在树梢？
上帝视角是不存在的，因为并且仅仅因为，我们不是上帝。

哥本哈根解释把“观察影响存在”确立为一条基本物理原则，强调“不被观察的现象不能称之为现象”。因此，人类与物质的第二性质深深地纠缠着。格列宾说：“当我们进行观察的时候，我们所获得的结果是有限的。而当我们没有观察的时候系统正在做什么，我们却是一无所知的。想到这些，真是动人心弦。”

但是，在观察如何影响存在、多大程度影响存在等方面，哥本哈根解释秉持典型的摸着石头过河、没摸着石头就不过河的保守态度。它只是强调，离开视觉听觉来谈论色彩声音是没有意义的事情，至于有意义的事情又是什么，它无可奉告。第三篇“魔术”中的实验报告，按照惠勒参与性宇宙模型的基本精神，骑墙派的意见是：人类的存在与世界的存在纠缠混成、相互介入，不要离开人类的存在来谈论声音和色彩，假设人类不存在的话题，是无法进行下去的伪命题。

骑墙行为不受待见，如铅笔尖倒立，应当尽快倒向一边。但物理学家却都宁可它就在墙头永远骑着，因为他们很清楚，如果要倒它注定了将要倒向哪一边。因为他们都知道，量子力学支持经验主义且更加多出一步。多出的这一步是，量子力学能够证明，离开观察的原子和亚原子粒子，将仅仅因为离开观察而发生实实在在的变化。这一步种下重要的革命因子，意味着物质第一性质的独立性、客观性，也已动摇。

2009年，罗伯特·兰扎和鲍勃·伯曼合作的《生物中心主义》《超越生物中心主义》著作，就是从大树和彩虹这个古老话题展开，提出激进的生物中心主义，把骑墙派推下墙去。他们是不那么主流的科学家，生物中心主义则是更不主流的科学假说，前面第四篇“物语”，已对其主要观点和基本精神作了粗略介绍。如果你觉得他们宣称的颠覆太过荒唐，不要生气，一种看法而已。就好比说，他们故意要拿个大顶，然后说世界整个是颠倒的，结果并不会让我们的茶杯突然摔落房顶。

我们能逃离这种思维诱拐吗？如果世界上从来不曾存在过人类，也不存在任何有视觉听觉的阿猫阿狗蛐蛐蝈蝈的话，我们似乎勉强可以接受哥本哈根解释，承认谈论声音和色彩是没有意义的。之所以说勉强接受，是因为我们坚持认为，耳朵只是发现而不是创造了声音，眼睛只是发现而不是创造了色彩。那些振动频率20~20k赫兹的空气、那些波长380~780纳米的电磁辐射，甭管人们怎么称呼，甚至也不管它们是否被感知，它们都像路边兀立的野花，静等一切形式的耳朵和眼睛来采摘。

如此说来，我们人类存在不存在，似乎不是声音和色彩是否存在的充分必要条件。我们还得小心提防，会不会有某种耳聪目明的隐秘生命意外地从地底深处冒出来，或者从遥远的外太空飘过来，嘲笑我们被哥本哈根解释带沟里去了。——慢着，在这个假设里，我们，并不存在。这也正是这个话题似乎容易又似乎难缠之处。

我们总是不由自主地以为，我们讨论宇宙万物的时候可以把人类（宇宙的观察者、讲述者）暂时抠出来，哪怕摘开一瞬间。可是，即便从最基本的事实和最简单的逻辑来看，无论我们多么聪明、多么严密地辩解，哥本哈根学派抱歉地指出，这种假设都永远是徒劳的。

话又说回来，根据人择原理，我们本来就不应该去设想没有人类存在的宇宙。既然我们已经知道宇宙存在，那么人类也必须存在，无论哪个犄角旮旯，无论先后什么时候。

如此你瞧，人类在场不是，不在场也不是，这就是个悖论，一个解不开的死结。谨遵“参与性宇宙模型”的指示，我们至少应该保持中立。生物中心主义认为，既然我们已经接受轰鸣离不开耳朵、彩虹离不开眼睛这层关系，那么最简明、最可靠的科学推论，就应该是坚持孟不离焦、焦不离孟，它们就是形影不离甚至互为表里的关系。否则的话，谁主张、谁举证，应当传唤耳朵眼睛出面提供证词，指认在它俩暂时离开现场期间，它俩依然听见了轰鸣、看见了彩虹！生物中心主义有自己的证词，它在双缝实验那里得到深刻教训。在观察行为介入与撤除的一瞬间，量子发生悄无声息、平滑切换的变化。谁若还要坚持量子是与观察者无关的东西，就实在是太不讲理了。那么，物质第一性质都这样了，声音色彩这类“二等物质”，更应当视作与眼耳共进退、紧相随的伴生物，至于它们紧跟眼耳跑来跑去是不是太麻烦，我管不着。这个世界，极有可能在跟我们玩一场很大很大的捉迷藏游戏。

生物中心主义旗帜鲜明地宣示：凡无人处，轰鸣和彩虹都是不存在的。如果有人突然闯进这样的地方，大自然将立即作出相应的响应：本来已经悄然倒下的树木，还能赶上听见它的回音飘荡山谷，仿佛音量旋钮刚刚拧开；彩虹也似乎出现多时了，即便刚才还是一片灰度世界，犹如未经冲洗的负片。罗伯特·兰扎甚至还以其神经医学博士的身份作出声明："我能证明这个事实，幻觉和幻听的精神分裂患者都'看到'和'听到'了对他们而言是完全真实的东西，与你现在正在读的书页，跟你坐的椅子一样真实。"呜呼，这医患双方属于一路的。

一切都存在于 1500 毫升的脑子里。
你总是忍不住推测，存在一个"黑暗中的外部世界"。
那样的世界，说来说去，还是在脑子里。

美国南北战争之后，大约 3 万名士兵因为受伤，被迫做了截肢手术。外科医生米切尔观察到这些士兵较多出现幻肢现象：明明已经失去的肢体，有时感觉还在。这些虚幻的肢体会出现强烈疼痛，还有流汗、颤抖、发热、移动和麻痹等真实感觉。人类首次注意到幻肢现象，但无法理解这种疼痛从何而来，人们把这种怪象视为灵魂存在的铁证，闹鬼了。

20 世纪初，加拿大神经外科医生彭菲尔德的一项开颅研究，获得划时代的重要发现。他通过电极刺激大脑皮层，发现身体各器官、各部位的感觉和运动在大脑里存在对应的反射区。据此，彭菲尔德在大脑皮层示意图上逐一标注这些反射区，四肢五官都画出来，横七竖八趴在左右两个半脑，这就是著名的《感官侏儒图》。如果把这些器官肢体都拼起来，就会得到两个畸形侏儒，有的器官肢体很小，有的器官肢体又很大，如手指、面部、手掌、嘴唇、舌头和生殖器，因为它们相对敏感。

为什么我们的身材实际并非《感官侏儒图》所示的样子？当然，这个事情并不值得庆幸，如果那是我们每个人与生俱来的样子，并不会有人觉得滑稽恐怖。需要解释的问题是，为什么我们亲眼看见的人体形态，跟彭菲尔德用电极探针"看见"的不一样。显然是脑子里的视觉系统，以及主管时空与运动的感觉系统，跟器官灵敏度存在错位。这实际也在暗示我们，大脑已经对各种感知进行了整合，它可不是那么被动老实，而且存在毫不隐晦的“器官歧视”。我们摸鼻子，手指和鼻子的触感是瞬时的、同时的，没有感到神经传递时间，也没有时间差导致的感觉错位，显然，大脑作了自动迎合。对于经常地“歪曲”我们的身材、杜撰感官侏儒图的脑子，你如何辨别它说的哪些事情是“客观真相”呢?

大脑不仅撒谎，而且喜欢闹事。1991年，神经科学家拉马钱德兰对幻肢痛作出解释：伤的是骨肉，疼的是脑子，所有感觉都在脑中，幻肢痛是幻肢对应的那一片大脑神经出了差错。脑子没脑子，忘了幻肢已经不在。既然脑子没脑子，我们也可以设计欺骗它。拉马钱德兰的“骗术”很简单，把一面镜子放在患者的右手边，为失去的左手建立虚拟镜像，让眼睛告诉大脑，左手重新回来了。如此公开公然地欺骗大脑，效果竟然明显。这也许要算人类意识“灯下黑”的精彩案例。

中医所谓的经络呢?
不瞒你说，其实，电子跟幻肢和经络都一样，并不实在……

经络是实在之物吗?

中科院研究员祝总骧用物理方法探测经络，举世瞩目，名噪一时。

- 电激探测法。在受试者身上部署刺激电极，用小橡皮锤叩击穴位，探寻有酸麻胀感觉的高敏感点。用红色标注并连线这些敏感点，可得一条“隐性循经感传线”。
- 电阻探测法。使用电阻测定仪对受试者进行扫描，当探测电极触及经脉线时，电阻会突然下降。用绿色标注并连线这些低电阻点，可得一条“循经低阻线”。
- 叩声探测法。使用尖头小橡皮锤在受试者身上沿经脉线进行叩击，某些叩击点会发出音量加大、高亢洪亮的声音，用蓝色标注并连线这些高振动声点，可得一条“循经高振动线”。

依据上述测定方法而得的实验经脉线，红、绿、蓝三线重叠，都与古典经络图的经络分布相吻合。当然，这三条线并不实际存在于体内，跟钟形曲线一样，是人们用颜色笔画上去的。

祝总骧也许证明了经络的存在，但解剖学经过精细的地毯式搜索，迄今没有找到这种生物组织。没有人能用镊子夹出某种麻线一样的东西来说，瞧，这就是经络。1963年，朝鲜教授金凤汉发表一篇令全球震惊的论文，他宣布发现了经络的解剖结构，经络系统由“凤汉小体”和“凤汉管”以及管内流动的“凤汉液”组成。朝鲜宣称，原子弹、宇宙飞船、凤汉管，是20世纪世界三件最伟大的发现。后来，各国实验证明，所谓的“凤汉小体”是一些普通的淋巴细胞或纤维蛋白。据说，闹剧演出时间不长，金凤汉很快自杀身亡。有人断言，想要发现经络系统的实体形态和结构，无异于在自然界中寻找活的恐龙。

中医界的“看得见摸得着主义者”们总是心有不甘。2018年，美国《科学报告》杂志的一篇论文，暗示以往的解剖和搜寻可能真的有点不得法。研究人员宣称，人体结构中存在一种遍布全身的密集结缔组织，那是一个充满流体的间质网络。以往的解剖，首先需要把身体结构里的液体排空，结果我们只能看见一层简单的结缔组织，而未能注意到活体组织液充盈的情况。由于间质结构开放互通，可能是体内某些信息传递的“高速公路”。这种间质网络，难道就是经络？

经络的看得见摸得着主义前途并不被看好。即便是新发现的间质组织，也只有在网络和液体流动的意义上，才具备某些经络的特征。经络肯定不是什么淋巴腺体，朱清时认为也肯定不是神经系统本身，但经络也并不存在于神经系统之外。以真气为例，那是大量神经元协调运行而“涌现”出来的集群效应，犹如大量水分子涌现出波浪。神经细胞一个一个地查，当然找不到经络，正如水分子一个一个地查也找不到波浪。

电子也是这样，存在而并不实在。

威尔逊云室发生了什么事情？用X射线照射云室时，一条轨迹清晰可见，谁看见电子了吗？没有。那条轨迹是过饱和乙醚以离子为核心凝结成的一串小液滴。你可以说显然是电子经过时留下的痕迹，没错，这正是人类证明电子存在的重要实验。但我们毕竟只看见了小液滴，而并没有看见电子粒子。海森堡就只关心一个一个小液滴所代表的一个一个物理标量，由此走出一条量子矩阵力学的数学道路。按照海森堡的思想，我们甚至没有理由相信，有什么电子粒子像子弹一样直线飞过去了。所以说，这条证明电子存在的轨迹，跟祝总骧证明经络存在的三色线相比，有什么本质上的差别呢？

经络跟电子之间差了一个现代工业体系。

但也只差这么点东西。

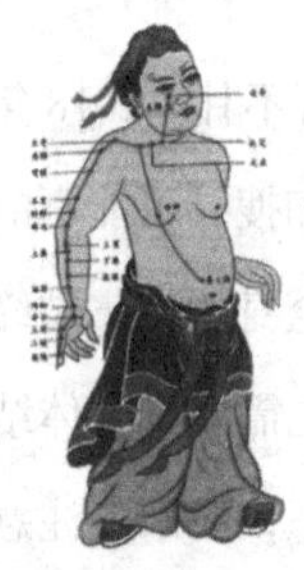
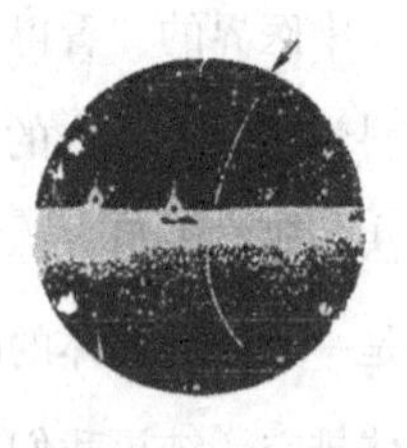

上帝和佛陀也在大脑里。

加拿大劳伦森大学科学家伯辛格等人曾实施一项“上帝头盔实验”。他们搞来一个雪地摩托头盔，用一些电线、磁片、胶带布置一个神经脉冲刺激系统，制造电磁波刺激受试者太阳穴部位，那里面是大脑颞叶。头盔插电之后，80% 的受试者自述产生宗教体验，例如感到房间出现上帝、逝去的亲人等神秘人物。这个“看起来就像是《捉鬼敢死队》里的道具”，人称“上帝头盔”。受试者在上帝头盔里体验到拜见上帝的激动、狂喜，可是伯辛格在脑电图上观察到的，却是一种癫痫症状。

既有“上帝头盔”，也应该有“佛陀头盔”。网络公号“科学公园”（scipark）作者太蔟的一篇文章介绍：在一项实验中，科学家把放射性显迹物注入一个佛教徒的血液，然后在其完全入定后，对其大脑中血流分布进行成像。结果发现，除了预期的中颞叶区的超常活动外，主管时空感的颅顶叶皮层活动几乎完全停止。这是一种“空”的体验。

一切神佛奇迹都在大脑里。现代科学比巫婆神汉更懂得如何请神，心诚则灵，一请就到。科学发现，人的大脑中的颞叶区有大量神经传递素 5–羟色胺的感受器，在宗教体验中最活跃，人称“神点”，神佛仙道、魑魅魍魉都集中在那片区域活动。请神的灵丹妙药，既有外用的，比如“上帝头盔”；也有内服的，比如致幻蘑菇。2006 年，美国约翰・霍普金斯医学研究院实验证明，致幻蘑菇中有效成分裸盖菇素能引起宗教体验，效果可持续两个月之久。裸盖菇素学名二甲–4–羟色胺磷酸，人称“上帝分子”。三千多年前，南美洲的印第安人就已经发现这个秘密，他们用致幻蘑菇泡酒，在各种盛大的请神派对上供应大家分享，与神共舞。

你瞧，面壁十年，未必有一粒裸盖菇素胶囊的效果好。

大卫像是凿出来的，原子核是撞出来的。

彭菲尔德的《感官侏儒图》和伯辛格的“上帝头盔”启发我们，物我纠缠，物在脑中，螺蛳壳里做道场，我们所知所感的一切都在大脑里。我们所知的大千世界，并没有大过 1500 毫升的脑壳。

这些，我们的常识是能够接受的。但是，非要说意识之外没有一个客观世界存在，怎么听都还是像浑话！从年轻时候以来，我一直认为这类问题就是欠揍，最多属于无聊的诡辩，或者低级的文字游戏，直到我发现亚里士多德关于究竟何为实在的讨论中，还有更欠揍的说法：

A：我看见一座雕像。

B：哦，在哪里呢？

A：喏，看好啰，在这块大石头里面。

B：……

是啊不开玩笑，如果换成是米开朗基罗绕着一块大理石走一圈，然后说里面有一尊大卫的雕像，那么他说的对吗？我知道你的意见：在米开朗基罗干完活儿之前，大卫像并不存在。可是，在物理存在的意义上，无论是米师傅动手之前还是完工之后，大卫像的每一个原子分子以及它们的集群轮廓，一直都在那里，不来也不去，不增也不减。——你能说不是吗？米师傅只不过是把那些不属于大卫像的原子分子，挪到了别的地方。如此，我似乎也有理由宣布，大卫像跟轰隆声和七彩虹一样，自始至终都是真实存在的。

不对吗？你认为是米开朗基罗创造了大卫像。你确信？

请考虑两件事情：

- 米开朗基罗凭借构思和手艺，从大理石里攫取出一尊大卫像。
- 我们借助听觉视觉系统，从声波和电磁波里攫取出声音和彩虹。

这二者有什么本质不同呢？既然你确信没有米开朗基罗就没有大卫像，那你刚才为什么要坚持，没有倾听者和观察者仍然存在声音和彩虹呢？两件事的差别仅仅在于，创作大卫像需要上天赐予一双慧眼和巧手，而要听见轰鸣、看见七彩并不费劲，只需爹妈随随便便给一副耳朵和眼睛。天可怜见，偏见的根源正在这儿。让米开朗基罗敲一尊大卫像固然不容易，可是，要让聋人听见树木倒下，让盲人看见彩虹升起，那就不是容易不容易、费劲不费劲的问题，而是根本就不可能。而且你一定忘了上一章的讨论，天地间冒出一个金凤花地球、一棵包心菜、一副耳朵和眼睛，比人群中涌现一两个自命不凡的艺术家，要困难得多。

又不对了？你认为耳朵眼睛只是被动接受刺激，也即声音色彩存在于先，刺激反应发生在后。而大卫像并不是大理石自己扑上去，通过撞击米开朗基罗的锤子凿子把自己雕刻出来的。是的，没有人会这么讲述艺术家的创作故事，可是从物理学的“飞鸟”视角看，这就是一个火车与站台相对运动的问题，只不过选取了一个罕见而刁钻的运动参照系而已。

这个话题万般别扭，我只能说，除了留意参照系的转换，我们还不应该忘了，相对论和量子论都认为时间和空间是人类的错觉。虽然两种理论并没有交代正确的又是什么，但可以肯定的是，我们所知所感的时间空间关系，不能作为万物实在的可靠佐证。根据延迟选择实验所示，时间上的先后，也不能作为事件因果的保证。

更深入的辨析涉及人的主观能动性，而物理思维总是要求用最精细的镊子，把人的意识从案例讨论的每一个角落仔细地剔出去。哲学式的问题还得哲学来解，考虑禅宗公案“风吹幡动”也许有所裨益。《坛经》记：时有风吹幡动。一僧曰风动，一僧曰幡动。惠能曰：非风动，非幡动，仁者心动。此案如果引申到声音例子，则声波似可视为风，耳蜗神经似可视为幡，大脑意识就是心，风幡无情物，心旌在摇荡。引申到雕像例子，锤子凿子就是钢铁叮当之风，大卫像就是飞沙走石之幡，米开朗基罗的艺术功夫当然是心。两案的共同点都是心动。从上帝的视角来俯瞰，人类的聆听和看见，当然也是某种创作。

难怪有人宣布：20 世纪之前，原子核是不存在的。

约翰·格列宾的《寻找薛定谔的猫》认为，1909 年卢瑟福用 α 粒子轰击原子进而探测到原子核的散射实验，跟米开朗基罗雕凿大卫像本质相似，就是“发现”原子核的方式。天下本无事，原子本无核，卢瑟福这么一搞，原子核就有了。更重要的是，人类从此形成这么一系列探测和谈论原子核的方式。如果没有这一整套东西，你突然冒出“原子核”三个字，谁知道你在咕哝什么！你还别大惊小怪，还有更过分的，例如，你去问中医，冠状病毒是个什么鬼？你请他凑到电子显微镜前面来看看，他可以承认看见了一些戴皇冠的小虫虫，这跟他看见墙角那些不知名的小虫虫有什么不一样呢？至于咳嗽发烧，那是“外感六淫、内生五邪”的一系列因果作用，与虫虫何干！

格列宾说：“如果我们不能说出不在观察的时候粒子正在做什么，也不能说出不在观察的时候粒子究竟是否存在，那么就有理由宣布，在

20 世纪之前原子核和正电子并不存在，因为在那之前没有人看到过它们。”也许你还有别的办法能够探测到原子核，不管什么办法，你不能凭空说原子核“就在那里”，原子核的存在总是跟人类的这样或那样的行为（物理学称之为“观察”）分不开的。不动用任何锤子凿子，而又坚持说石头里面藏着大卫像，实质是自以为是的科学妄想。

凡我们所见之物，必然都是经过我们创造的东西。

如果你只有圆形的瓢，就不可能舀出三角形的水。
拉什莫尔山后岩石里面有一组大屁股雕像，你信吗？

关于人类的认知方式和边界限制，佛学的意见最为生动。佛学唯识论认为，人们生有“眼耳鼻舌身意”之六根，六根生发六识，对应“色声香味触法”之六尘，如此感知万物、认识尘世。这不是迷信，原理跟物理科学认识世界是一致的。这个事情既不荒唐，也不玄妙，贝克莱一语道破天机：“我们唯一能感知到的东西，就是我们的知觉。”

我们如何证明，外部世界是否存在比六尘更多的七尘八尘，而我们并没有装备相应的根？许多动物明显不只拥有六根和六识。例如，千千万万只嗡嗡乱飞的蜜蜂，貌似能“看见”一张无影无形的单元六边形蜂巢施工图纸，不像我们，非得要求工程师精确地画在纸上。南美的切叶蚁会收集加工草叶，用化学手段培养真菌种植蘑菇，似乎比蜜蜂又高了一筹，若非玻璃杯工艺要求的温度太高，它们说不定还会酿造啤酒。还有知更鸟，2009 年，德国科学家亨里克·莫里特森研究小组的一个实验证明，欧洲知更鸟眼中有一个基于量子纠缠态的 GPS 导航系统。鸟儿眼中的化学感光反应能激发产生纠缠态电子，纠缠持续时间可达 100 微秒，与地球磁场相互作用而定位方向。

这个世界，我们不知道元芳怎么看，不知道蜂儿鸟儿怎么看，也不知道细菌病毒怎么看。例如史莱姆，科幻明星，一种散发着幽光的绿色脓包烂泥状怪物，原型是大名鼎鼎的单细胞生物：黏菌。近年来有科学家发现，这个没有大脑、没有神经系统、眼耳鼻舌身意六根全无、自甘堕落在地球生命圈最底层的家伙，竟然表现出某种诡异的智能。

据搜狐号 SME-Talk 介绍，2010 年，《科学》杂志发表日本科学家中垣俊之团队的实验报告，实验内容是布置各种迷宫，以史莱姆最喜欢的燕麦为诱饵考察其行为。结果证明，史莱姆能迅速探明迷宫线路，通过最短路线到达燕麦进食点。更惊人的是，中垣俊之他们按照东京铁路系统 35 个车站的布局，设计了一个复杂的燕麦阵，考察史莱姆的交通规划能力。经过 26 个小时的生长和蔓延，这些标准的无脑生物，用它们黏黏的身体描绘了一幅与东京铁路网高度相似的脉络图，甚至比东京铁路更富有弹性。而东京铁路系统号称是世界上运行最高效、布局最合理的系统之一。实验成果荣获当年的"搞笑诺贝尔运输规划奖"。史莱姆这白痴，到底是怎么做到的呢？

人类能读懂蜜蜂、切叶蚁、知更鸟、史莱姆的根、识、法、尘，仿生学迟早都会引领我们跟所有生命分享感官，借根识尘，未来我们也有办法轻易地把 X 光机和 B 超仪，统统集成到太阳镜或手套里去，从而无限地延伸和扩展我们的根。但我们仍然无法证明，即便给出无限进化时间，人类是否原则上能够穷尽所有感知方式和所有认识。

网上曾经有一则拙劣谣言，说美国拉什莫尔山四个总统像的背后，有四个撅着屁股的跪拜者的巨型雕像，还配有逼真的图片。驳斥谣言不是重点，此处的重点是，参考大卫像那个例子，在米开朗基罗二世出现之前，我们如何证明山崖里面不存在谣言所说的雕像？说的是岩石里面，你坐直升机绕过去亲自看看，当然是不能证明的。那么有没有可能，某种外星智能生命像二郎神那样，眉宇之间生有一只比米开朗基罗犀利一万倍的慧眼，能够"看见"那四只巨石里的大屁股？

拉什莫尔山的大屁股谣言，是一则深刻的思想隐喻。稍作引申，意味深长。例如《易经》，以及它的各种衍生典籍、周边产品，据说高山仰止深不可测。拜"易"主义者宣称，里面蕴含宇宙真理，蕴含"生命、宇宙以及任何事情的终极答案”，但经典并没有明说，你我凡人又不能理解。对此我们面临选择，要不要相信这些宇宙真理也像大屁股隐藏在岩石里那样，隐藏在《易经》里。进而言之，我们莫如自信满满地宣布说，《康熙字典》早就收录了《鲁迅全集》，难道不是？

回过头来说，这些不可名状的事物，是不是可以算物质第三性质？

你看，这个逻辑明显就是一条死胡同。所以我们合理的信念是：

- 没有麻烦制造者，就没有麻烦。
- 没有米开朗基罗，就没有大卫像。
- 没有倾听者和观察者，就没有声音和彩虹。
- 没有辐射探测，就没有原子核和质子。
- 没有观察，就没有量子波函数坍缩。

……

这个逻辑推演进程的终点是：

没有人的意识，就没有客观世界。

大树的轰鸣，天边的彩虹，被新式奥卡姆剃刀剃掉了。

整个外部世界，一个客观宇宙，看来也保不住了。

然而，我们依然心有不甘……

STEP 02 脑中只有比特

给我一粒 0.2 克的胶囊，我就能带走全世界的 IT 数据。

惠勒："我百分之百认真地认为，世界是想象出来的。"

Hook A 灵魂有多重？

21 克。呵呵！

人们很难接受"灵魂平庸原则"，内心深处总是存在某种集体自恋，希望灵魂是一片云雾，或者一股真气，也许是一粒看不见的神奇药丸，最好是蹲在大脑里面的一个精灵小矮人。1907 年，美国麦克杜格尔博士做过一项人体实验，他在 6 名临终阶段的志愿者床下安装磅秤，测得病人去世那一瞬间减少了 21 克。你我都同意，麦博士的实验就是一个闹剧，只能算作有趣而诡异的行为艺术。后来有人拍了电影《21 克》，有影评说：我们用 21 克的灵魂，背负几十千克的肉身艰难爬行……

Hook B 互联网有多重？

0.19 克。呵呵！

这是网络文章《宇宙有多少信息》发布的计算数据。2010 年，在全球互联网上奔跑的信息总量是 10^{22} 比特。我们可以考虑，依据电脑存储器的电容器如何接收存储信息，来计算这些信息流动时产生的质量。对于 1 比特的信息，电容器充电代表 1，没充电代表 0。每个电容器需要 4 万个电子充满，一个电子的质量是 10^{-28} 克，所以 1 比特表达为 1 时，4 万个电子就是 3.7×10^{-23} 克。当其表达为 0 时，质量为 0 克。取 1 和 0 二者的平均值为 1.9×10^{-23} 克。如此计算，10^{22} 比特信息量对应的质量就是 0.19 克，刚好可以填装一粒胶囊。

良心不能论斤卖，但信息似乎可以。

信息是物质的本源。“物质”这个概念可以直接替换为“信息”。

上一章，如“彭菲尔德大脑”所示，所谓的外部世界实际是我们基于感知而作出的推测，虽然这种推测是合情合理的。这一章将要讨论，就算越过人的大脑，以上帝的视角设定存在一个物质世界，这样的世界也只能属于上帝而与人类无关，就像上古传说稗官野史那些事儿，我们实际不能确认它们的存在。我们没有办法摆脱这种不可知的宿命，其中的道理非常朴素，又多少还有点惊人：我们总是并且只能跟信息打交道，并没有也不可能直接接触所谓的物质。呵呵！

信息究竟是什么东西？

信息是一个难以言表的概念。现代物理学意义上的信息概念，跟另外一个更难以言表的概念纠缠不清：熵。想要仔细辨析二者的话，有点费力不讨好，我们非专业人士最好把它们糅在一起来理解。

1） 玻尔兹曼热力学熵的概念。熵是信息的物质基础，是物质对象在“实在”意义上的信息。1877 年，玻尔兹曼给出热力学熵的定义——它表征一团物质在保持宏观性质不变（如果是一团气体，宏观性质就是指它的温度、压强和体积）的情况下，其内部的微观粒子可能具有的状态数。例如在全网电脑所有电容器里或进或出的那 10^{26} 个电子。

2） 香农信息熵的概念。信息是熵的认知，是观察主体“知情”意义上的熵。1948 年，美国数学家香农给出信息熵的定义——任何信息都存在冗余，冗余大小与信息中每个符号（数字、字母或单词）的出现概率或者说不确定性有关。简单地说，“信息是用来消除随机不确定性的东西”。例如前述 10^{26} 个电子描述的 10^{22} 种状态（bit）。

对照二者，再作概括：热力学熵强调物质实际存在的状态之度量，信息熵强调我们知道的状态之度量。由此可见，它们的物理本质应该是一致的，它们的数学描述应该是统一的。可是两种熵的实际度量差距，通常情况下非常巨大。以一个 1G 的硬盘为例，信息熵是 1G，即 10^9 比特，

热力学熵则高达 10^{23} 比特。但是在热力学中，二者在概念上是完全等价的，都是“描述一个系统所需的信息量”。这个信息量与观测精细程度相关，而这个精细度存在物理极限，热力学熵的极限是精确到每个原子，如果芯片信息存储实现 1 个原子存储 1 比特，二者就统一了。

进一步理解，信息熵描述事件给我们的惊讶程度。如果所有事件发生概率均等，则熵值最大，但如果某一事件概率极高而其他极低，则熵值极低。惊讶程度越大，熵值越低。换一个角度理解，信息熵是消除不确定性所需信息量的度量，也即未知事件可能含有的信息量。有人举了一个例子，设问：“中国男足打进世界杯决赛圈了吗？”——判断这个事情的真假，我们有多大把握呢？随便找一个不看球赛的大妈来，都可以马上给出确定答案。也就是说，此事的信息熵很低。

概念依然晦涩。再作通俗解读的话，也许可以以光碟为例。一张光碟所含的信息有两种读取与表达：一是机读。在 HIFI 音响系统“眼里”它是一组凹槽和凸起的数码信息，看似量大而实质有限。这是熵。二是人读。没有人靠凹槽和凸起去读取和理解，我们需要一堂高深莫测的音乐赏析课，从乐理、哲学，一直侃到人类命运。这是信息。

在英语里，it 和 bit 两个词有点意思。it 即它，指代万物。bit 是 binary digit 的缩写，指代二进制的信息单位。它俩长得很像，但是大家都知道它们驴唇不对马嘴。1989 年，惠勒提出一个惊世骇俗的物理命题：

It from bit.

从“万物原子造”到“万物比特造”，延续了 2000 多年的德谟克利特“原子信仰”遭遇惠勒的摇撼。德谟克利特认为，世界是由三个组分构成的：原子、虚空和思想。这个看似正确而无用的废话，实际是物理科学最底层的基石。而今，这个正确到毫无用处的废话竟然也靠不住了。接下来的讨论和思考，将把我们引向一条抛弃实在、瓦解物质主义的危险之路。2017 年，M 理论创立者、人称数学物理之“教皇”的爱德华・威滕说，惠勒的想法很有远见，超前于时代。“我想我们至今都没有参透其中的奥义。”对此，第一个存在理解障碍的问题是：

信息，到底是人脑的虚构，还是物质实在？

“我要怎么才能把我脑子里的钱，转进银行账户里？”

这是我在微信朋友圈碰到的一句扎心的话。我们潜意识里存在这类错觉，常常虚实不辨。据说，传奇数学家拉马努金生前有130页散佚论文，记有一些古怪的数学成果，例如模仿θ函数，可用于研究癌细胞的扩散，也可以用于解释黑洞，可惜找不到了。后来，“拉马努金失散笔记本”概念走红，成为科学界著名的梗。还有，费马当初提出费马大定理，却声明说书页旁边留白不够，他没能写下定理的证明过程。这些都是没讲清楚、没写下来的信息，它们跟脑子里的钱一样虚幻不实。

我有信心跟读者达成如下共识：人们坚定地信赖的某些东西，不仅拉马努金的笔记本、费马的数学证明，还有祖上失传的大笔财产、阿里巴巴山洞里的秘密宝藏等，并不实际存在。赫拉利的《人类简史》说，人类之所以比其他动物厉害，是因为人类发明了双重世界，不仅生活在客观世界，还生活在虚构的世界。论宗教，上帝是虚构的，天堂和地狱也不存在，但教堂和礼拜是实际的。论政治，国家、权力是虚构的，但领袖、警察、法官是实际的。论经济，公司是虚构的，写字楼的桌子椅子电脑，还有墙上的LOGO是实际的。钱，是人类最成功的一个想象。只不过，我脑子里的钱是我个人的虚构，而银行账户上的钱，是人们与银行电子信息安全系统共同的虚构。

信息总是需要捆绑这样那样的物质。不管是制造、表达信息时的加载，还是读取、搬运信息时的消耗，它的依托质量总不为零。信息是物质的pose和style，正如笑是笑脸的某种姿态，同样道理，灵魂是神经细胞相互作用的某种过程。世界上不存在离开笑脸的笑，当然也不存在脱离肉体凡胎之后，还能保有21克质量的灵魂。

信息与物质实在，二者是一对暧昧的关系。一方面，信息并不能简单地看作物质的某种“精华”。例如，任谁把“阿弥陀佛”四个大字的金粉刮下来，并不能偷走佛家思想。另一方面，即便是最简洁、最高明、最神性的信息沟通，也离不开物质。例如，当初在灵鹫山上，世尊示以拈花，迦叶报以微笑，然后世尊宣布以金缕袈裟和钵盂相授，将“正法眼藏，涅槃妙心”付嘱迦叶。这就是禅宗的来历。师徒二人一言不发，说的是“不立文字，教外别传”，我的问题是：如果没有那一花一笑、一衣一钵，这次关键的信息交流和重大的教派传承，还能完成吗？

0.19 克网络与兰道尔极限

0.19 克？数字化的人类文明，帮助人类君临天下、征服自然，未来还要支持我们探索外星人的知识、技术，一粒胶囊就收入囊中？如果外星人要偷我们的数据，派一个蚁人来就可以全部卷走。

你也许还在思忖：这 0.19 克并非信息自身的质量，而是它们搬运流动时的伴生质量。是的，信息本身没有质量，但你得承认，你拿不出脱离一切物质而凭空存在的信息，当然你可以不断降低信息对物质载体的依存度。例如金融信息，现在我们用一块比指甲还小的芯片记载几乎任意大小的金额，而在西太平洋上的雅普岛，那里的人们至今还保留老传统，用石头圆盘当货币，最大面值的货币质量可达 7 吨。坚持“磐石本位”的一个好处是，谁也别想在岛上制造通胀和次贷泡沫。相比之下，华尔街就是彻头彻尾的金融唯心主义。

关于信息依附物质之量，我们可以证明存在一个最低的极限。1961 年，IBM 物理学家罗夫・兰道尔证明一个原理：重置 1 比特的信息，总会释放（注入）相应的热量。具体地，“兰道尔原理”在信息删除与能量消耗之间建立精确的计算关系：普通情况下，擦除 1bit 的信息，需要消耗的最小能量值为 $k_BT\ln2$（k_B 为玻尔兹曼常数，T 为环境温度），大约 2.75×10^{-21} 焦耳。此值就是大名鼎鼎的“兰道尔极限”。

谁说极限就极限啦？兰道尔极限之不由分说，当然是有依据的，它基于不可动摇的热力学第二定律。热二定律认为：秩序和幸福都不是毛毛雨，不会自己从天上掉下来，要想改变无序度，必须以足够的能量为代价。热二定律的相关计算，基于玻尔兹曼关于熵与微观粒子无序度的量化关系，也即他刻在墓碑上的熵增公式：

$$S = k_B \ln \Omega$$

公式表示，熵的度量之值，正比于微观粒子状态数 Ω 的对数。怎么计算呢？考虑一个最基本的元体系，相当于一组纯粹到近乎抽象的“开关”，它能表达一个 bit 的信息。此系统原本处于或 0 或 1 的随机状态，如果外界力量介入，迫使其坐实到 0 或 1 的某一确定状态，则其微观粒子状态数 Ω 减少一半。按照对数计算法则，熵的变化为：

$$\triangle S = k_B \ln 1 - k_B \ln 2 = -k_B \ln 2$$

这意味着该袖珍系统的熵，减少了 $k_B \ln 2$ 的量，也即系统将释放的热量。根据自由能公式 $G = H - TS$，这份能量所做的功，应该是熵 S 与温度 T 相乘。如此，立刻可得 $k_B T \ln 2$，而这正是刚才介绍的兰道尔极限取值。写入或擦除 1 比特，都是这个情况。

一望可知的数理关系，都谈不上什么推导。

兰道尔极限非常小，盖因玻尔兹曼常数 K 非常小。兰道尔极限是一个能量标量，相当于多少质量呢？按照相对论质能转换公式 $m = E/c^2$ 来计算，能量除以巨大的光速常数可得质量，10^{-21} 焦耳与之等效的质量约为 10^{-37} 克，显然比一个电子的 10^{-28} 克低出好多数量级。我们的互联网太重了。担心存储照片太多会让手机更沉的人，真的是想多了。

21 克灵魂与宇宙刻痕

灵魂到底有没有重量呢？跟全网 0.19 克数据质量相比，21 克的灵魂就强大得没边儿了。这样的灵魂岂不得装下 100 个互联网？如果一定要说灵魂是看不见摸不着的物质，那么它应该相当于某种能量，哪怕说它像阿拉丁神灯放出来的烟。有人根据相对论质能转换公式计算，21 克物质对应的能量是 10^{15} 焦耳，可供人脑工作 300 万年。

我们还可以像计算 IT 数据那样，估算人脑的信息质量。有研究表明，人脑的记忆容量约为 7.6 亿 TB，大约相当于 4000 亿部高清电影，抑或相当于某一年全球互联网的数据制造总量（8 亿 TB）。而人脑显然是比电容器更高效的存储设备，那么我们可以说，世界上最丰富的思想、最深刻的灵魂、最广博的记忆，顶多不超过 0.19 克。

我们努力想要求证，有没有彻底不带物质能量的信息？

为此，特别提请考虑一个思想案例："宇宙刻痕"。拿一根特别精致的金属棒，在一个特别精确的位置，划下一道刻痕，如果这个划痕位置足够精确，它就可以代表（存储）宇宙的全部信息！因为，理论上，我们可以把宇宙所有信息数据转换成十进制的数字串，按照某种规则排列在一起，然后在前面加上 0 和一个小数点，即可得到一个小数，一个名副其实的"宇宙信息常数"。此数转换为分数，它的分子和分母，就是金属棒刻痕左右两边的比例数据。

你瞧，不著一字，尽得宇宙。这个划痕，人称"宇宙刻痕"。

刻痕越精确，数列就越长，表达的信息量就越大。这样，问题就来了：虽然金属棒是物质的、刻痕是物质的，但刻痕的"边际质量 ΔM"似乎为 0。因为，表达一句话的摩尔斯电码信息可以是这个刻痕，表达 10^{22} 比特的 IT 数据也可以是这个刻痕，表达全宇宙 10^{100} 比特的信息，完全可以还是这个刻痕，只不过需要刻划更仔细、读取更精确一些，而不需要额外增加质量。那么，兰道尔极限失效了吗？

当然不是。信息概念的迷惑性正在于此。宇宙刻痕实际只是一个提示、一种思想、一则公式（简单的分数除法计算），而不等于它想要表达的信息本身，正如一粒榕树种子并不等于一棵参天大树，种子与大树之间还需要土壤、阳光、水，以及几十年几百年的时间。我们借助宇宙刻痕的提示，可以得到 10^{100} 比特的信息。怎么才能得到呢？——必须足够精确地测量、足够精确地计算，还要足够精确地存储或者读取。

而这是一项浩大的工程，以本宇宙的现实情况来看，物理上毫无可能性的工程，你没有办法把这项工程与刻痕表达的信息切割开来。如果没有这项工程的支持，宇宙刻痕就是一道普普通通的凹槽而已。不是吗？且不说怎样制作如此精致的棒棒、怎样得到如此精确的刻痕，我就问你一个简单问题，仅仅索要一个具体数字：宇宙刻痕的第 10^{100} 位数字是多少？我赌你调用全世界的计算机运行一万年，也得不到这个信息。

人的灵魂没有那么丰富。有人能记住 4000 亿部高清电影吗？世尊与迦叶，他俩的一花一笑、一衣一钵，就包含着禅宗的整个思想体系？达摩祖师为求明心见性、开悟入佛，竟然面壁九年、影透入石，那是何等艰巨的修炼工程！我的重点是说，达摩那份开悟的信息量，该等效于多少物质能量的当量？后来，神光（慧可）追随达摩，想得佛法又没有面壁九年的功夫，怎么办？断臂立雪啊！左臂剁下来扔在达摩面前的雪地里，其质能当量，大概就可折抵达摩的九年修炼。再后来，达摩传法给慧可，说："吾有《楞伽经》四卷，亦用付汝，即是如来心地要门，令诸众生开示悟入。"看看，果真不立文字？至少给了一部经书喔！

论信息量，世尊迦叶的一花一笑一衣一钵，达摩慧可的一壁一影一臂一经，以及河图洛书、龟背龙马之类的所有神启，它们跟宇宙刻痕那一棍一缝的信息量相比，究竟能强多少呢？也许意味深长，终归信息有限，不要擅自把附属信息加上去。相比而言，倒是最朴素的宇宙刻痕还强些。因为，只需附加一个分数计算法则、一份数据结构说明，则任何人都可以埋头蛮干运算那个除法，然后得到任意大量的确切信息，其中一定可以包括所有科学教材和宗教经书。

谨慎的初步结论是：信息拥有不可剥离的物质属性。

老头儿的"瞌睡问题"

1998年，在普林斯顿大学的一次午餐中，布莱恩·格林说他请教惠勒："你觉得什么样的物理问题会成为未来几十年的主流议题？"年迈的老头儿沉默良久，最后缓缓地吐出一个词："信息。"

惠勒命题"it from bit"究竟是什么意思？

物质本源，就是信息。惠勒说："每一个粒子、每一种力量，甚至是时空的连续性本身——都源于它的功能、它的意义、它的存在完全在于二元选择，可以分解为比特信息。"惠勒命题的通俗意思是：世上没有什么硬的软的、烫的凉的、香的臭的、尖的钝的任何实物，只有一些bit挤来挤去，这些bit像分形几何那样，仅靠一个简单的复变函数公式，施之以机械的迭代计算，就能变化出五色五蕴大千世界来。

可是，怎么可能呢？究竟是bit from it，还是it from bit？唯物主义与唯心主义势不两立不共戴天，两方的哲学家都准备摔书了。我们都认为，信息就是信息，物质就是物质，在it和bit之间，就像童话与现实之间、艺术与生活之间，存在不可逾越的楚河汉界。而惠勒这个命题，虽然没有直说it＝bit，实际走得更远：世间只有bit没有it。

为什么提出这个古怪命题？惠勒是物理极客，总是努力将所有重要的物理思想推向极限，从各个向度将相对论和量子论的逻辑进行到底，从中发现曲径通幽或者结构裂痕。"it from bit"就是这类极限思想的产物。据说，惠勒把他自己的物理思想历程分为三个时期：认为"一切都是粒子"的时期、认为"一切都是场"的时期、认为"一切都是信息"的时期。惠勒考虑量子力学的观察难题，以及他本人的参与式宇宙模型，意识→观察→信息→实在，这个相互之间拉拉扯扯纠缠不清的链条耐人寻味。按照"推向极限"的Geek思想操作，惠勒提出：意识不是，实在也不是，信息可能才是真正的核心问题。

我们刚刚建立了新的重要的讨论起点：信息拥有不可剥离的物质属

性。现在考虑，如果把“实在”比作一枚硬币的话，物质与信息完全可以视为这枚硬币的正反两个面。信息就是实在的不可分割的一面，而且是标注价值的关键一面。我们认识实在，当然只能认识它的面值这一面。既然如此，我们就可以进一步深化这个“硬币隐喻”，把整个宇宙、整个实在视作一枚巨大无边的硬币。这样一来，我们就无处下手把这枚硬币翻过来，因而也就没有理由坚持说，这枚硬币的另外一面是物质。

我们总是间接跟信息打交道，并没有直接接触所谓的物质。这层窗户纸捅破之后，我们就可以宣布：信息就是实在，而且只有信息而非所谓的物质，才是真正的实在。如此说来，不仅0.19克的IT数据是信息，它们赖以向人类表达的10^{26}个电子本身，也是实实在在的信息。我们心目中的信息，例如互联网数据，只是人类为某种目的而创造，并仅因人类而有意义的“特种”信息。全宇宙的“通用”信息，就是充塞天地之间的至少10^{60}克的全部物质。

信息要全面上位了，拿什么来拯救你，我的“物质”？

世界上没有用bit描述不了的it。
如果有，就多用几个。

世界上哪有什么it，不过是bit们讲的故事罢了。

先请考虑“20个问题游戏”。游戏的规则是，几个人在房间里秘密商量确定一物，例如：云。然后请一个人从外面进来，由他对这件未知之物进行试探性追问，屋里的人对他的每次试探，必须并且只需如实回答“是”或者“不是”。游戏的趣味性在于，只要逻辑适当、抽丝剥茧，不超过20个回合，预设答案就能水落石出。例如：

1. 它是动物吗？——不是。
2. 它是天然形成的东西吗？——是。
3. 它是海洋里的东西吗？——不是。

……

20. 那么，它是云吗？——是的！

再请考虑“零体验原理”。原子及其以下的世界是人类体验的沙漠。在显微镜也达不到的原子和亚原子粒子世界，无眼耳鼻舌身（暂不论“意”），无色声香味触（暂不论“法”），任何人都不能以任何方式直接体验。看无可看、听无可听、闻无可闻、触无可触……那么，刨根问底探究物质本源，最终的最终，我们得到的到底是什么呢？

以煤块与钻石为例，一个一捏就碎，一个无坚不摧，都是普普通通的碳元素构成物，原子组合方式不同而已。钻石里面不含任何“坚硬素”添加剂，煤块也不含“软柿子”添加剂。所有原子，内部至少99.9999999%的体积是空无一物的空间。英国一个科学家举例说，如果你能挤进一个原子核，蹲在英国多弗尔海岸一座山巅之上，那么放眼远眺，原子的边缘将延伸到法国北部的农田。原子内部剩余那0.0000001%的“干货”是电子和原子核。原子核里面呢？是质子和中子。质子和中子里面呢？是夸克。夸克里面呢？根据“零体验原理”，物理学家们对于电子和夸克的全部所知，是一些乱七八糟的参数和曲线。当然，你还可以继续通过更强大的实验和更深刻的分析，追问这些参数和曲线背后的物质“硬核”又是什么，那样的话，你将得到另外一些参数和曲线。或许某一天，你在宇宙某个角落发现新的什么东西，要想知道究竟是什么东西的话，你还得重复这个过程：

分解→粒子→更小粒子→参数和曲线→更多参数和曲线

不管从哪个角度追问下去，都将终结于或0或1、或有或无、或这或那的一个bit。如果你还在心心念念有没有可能存在某种不可言说的东西，只能说明你分解还原的思想实验缩手缩脚不够彻底，更准确地说，你的分解还原，逻辑上就不应该止步于任何不显示信息的未知之物。所有物理实验，都是不同角度和目的、不同条件和环境下的试探性追问，也都是以获取信息为根本目的，“20个问题游戏”就是对这个事情的一种类比。不同的是，物理科学的追问，没有人知道预设的答案。

关于任何it的一切，无一例外都是从bit中来、到bit中去。

关于这个世界，准确地说应该是“那个世界”，没有比特则无从获知它的存在，没有获知也就无从描述它的内涵。第一不知道，第二不可说。爱因斯坦说：“在物理学看来，这是基本的：我们认为存在一个独立于任何感知的真实世界——但这一点我们并不知道。”所谓不知道，不是因为我们不聪明，只是因为脱离感知而在原则上就没有办法知道。安东·蔡林格说：“外在世界的任何性质都必须建立在我们接收到的信息的基础上，倘若缺乏相应的信息，我们就不能对此外部世界的性质作任何断言。”这是强调不可说。所谓不可说，不是我们口才不好，而是说脱离信息的任何判断、任何假设，都是没有根据的臆测。

现在，再次考问你那个固执的假设：有一个世界就在那里。对这样的世界进行设想，存在逻辑困扰。这个离开感知、不通信息的世界，就应该是一个针插不进水泼不进、被严格屏蔽所有WiFi信号的世界，一个比特隔绝世界。

你可能会说，外部世界犹如一片尚未被篝火照亮，但将来会逐步照亮的旷野，或者存在某种人们闻所未闻、见所未见的桃花源。这种思想挣扎枉费心机，因为凡是被“照亮”的东西，都仍然是被bit描述的it，或者说仍然是需要用bit描述的it。我们的重点是说：不存在不被bit描述的it。进而我们最终要证明，世上只有bit而没有it。

我们与所有it之间永远存在一面bit之墙，正如我们与外部环境隔着皮肤。既然如此，抛开bit谈论it的存在就没有意义，就是形而上学，就是迷信物质的唯心主义。我们永远也等不来某种不依赖信息表达的、沉默坚实的“纯物质”或者曲径通幽的“桃花源”。再进一步说，如果表述得当的话，“物质”这个概念完全可以被“信息”取而代之。

发现并不存在的东西。

不存在的东西，怎么发现？2018 年 8 月，《科学》杂志发表中科院高鸿钧和丁洪团队的研究成果，他们在某种特殊超导块体的表面磁涡旋中发现了马约拉纳任意子。何为“任意子”（anyon）？简单地说，它是既非玻色子也非费米子，“什么都可以”却又没有真实存在的幽灵粒子。文小刚宣称：“任意子的发现就相当于发现了一种新的物质态——拓扑序。”说是“发现”，实际更应该说是“创造”。

任意子是 MIT（麻省理工学院）教授弗朗克·韦尔切克创造的概念。某些理论模型预言，应该存在某种似是而非的准粒子，虽然现实中不曾遭遇，但是理论上应该存在。英国《新科学家》杂志介绍了 5 种并不存在的幽灵粒子，除了马约拉纳费米子，还有声子、磁振子、激子、外尔费米子。它们并不像沙砾那样，不声不响地一直待在沙滩，而是在某些特定条件甚至是关乎宇宙生与死的极端物理条件下，才有可能出现的现象。类似的情况，例如拉什莫尔山背后四个撅着屁股的跪拜者雕像。

希格斯玻色子深深镶嵌在大自然的每一寸时空结构里。“发掘”希格斯玻色子是一项巨大工程，需要调动足以令几个欧洲小国熄灯断电的能量，驱动两束质子剧烈相撞，在飞溅起来转瞬即逝（10^{-22} 秒）的火花中去辨认。如此，我们还好意思说它是沙砾一样的自然之物吗？

你也许还坚持认为，“上帝粒子”就像亿万年地壳运动中生成的某种稀有矿石，在地下的特定深度、特定位置，早已在那里存在，静静地等着人们去开采出来。事情不是这样，至少不全是这样。20 世纪核物理兴起之前，原子核都不存在，何况幽灵粒子！可是，果真不存在的话，那我们谈论的原子核、希格斯玻色子、外尔费米子等，究竟是什么东西呢？到底存在不存在，或者存在的到底是什么东西，跟“20 个问题游戏”有点类似，这要看谁来“问”、怎么“问”。

惠勒设想了一个“无中生有”版本的“20 个问题游戏”。新版游戏认为，屋子里的人们其实不必预先商定一物，大家可以在达成一致意见的基础上，随意选择回答是或不是，当然必须从始至终保持逻辑一致。然后，问答双方可以同步走向一个必然而未知的答案。惠勒设想自己是那个追问答案的人，“我进来的时候，这个词不在房间里，尽管我认为它在”。人类通过测量而获知世界，就可以类比于这种“没有预设答案”的“20 个问题游戏”。

在日内瓦地底下发掘希格斯玻色子，跟人在拉什莫尔山雕琢大屁股像异曲同工，都是无中生有的创造过程。“上帝粒子”指向的某种物理机制是实际存在的，这个事实不足为奇，正如大屁股雕像所有岩石成分都是实际存在的，如果没有米开朗基罗那样的好手艺，石头就永远只是石头。本书每个字都在电脑里，但在我用键盘把它们逐字逐句依次调出来之前，本书并不存在。同样地，如果没有 LHC 的高能碰撞，以及 LCG 的海量数据，“上帝粒子”永远不会像成熟的豆子，自己从豆荚里蹦出来。当代物理的所谓“发现”，常常不是吹糠见米那么简单直接，而是一些惊天地泣鬼神的重大工程。

马约拉纳任意子也许是更明显的例子。前述实验报道发现的任意子，不是真实粒子，而是准粒子。一些特殊的固体材料（如金属、半导体、超导体）内部的自由电子，在特定的磁场、压力、温度等条件下，会产生特定的集体活动趋势，看上去像一个粒子，即为“准粒子”。有点像鱼群，数万条马鲛鱼紧紧簇拥在一起跟鲨鱼周旋，左冲右突，闪转腾挪，整个鱼群俨然一个动作敏捷、收放自如的怪兽。也有科学家说，准粒子就像汽水瓶里的气泡，气泡是汽水的一种集群现象，气泡不是汽水本身，但也不能离开汽水而独立存在。

物质是不存在的，比特才是；粒子是不存在的，准粒子才是。沿着这条路径，文小刚提出他的大胆设想：真空是由量子信息组成的量子比特海，基本粒子是量子比特海中的准粒子。文小刚宣称，他们做了十几年的研究，证明光波的麦克斯韦尔方程、胶子的杨–米尔斯方程、电子夸克的狄拉克方程，都可以在量子比特海这个理论框架下得出来。

物质主义是一种通俗哲学。

我的“万物原子造”的信仰，已经让位于“万物比特造”。MIT 物理学家弗雷德金说：“终极的实在不是粒子或力，而是根据计算规则变化的数据比特。”“在这世界中，没有什么是像比特这样具体的构件，它比光子或电子更具体，它不是实在的模仿，它不是假扮实在的东西，它就是实在。”不仅没有原子，就连物质世界也是不存在的。惠勒宣称自己百分之百认真地认为世界是想象出来的。还有更邪性的意思：“我们称为过去的东西其实是由比特构成的。”不过他也怀疑自己可能是快被量子理论弄疯了。

基于这一部分的全部讨论，我们得到一个教训：不要离开认识去奢谈外部世界。这听上去多少有点掩耳盗铃的味道。萨斯坎德说：“真实世界的本质可能超出人类的理解能力。”那么我们是因为认识局限，无可奈何不得不抛弃一个“真实世界”吗？不必悲观，我们没有错过什么，更不会因为这种机械态度而失去什么。蔡林格说：“实际上没有任何手段能区分信息和实在。既然区分它们不能带来更多理解，那么按奥卡姆剃刀原则，我们就不应该区分它们。”这反过来也说明，谁要试图把信息和实在区别开来，都是没有任何实际意义的。

现在科学界基本形成共识，信息和实在的统一，是现代物理的一项重大成就。物质必须量子化，信息也必须量子化。蔡林格在文章的最后说：“作为结论，我提议按这个想法开展一项研究，从第一性原理出发，建立起量子物理的大厦。”

这就叫颠覆。

STEP 03　比特飘在外面

二维能够说清楚的事情，造物主还会啰里吧嗦地使用三维模型吗？

Hook A　“宇宙深喉”给我们讲述的故事。

地铁早高峰把你挤成了相片？Don’t panic！没有关系，那只不过是还原了你的真实情况。全息宇宙假说认为，真实的我们原本就是一张薄薄的全息相片。本来，万物都是 bit，这个模型已经令所有物质所有质感灰飞烟灭。现在，一场关于黑洞的科学论战让人们意外地发现，就连这些 bit 也是靠不住的，它们并没有实实在在地出演万物，而是像鸡汤里的油珠那样，漂浮在宇宙的外壳。

“凡有所相，皆是虚妄。”这一章节，佛学或成最大赢家，地平论者也要算半个赢家。宇宙可能是一个巨大的空洞，宇宙边缘一面巨大的“玻璃”穹庐笼罩四方，所有相片——也即我们人类和世间万物的真身——都贴在那里，像激光全息防伪晶片那样熠熠发光。而我们，地球上这些多姿多彩的鲜活生命，连同我们身边坚硬或者柔软的一切，都是从那个二维天穹上投射过来的三维幻象。

Hook B　来来来，戴上这副 VR“环宇万象头盔”……

今日最新的物理理论之一，“AdS/CFT 对偶”模型，为全息宇宙假说提供了数学证明。三维世界与二维世界，基于 AdS/CFT 对偶的数学描述是等效的，但着眼二维的解释体系更为简洁。更让科学家侧目动心的是，它为完成相对论与量子论的统一，避开了最后的引力难题。相对论告诉我们，时间与空间是错觉；量子论告诉我们，物质的连续性、确定性、实在性也是错觉；现在全息宇宙假说告诉我们一个更具体的细节，大自然的立体质感居然也是错觉。原来，我们借以认知宇宙万物的感性与理性结构，一开始就不可摘脱地镶嵌着一副天然的 VR 高清头盔。

约翰逊脚踢贝克莱石头，还真的是一场二维幕布上的皮影戏。

全息宇宙假说基于一场论战、一则计算、一个模型、一项实验。

一场论战，即持续30年的“黑洞战争”。

霍金曾经跟基普·索恩、约翰·普雷斯基尔等人连续发起三次黑洞赌局，第三次赌的是物质掉入黑洞后信息是否会丢失，也即所谓的“黑洞信息悖论”，一个颇具迷惑性因而诲人不倦的悖论。2004年，霍金宣布打赌输了。这场持续了30年的科学论战，史称“黑洞战争”。

为什么死磕黑洞？因为，如果我们想要找谁打听宇宙最深层次的秘密，最好问问黑洞。跟黑洞这类极端事物相比，我们熟知的天地间一切物理对象，简直都是一问三不知的“傻白甜”。经过30多年的考问，黑洞向人类吐露了许多非凡真相。从黑洞到灰洞，从无毛到软毛，再到黑洞信息悖论赌局，意外地催生了全息宇宙假说，进而发展出胡安·马尔达西那的“AdS/CFT对偶”。最后这个对偶猜想，成为最有可能统一相对论和量子力学的新模型、万物至理TOE最有希望的候选者。

关于黑洞，我们的宇宙深喉，最粗略的描述模型如下：

黑洞＝奇点＋事件视界

奇点：密度无限大、时空曲率无限高、体积无限小，一个零维的“点”，黑洞全部物质集中于此。这个点，数学推理成立，物理却努力想要摆脱，其最终地位悬而未决。

事件视界：宇宙时空的一个三维窟窿，是奇点发射引力捕获物质能量的有效伏击范围，是一切已知物质能量有去无回、有进无出的陷阱，是最后（临界）警戒线。奇点的猎物当然包括光，所以窟窿是黑的。

事件视界，球状窟窿，可由史瓦西半径标示大小。1916年，德国天文学家卡尔·史瓦西计算爱因斯坦引力场方程，得到球状天体引力场分布的一个特殊解。这个解表明，如果有足够大的质量集中于一点，则其周围时空将弯曲为一个封闭区域，任何物质能量落入其中，都将被“挤入”中心并消化掉，手法参照捕蝇草和猪笼草猎杀虫子。这个球状区域的大小，存在一个与其质量相关的确定取值，即“史瓦西半径”。例如，太阳质量的恒星，其史瓦西半径为 $R_S = 2GM/c^2 = 3000$ 米。

如果只是不发光，你不能理解物理学家为何如此着急，张飞、李逵和包青天的脸也不发光呢。18 世纪，英国学者米歇尔和法国学者拉普拉斯，就提出过不发光的“暗星”概念。但是，在经典物理的时空系统，不存在光速恒定，也即光速 c 在任何参照系之下都恒定不变的基本假设。所有牛顿主义者都认为，光的速度，总有机会搭乘别的交通工具而超过光速 c。因此，米歇尔和拉普拉斯的“暗星”，稀罕而不古怪，并不是真正的黑洞，不具备相对论描述的非凡意义。

黑洞恒久远，一颗永流传。狭义相对论设定，光速是宇宙速度极限，光速不能逃逸的区域，任何物质能量也无法逃逸。换言之：黑洞困住了光，就证明它足以困住世间一切。黑洞一旦形成，将立刻启动绝对单向机制，以至于宇宙对它能做的唯一的事情就是喂食，而没有任何力量能伤害它的一根小指头，更没有任何办法消灭它。请神容易送神难，它似乎是比宇宙本身还死硬的“老不死的东西”，连累宇宙也永远死不成。

如此决绝，似有不妥。1974 年，“霍金辐射”把黑洞拉下神坛。

霍金用量子涨落来解读黑洞。考虑宇宙真空的量子场效应，宇宙任何时候、任何地方的真空，都沸腾着极小（普朗克尺度 10^{-35} 米）的正负虚拟粒子对，它们成双成对地从虚无中涌现，倏忽间（普朗克时间 10^{-43} 秒）又因正负相吸而湮灭回归于虚无。这个现象，也叫量子涨落、时空泡沫、惠勒泡沫等，是极端微观世界的一种能量震颤，已经得到卡西米尔实验和兰姆位移实验的验证，以及相当精确的数值计算。

量子涨落，有涨也有落，有借也有还。如此相安无事，本来人畜无害，但在黑洞周边，情况有点特殊，总有一些虚粒子对会被黑洞的强大潮汐力拆散，一个粒子落入黑洞，另外一个失去湮灭对象而逃逸深空。考察这个物理事实，你从黑洞旁边退远一点看，可不就等于黑洞在发生辐射！这就是赫赫有名的“霍金辐射”。辐射温度计算公式为：

$$T = \hbar c^3/8\pi kGM$$

这则公式具备所有宇宙真理的特点：大道至简，优雅友好，而又善于抓住要害。公式长不过两寸，区区 6 个因子，却似华山论剑武林大会，最基本的几个物理常数，经典物理（G）、相对论（c）、量子力学（$\hbar$）、热力学（k），还有数学大神（π），悉数到场。它们楼上楼下漫不经心地凑在一起，竟然就能精确地描述一个极端狂暴的天体所散发的极端微弱的一丝温度，并最终指引人们窥见宇宙背后的巨大投影。

为什么可以这样？霍金的老师、剑桥大学教授丹尼斯·西雅玛，还有黑洞专家萨斯坎德，都为之吃惊和着迷。你要问公式怎么来的吗？我没找到推导来历。不过，公式的要素构成已经暗示我们，六经注我，它需要经典物理、相对论、量子力学和热力学几乎整个物理体系为之注解。同时，我们也要注意到它的单纯，除了 4 个基本物理常数之外，并没有任何神秘的“添加剂”。它是极端的，也是典型的。

相对论眼中纯黑的黑洞，在量子论看来是灰的。简单计算可知，一个太阳质量的黑洞，辐射温度约 10^{-8}K，宇宙其他任何地方都没有这么冷。霍金说它是灰洞，把全世界人民都弄糊涂了，它实际比你能够想象的最黑的东西还黑。虽然非常黑，总归不纯黑，总归就在蒸发。譬如朝露，去日苦多。这个“老不死的东西”，也终将像阳光下的露珠那样悄悄地自行晾干，“苦多”时间大约是 10^{66} 年。

霍金辐射鲜明地体现了量子论的哲学精神，一点点粗糙，一点点不确定，令绝对死硬的黑洞变得生动活泼起来。1976 年，霍金发现，他的霍金辐射拉开了一道帷幕，黑洞诠释体系因引入量子不确定性和粗糙性而引发困难问题：黑洞信息悖论。

黑洞信息悖论，产生于一个貌似平庸、实质刁钻的问题：把一本大不列颠百科全书和一把椅子扔进黑洞，结果会怎样？书和椅子都分解为原子、亚原子粒子，最终都将全部破碎，为奇点贡献新增质量。原子都是没有差别的，无非碳原子比氢原子重一点，但椅子的碳原子跟书的碳原子却总是一样的。那么，书里包含的信息哪里去了？

需要辨析，为什么说信息丢失是个严重问题。现代热力学认为：宇宙是个封闭系统（如若不然，它向谁开放呢），没有任何成员可以离开宇宙这个大家庭，生是宇宙的X，死了也是宇宙的X，信息当然也是。在整个宇宙范围内，信息是守恒的，信息不会凭空创生，也不会凭空消失。你所知的各种信息丢失，实际只是转换了存在方式。

具体地说，如果没有存盘而遭遇电脑死机，准备见客户的PPT就丢了。这个事情，老板不会原谅你，但物理学家并不在乎。按照信息守恒定律，所有信息都还在宇宙里，也许在白纸黑字上，也许像鲍勃·迪伦说的“在风中飘扬”。这一切，原则上都可以在分子、原子的热力学活动中找到确切根源。撕了、烧了、删了，只不过是让人们看不见，但上帝看得见，麦克斯韦妖也看得见。所谓麦克斯韦妖，即“物理学假想的能探测并控制单分子运动的机制”。麦克斯韦妖看一眼风中飘扬的灰烬和黑烟，就知道林黛玉烧的是哪一首诗稿。

对硬盘作低级格式化操作呢？审查一个恢复出厂设置的硬盘，谁也读不出什么故事来，但是，只要摸一摸发热的CPU和师傅的脑门，麦克斯韦妖还是能反推曾经发生的一切。麦克斯韦推出这只妖怪，意在为热力学第二定律树立一个反对面。麦克斯韦妖不能打破热二定律，要害在于，麦克斯韦妖不能只擦除信息而不付出代价，能量消耗不低于“兰道尔极限”。

现在我们回到霍金扔进黑洞的百科全书，它跟霍金辐射有关。

唐僧取经归来，路遇大鱼精吞吃经书，唐僧师徒敲打鱼头催令吐经，师徒敲一棒、鱼精吐一句，佛经得以保持信息守恒。可是，黑洞不是大鱼精。根据相对论，黑洞是天空中没有盖子也没用井底的死亡窨井，是宇宙终极粉碎机，是不可撤回的宇宙删除键。一切物质能量和信息一旦遭遇黑洞都将有去无回。如果黑洞永远不死，我们可以说信息永远葬身奇点了。但是，我们前面已经完成讨论，黑洞也有生老病死。黑洞之死，是通过霍金辐射方式，一点一点蒸发为枯井的。在这个漫长的过程中，黑洞吞进去的所有物质，都将以光子辐射形态悉数吐出。

困难的是，从发生原理看，霍金辐射应该是随机的，它只负责向宇宙归还它吃进去的物质能量，跟信息无关，也看不出存在什么机制会以密电码方式夹带信息偷渡。霍金辐射生成于黑洞周围真空量子场效应，是外部量子涨落“强加”给黑洞表面的“走私”效应，跟内部的洞里乾坤没什么关系。黑洞发射的那些粒子，原本就不属于黑洞内部。冰镇啤酒瓶子滴落水珠，你以为酒瓶漏了？大鱼精根本没有吃你的经书，你敲破鱼头又能怎样！即便在轮到吐出百科全书的时候，也不过是东一颗西一粒乱吐，绝不可能一字一句、一行一页，遵照当初排版秩序地吐。

如此，有些信息果真无缘无故不见了。黑洞蒸发完成之后，从宇宙系统的整体看，熵的总量减少了。所以霍金说，上帝不仅掷骰子，有时还要把骰子扔到看不见的地方去。我们前面讨论过“爱丁顿热二魔咒”，这是悖论，是足以让科学家一不小心就蒙羞的严重问题。

信息，可以理解为预言能力。如果信息可以在上帝眼皮子底下无故丢失，自然定律就将失去部分确定性，那样，我们的大学教授只能这样说话：科学总是可靠的……只要黑洞不掺和进来的话……

黑洞之有战争，就因黑洞诠释体系重重矛盾。

1）简约与混沌的矛盾

天下黑洞一般黑。作为宇宙某种极品，无从攀比，没有弹性，黑洞这类极端东西总是无差别的。这就是所谓的“黑洞无毛定理”。从外部考察，它只能用质量 M、角动量 J、电荷 Q 三个参数来描述，像极了一个放大的电子。科学家一直对黑洞与基本粒子之间神秘的相似性着迷。

黑洞内部没有任何可知的性质，也没有任何可供提取的信息，如果两个黑洞的 M、J、Q 三要素一样，那么它俩偷偷掉包的话，我们没有任何办法区分出来。从这个意义上你可以说，它的熵几乎为零。

矛盾的说法是，任何地点、任何时候、任何指定的任意大小的时空结构，能够制造的最大混乱度，或者能够容纳最大熵值的区域，就是黑洞。道理不难理解，主要是基于熵和黑洞的定义所作的逻辑推理。贝肯斯坦计算：一个直径为 1 厘米的黑洞，其熵约为 10^{66} 比特，相当于一个边长 100 亿公里的立方水柱所含的热力学熵。3 个太阳质量的黑洞，熵值高达 10^{78}。黑洞一旦形成，那么后续的任何加注，都只能增加其质量、扩大其体量，再也无法像地铁车厢那样可以央求大伙儿压紧压实多装一点。只能向印度火车学习，后来的统统挂在外面。别挤了，熵满啦！

2） 时间与空间的矛盾

黑洞的事件视界是弯曲到闭合的时空结构，所以，黑洞内外，时空翻转。进入它的内部，时间的方向不是指向未来，而是指向它的中心。奇点看起来是空间的中心，事实上也是时间的终点。坐等就是前进，前进就是老去。从视界到奇点的距离，对于 10 倍太阳质量的黑洞来说，这段距离是 0.001 秒，大至星系级别的巨型黑洞可以长达几小时。进入黑洞的旅行者无法逃离出来，既可以理解为逃逸速度不够，也可以理解为无法穿越回到过去。所以，逃离黑洞的唯一已知可能途径是穿越虫洞，而不是加大油门提高速度。

时空翻转，将导致两个视角的矛盾，一个是内部旅行者视角，一个是外部观察者视角，许多怪事怪象由此而生。例如，在观察者看来，由于黑洞极度扭曲时空，事件穹界时间停止，前往黑洞的旅行者，还有他的手表，都将定格在那里，永远！而旅行者自己知道，他落入洞中的过程并无任何阻碍。双方看到的事情，都是真实的。我们前后讨论的各种矛盾，实际都跟时空矛盾有着很深的渊源。

3）　吸入与吐出的矛盾

霍金辐射的一吞一吐，本身就充满矛盾意味。我们不要忘了，黑洞自始至终根本就没有主动发射自家库存弹药，它只是“看上去”在发射东西，是外部量子场导演的“辐射秀”，演员都是临时外聘的。相对论赋予黑洞的只进不出、只吞不吐的本性，不可更改也没有更改。然而，论结果和事实，本来是吸入东西的行为，却分分钟都在导致其物质能量损失。此情此景，饶有趣味。

吃瓜子吐瓜子皮。霍金辐射这个局，貌似存在“挑选”和“偷渡”两个微妙的机制。所谓“挑选”机制：洞的外部，正常的时空拒绝负粒子的存在，想吐你吐不成；洞的内部，翻转的时空赋予负粒子以正的意义，被黑洞的引力误吞。所以，吃的瓜子总是负粒子，吐的瓜子皮总是正粒子。所谓 “偷渡”机制：黑洞引力“撬开”虚拟粒子对的过程，实质是一种作用力与反作用力的关系，引力负能得以暗度陈仓，传递给外面的正粒子。这一进一出、一予一夺，是一次并没经手的交易。

正负虚拟粒子对？负粒子实际是反物质。如果你对反物质的概念不堪忍受，还可以选择更加费解的解释模型，把量子涨落等效地理解为正粒子的时空独舞：一个粒子从虚无中跳出来，游走片刻，然后从时间上退回去，湮灭于虚无。这样，落入黑洞的负粒子，就可以视为逆着时间方向退行的正粒子，本来受困于绝对的逃逸速度限制，竟凭借时空退行之神力而得以挣脱。这就可以“合理”解释冰镇啤酒瓶外挂水珠的来历，黑洞真的是在发射它自己存储的粒子。

霍金辐射还可以理解为量子隧穿效应。所有量子都存在很小很小而总不为零的概率，可以没有缘由，也不费事地从任何势垒的封锁之下渗透出去。你不用琢磨它们如何渗透、如何隧穿，事实上它们根本没有采取任何行动，只是遵循一种没有更深缘由的数学法则，自动地更换一处空间来存在，并不在乎是从楼上倒换到楼下，还是从黑洞内部腾挪到人间。量子非定域性是至高无上的原则，比黑洞的绝杀机制还霸气。一些基本粒子尺度的微型黑洞，可能很快就被隧穿效应瓦解掉，相当于被它自己内禀的放射性衰变性质，无缘无故地要了小命。

4） 火墙与无墙的矛盾

这依然是两个视角的矛盾。第一个，从旅行者视角看，时空结构是无形之物，根据广义相对论关于引力等效于时空弯曲的思想，黑洞的事件视界是时空扭曲的边缘区域，没有围墙，没有交通锥和警戒线，只是一个类似于磁场区域一样的表面。因此，前往黑洞的探索者在穿越视界的时候，跟不知不觉的太空漂浮没有不同。第二个，从外部观察者看，虚粒子对落入事件视界，导致量子纠缠关系被破坏，就像化学键被打破会释放能量，落入内侧的那个粒子为了将信息传送给外面的同伴粒子，能量会变得极高，将使事件视界变成一道 10^{32} K 高温的火墙。如此，对于同一件事情，两个视角的结论严重冲突，这就是美国弦论专家约瑟夫・波尔钦斯基 2012 年提出的"黑洞火墙悖论"。

那么，悖论的哪一面是正确的呢？"视角"一词本身有误导性，实际情况不是"看起来"怎样怎样，黑洞火墙悖论的意思是说，观察者看到的事情、旅行者体验的事情，都是真切的物理事实。但这明显像是胡说八道，要不然怎么叫悖论呢！萨斯坎德发扬玻尔的量子互补性精神，提出黑洞互补原理来解决悖论："不要尝试同时去想发生在视界内外的事情，它们是对同一件事的不同描述。"

5） 体积与面积的矛盾

1972 年，霍金证明黑洞视界的表面积永不会减小，两个黑洞合并后的大洞面积，不会小于原先两个小洞面积之和。这个叫"黑洞事件视界非减性质"，也叫"黑洞面积定律"，意思奇怪而意义重大。

霍金思考的焦点是光，思路出乎意料地简明。考虑事件视界表面，此处总会存在一些光，它们就像绕日轨道上的地球，跟太阳靠近了要跌落，跟太阳隔远了要逃逸，所以它们将永远绕着黑洞运动。它们必须互相散开或者平行，而不是相撞。就像脸上的皱纹，瘦了就挤作一堆儿了。如果黑洞表面缩小，必然就会有光线逸出，那么它还够资格叫黑洞吗？这是不是就反证了黑洞的视界面积必须永不减小？是啊，哪有证明，不过是依据定义所作的逻辑反推而已。

世界上有三样东西，永远都是只增不减的：

1. 人生烦恼[呵呵]；2. 黑洞面积；3. 宇宙总熵

有鉴于此，黑洞专家贝肯斯坦打开脑洞，把霍金的黑洞面积定理与熵增定律联系起来。熵增定律可以表述为：一个孤立系统的熵总是增加的，并且两个系统连接在一起时，其合并系统的熵大于单独系统熵的总和。既然熵总是增加，黑洞面积也总是增加，贝肯斯坦猜测黑洞应该有熵，并且它的表面积与它的熵成正比。但贝肯斯坦不能解释黑洞为什么会有温度，反过来启发霍金发现了霍金辐射。然后，贝、霍二人合作，在辐射温度公式的基础上，推导出"贝肯斯坦–霍金黑洞熵公式"：

$$S_{BH} = Akc^3/4\pi hG$$

结论：熵，全部在表面。黑洞好比那些虚荣爱炫耀的主儿，所有东西都铺陈在表面。信息没有丢失，它们全部漂浮在黑洞表面，并将伴随霍金辐射如数回到宇宙。黑洞信息悖论不是悖论。

一则计算，即贝肯斯坦关于黑洞熵的计算。

如果没有数学，物理就是闲谈。黑洞表面积正比其熵，不应该只是一个笼统的原则。贝肯斯坦推算黑洞熵与其表面积的数学关系：为黑洞加注 1 比特信息，视界面积将发生什么变化？伦纳德·萨斯坎德的《黑洞战争》介绍了贝肯斯坦的推算工作，赞赏贝肯斯坦的论点出奇地简明优美。萨斯坎德曾经在斯坦福大学某个课堂的黑板上，以一个太阳质量的黑洞为例，一步一步推演贝肯斯坦关于黑洞熵的计算过程。计算结果是：

每加入 1 比特信息，黑洞表面就增加 1 个最小面积单元。

这个结果表明，"藏身于量子力学和广义相对论原理中的不可分割的比特信息与普朗克尺寸的面积之间有着神秘的联系"。

这件事情，重要且难解的不是计算过程，而是要在天地间找到某样物质，来精确地代表一个比特的信息。It from bit，惠勒这个宣言只是一个抽象原则，我们并不知道一个 bit 究竟如何输出一个 it，不知道什么样的 it 刚好表达一个 bit。前面，我们讨论互联网每个比特的质量，那是电脑比特的特质，电脑无法抽象地、人神不知地表达一个比特，而必须具体地让电容器充满或者放掉 4 万个电子。

纯度百分之百的 1 比特，怎样获取?

一个电子? 一个光子? 显然都不行，每个电子或光子身上都承载太多信息，诸如直径、电荷、质量、波长、频率，等等。纯粹的一个 bit 仅够最抽象地表示 0 或 1，它跟奇点一样，只是一个零维的点，你顶多可以用黑点与白点、这点与那点、上点与下点等非此即彼的“与非”逻辑来区分，不允许承载更多内涵。理论上讲，它只在数学概念上成立，任何实物都不可能精确地对应一个 bit。据《黑洞战争》介绍，贝肯斯坦解决这个难题的思路，是一个有点隐晦也有点奇妙的点子：

将一个刚好“合身”的光子，轻轻地“披搭”在黑洞外壳上。

直接向黑洞喂食一个光子，我们不知道等于输入了多少 bit，但肯定不止一个 bit。贝肯斯坦的思路是，设想一个波长（张天蓉等人说的是半个波长）刚好为史瓦西半径 R_S 的长波光子，让它刚好搭在事件视界。这个如此这般的精选光子，辅之以如此这般的精准操作，将向黑洞输入一个比特的信息。为什么呢?

首先，选择合适的 it。光子相对来说是最佳的选择。按照信息论，信息依托能量，能量携带信息。每个比特都对应一份能量，我们已经知道兰道尔原理为此建立的精确量化关系。光子静止质量为 0，所以它是纯能量。除了位置、波长、动量等内禀属性，不再包含其他信息。

其次，控制它的物理量。设定它的波长为黑洞直径，那么它的光波弧形就刚好扣住黑洞的脑袋。若再大一点，黑洞一口吃不进去，光子将被黑洞弹开（散射）。若再小一点，光子将被黑洞吞没，那样它在黑洞内部的选择性（信息）就太多了。

再次，剥离它的多余 bit。由于我们已经精确规定它的波长，根据不确定原理，它的位置就是完全不能确定的，所以它隐藏了或洞内或洞外的信息。与此同时，由于该光子与事件视界严丝合缝，并没有位置的自由度。所以，在规定波长、限定位置的情况下，这个光子在黑洞里只有一个比特的自由度。

因此，虽然光子本身不可再分，不能从它身上切削一丁点来代表一个比特，但它可以借助这种似有若无、不进不退的骑墙方式，给黑洞输送单个比特信息。萨斯坎德没有更深入地阐述，他认为这个结论已经清楚：漂浮在事件视界、波长为 R_S 的光子，就是代表一个 bit 之 it。这个特选光子的物理量，就是整个计算过程的核心要素。

最后，余下的只是简单的计算，无非代入和导出，过程一目了然：

- 根据光波频率的定义，可得这个光子的频率：

  $f_{光子频率} = c/R_S$

- 根据爱因斯坦–普朗克能量公式 $E = hf$，可得这个光子的能量：

  $E_{光子能量增加} = hc/R_S$

- 根据爱因斯坦质能公式 $E = mc^2$ 换算，可得这个光子的质量：

  $m_{光子质量增加} = h/R_Sc = 10^{-45}$ 千克

- 根据拉普拉斯–史瓦西公式 $R_S = 2MG/c^2$，或直接代入 3000 米的实际值，可得这个光子为黑洞半径提供的增加值：

  $R_{S\ 增加值} = 2hG/R_Sc^3 = 10^{-72}$ 米

- 根据球体表面积计算公式，可得黑洞表面积增加值：

  $S_{视界面积} = 4\pi R_S^2 = 10^{-70}$ 平方米

推导完成，结果有了：

10^{-70} 平方米

这是什么东西？这确实是个值得惊呼的好东西：刚好一个“普朗克方块”、一个标准的宇宙“马赛克”基本像素单元。巧合吗？当然不是。此处是以一个太阳质量的黑洞为例所作的计算，其实，换作其他任何质量、任何半径的黑洞，计算结果不变。据此，萨斯坎德宣布：“任何黑洞，加入 1 比特信息，导致增加的视界面积为 1 普朗克面积单位或者 1 平方普朗克单位。”更简洁的宣言是：

信息等于面积。

萨斯坎德做完推算之后，教室后排传出一声悠长而低沉的啸叫：

Cooool !

仔细思量你也许会同意，这是引人无限遐思的自然奇观。黑洞，论实体只有一个无限小的点，然后它还总是确定地拥有一个一无所有的立体空间，以及一个无影无形的外壳。它把每一克物质都吸入奇点之中，从此杳无音信，仿佛奉献给了上帝；同时它精确地扩展自己的外壳，以便把每一个新增的 bit 信息仔细地码放在表面，展现给世人。所有信息，也即所有物质的本源，最终将回归宇宙。它们也许被黑洞火墙烧掉了，也许被霍金辐射弹飞了，总之霍金不再为黑洞信息悖论烦恼。基于此，我们可以对开始时提到的黑洞模型稍作改变，重新描述如下：

黑洞 ＝ it（一个点的全部质量）+ bit（一个面的全部信息）

最大可能的熵值取决于边界面积而不是体积，据此，20 世纪 90 年代，特霍夫特和萨斯坎德提出宇宙全息原理。这个原理认为，世界上每一比特的信息都存储在宇宙的边界上。宇宙空荡荡，物质在表面。

宇宙全息原理的专业表述是：一个引力系统的独立自由度由它的边界面积来测度。或者这样说：对任何一个三维区域的所有物理描述，该区域二维边界上定义的物理学能完全描述该三维区域的物理。显然，这里强调的是等效。后面我们将要讨论，二维的描述更具优势。所以，就算造物主不嫌啰嗦坚持使用三维，我们也不必理会他。

一个模型，即马尔达西那 Ads/CFT 对偶假说。

AdS/CFT 对偶：反德西特 / 共形场论对偶。也称为弦理论和规范场论或者引力理论和规范场论对偶。1997 年，胡安·马尔达西那的一篇论文提出这一思想，成为支撑全息宇宙假说的一个数学模型。马尔达西那的这篇论文引起强烈反应，物理学界为之洛阳纸贵。

AdS 是什么？ Anti-de Sitter，反德西特空间。

CFT 是什么？ Conformal Field Theory，共形场论。

对偶是什么？ correspondence，风马牛不相及而等效。

如果 AdS 是马、CFT 是牛，那么风是什么呢？

风是引力。AdS/CFT 之所以成为显学，主要是它处置引力有方。

AdS/CFT 对偶的核心内容是说，兹有 AdS 与 CFT 两个数学物理描述模型，一个善于从三维视角解释世界，一个善于从二维视角解释世界，两种完全不同的话语体系可以互相转译（对偶）。此事的非凡意义在于，转译过程摆脱了引力。引力是常做常新的难题，物理科学被它捉弄虐待已久，它总是从这个门口被撵出去，又从那个窗口钻进来。

整个事情，焦点是引力。引力到底是什么？牛顿跟他那个苹果，经典物理的经典故事，我们都懂了吗？我不相信你真懂了。别看当代物理很发达，事实上，何为引力、为什么有引力的问题，物理学从来就没有真正搞清楚过。到了相对论和量子论时代，引力之谜愈发扑朔迷离。

我们的宇宙共有四种基本作用力：引力、电磁力、强核力、弱核力。

其中引力最为蹊跷，也最具哲学魅力。说它小呢，它小到可笑——有比喻说，如果用你的左臂长度代表电磁力，用右臂长度代表引力，为了达到两臂的力量均衡并准确表示二者的大小比例，你的引力右臂必须伸出宇宙之外。说它大呢，它也大得惊人——它是只知道做加法的蛮力，闷着脑袋一门心思永无止境地加了再加，直到制造出黑洞这样的引力大坑，还能继续累加。黑洞正是引力全面战胜其他三个作用力的结果。引力更神奇的是它的传播与渗透能力。其他三种力别看很强悍，稍微隔远一点就迅速衰减了，而引力却是无远弗届，足以号令宇宙万物亿万年的聚散离合。它甚至可以穿越我们的宇宙时空，跟其他平行宇宙相互作用。

相对论与量子论，各自都对引力有自洽的解释，但它们存在无法兼容的矛盾。从相对论方向看过去，引力被描述为空间弯曲效应，而电磁力、强核力、弱核力却只能用粒子和场来描述，不能予以“几何化”。从量子论方向看过去，三项基本力都是量子在传递相互作用，电磁力是由光子，弱力是弱规范玻色子，强力是胶子，唯独引力需要用引力场来描述，不能予以“量子化”。量子引力理论，将是 TOE 最后一块拼图。

AdS/CFT 对偶之所以引起关注，就是因为它提出了解决引力难题的新方案，新的解决方案是避开引力，所以它被称为“没有引力的量子引力理论”。反德西特空间的重要特点是，它的边界类似于圆柱体的二维表面。就是说，只看表面、不看内涵，可能是宇宙真理。

既然引力跟所有物理模型都格格不入，人们怀疑，可能原本就不存在这种基本作用力。全息宇宙假说和 AdS/CFT 对偶提出两个全新的物理理念，为研究引力的本质打开新的思路。

- 熵/信息是物质之本。
- 一切都在二维表面。

所有物质能量和作用力都可以表达为熵/信息，所有熵/信息用二维模型来描述更为简洁。据此，2010 年，荷兰物理学家埃里克·韦尔兰德提出一个大胆的假说：引力即熵力。引力的存在是因为两个质量及其周围环境之间虚空的信息密集度差异引起的，小质量物体靠近大质量物体引起大质量物体熵增加，表现为引力。引力不是一种基本力，而是更加基本的自由度引起的宏观现象，本质上是熵力。

没有任何舰船能够阻挡大河的万古东流，因为它们本身就漂在河上。韦尔兰德认为，引力可以类比水流，单个水分子没有流动性，但大量水分子集中起来就有了这种属性。同样，引力并不是物质的本性，是一种额外的物理效应，是质量、时间和空间相互作用的结果。引力也可以类比于空气压强，瓶子里的每个分子，本身并不带有压强，但是空气分子的热运动或布朗运动对瓶子内壁形成的冲量，从宏观上看就是压强。

简而言之，引力的本质就是混乱吸引整洁。杯子摔落地上，落红化作春泥，并非什么子虚乌有的引力作用，而是宇宙的风化、溃散、侵蚀、腐朽、耗散之力使然。后面将要讨论，宇宙里的智能文明，高级文明与低级文明之别，可能就是熵低与熵高之别。越高级的文明越小气，正如穿皮鞋的比穿草鞋的小气。拿鸡蛋碰石头来作比的话，高级文明是鸡蛋，我们是石头。现在你应该明白，外星人为什么要躲着我们了吧？

一项实验，即 GEO600 关于“全息噪声”的探测。

最大可能的熵值取决于边界面积而不是体积……呵呵，造物主和房地产开发商都是一个套路，他们不亏本吗？我们来算一算：任一球体，若半径翻番，则面积增加 4 倍，体积就要增加 8 倍。就是说，宇宙三维“体空间”容纳量本应比“面空间”大得多，卖房子还讲究容积率呢。如果表面那些信息才是真实的话，那么，它们投射到广阔的体空间里就会放大。反过来说，三维“现实世界”的基本像素应该是模糊的、粗糙的。也即，我们身处的这个 VR 投影世界的“立体马赛克”颗粒，应该比信号源的“平面马赛克”颗粒大一些。平面马赛克尺度如下：

1 个普朗克方块 $= 10^{-70}$ 平方米

我们已经完成贝肯斯坦的“cooool 计算”，确认这是一个宇宙“面像素”的标准尺寸，不存在（人类可以谈论的）更小时空单元。每个普朗克方块包含 1 个比特信息（严谨的物理模型应为 4 个比特，本书为求简明，忽略这个差异），不存在更少的信息含量。这样一个平面的“宇标”马赛克方块投影出来的“体像素”，该是多大尺度呢？

不知道。普朗克方块实在太小，想要实际探测，我们的大型强子对撞机需要建成比太阳系周长还长的“跑道”，还要供得起银河系全部恒星当量的能量输入，都还未必行。目前，探测时空极限的最高纪录是 LIGO 的引力波项目。引力波信号 GW150914，这一波“时空涟漪”导致 LIGO 的 4 公里长的激光探测臂发生轻微震颤，抖动尺度相当于从太阳到最近恒星之间的距离（4.22 光年），改变一个头发丝的宽度。

德国的引力波探测项目 GEO600 好像发现了什么。GEO600 原本是全球 5 个引力波探测项目之一，但是它有点倒霉，项目组科学家们没有探测到星际头发丝颤动，他们一直被频率为 300~1500 赫兹的某种附加噪声所困扰。哪来的噪声？蚂蚁蚯蚓的窃窃私语，还是地壳板块移动的声音？物理学家克雷格・霍根认为，也有别的可能，GEO600 也许在无意中获得了半个世纪以来最重大的物理发现：全息噪声。

全息噪声（疑似）尺度为 10^{-16} 米，相当于质子大小，跟宇宙原生“马赛克”也即最小时空单元的 10^{-35} 米，相差近 20 个数量级之巨。从宇宙边缘投射过来，这些像素被放大了千亿亿倍吗？咱们的“VR 宇宙”分辨率不高哦。或者，造物主把持 VR 投影机的手不大稳……岂止不稳，简直就像骑在一匹烈马背上。霍根他们估计，马赛克不仅放大了，还伴随幅度巨大的抖动，所以才叫“噪声”。

这个不奇怪，按照弦理论的数学模型，一个普朗克尺度的弦存在某种内禀的量子晃动，可以让一个电子在极短的时间内延展到宇宙边缘。所以，让一块晃动的马赛克看上去像一个大到 10^{-16} 米之巨的亚原子粒子，就一点都不算荒唐了。布莱恩・格林认为，全息宇宙假说不论多么荒诞，也不论实验验证多么困难，它的科学基础是强大的，它不会被奥卡姆剃刀处理掉，还极有可能成为物理科学未来的重要发展方向。

明明二维薄片却总感觉是三维，我们捡了宇宙的便宜。

物质实在，及其三维建模的图景，也许破灭了。这还不算糟糕透顶，大不了开心一笑。真正令人惊骇不安的是，我们这些虚幻的游戏机角色竟然在试图理解这个隐秘背景，宇宙 VR 幻象大剧似乎穿帮了。而这个揭秘之举一开始就会陷入谁是“我们”、谁是“他们”的诡谲矛盾。我们无法想象，天穹上飘着的所有扁平家伙（包括真实的你我）过着怎样一种奇怪的日子，比如他们如何做到抬起头来左右看看，如何做到伸出胳膊来相拥或者互掐？但可以肯定，他们（唉，其实我们才是他们）把这些情状都压扁压扁，无一例外全部刻写在二维薄片上了。

我怀疑，未来果真已来。如果真的存在《三体》之“歌者文明”，并且他们真的很小气很生气，并且他们必锤扁我们而后快的话，他们早在 138 亿年前就已经得手了。这些高级敌人像敲打金箔那样，把我们薄薄地摊在宇宙边上的二维面上。我还怀疑，在惨遭降维打击之前，我们一定比各路漫威超级英雄还强大，并始终顽强地保持着自尊自恋。要不然，我们何以能做到彻底忘记自己的扁平身份，还假装生活在一个立体的丰富多彩的三维世界里，弄得跟真的一样？

我要再次抱歉地通知你，你脚下这个看上去丰满浑圆的立体宇宙，极有可能就是一款假货。真正的宇宙，只是一个空壳。

STEP 04 外面归于数学

我们的造物主可能是一则数学公式，例如 $\pi = C/D$。

Explore pi, explore the universe.（探索圆周率，探索宇宙。纪梵希品牌香水 π 的广告词。）

Hook A **看，宇宙初始态的随机性。**

你见过 CMB（宇宙微波背景辐射图）吗？人类三次全天空扫描，COBE、WMAP、PLANK 三代卫星探测图像，我们环顾四周目力所及最远处（最早期）的一面像素之墙，那是真正意义上的“天尽头”。CMB 的斑驳陆离，是宇宙甚早期量子涨落的残余痕迹。这些斑块后来演化成为星云、星球、星系，它们比云卷云舒花开花落还要自由散漫，比英国的海岸线还要凌乱破碎。然而，如果你相信上帝不掷骰子，你就必须推测这种随机性可能是一种巨大的假象。

CMB 是宇宙最初的“时空外壳”，按照全息宇宙假说，它应该隐含着宇宙万物的全部初始态信息。这些像素还很粗糙，不好推测它们就能精确地表现宇宙的熵，不过它们之间肯定存在某些科学联系。三代卫星扫描分辨率一代比一代高，是不是提供了一个路径，指引我们找到某种可以计算推导的“递进率”？也许，我们可以借此推算出每一个普朗克最小单元的像素，那样就可以得到一个二维码——宇宙的“扫一扫”名片。

Hook B **来，用你的新款手机扫一扫。**

你有可能发现这个宇宙的二维码高度有序，它也许是某个无穷数列，例如圆周率 π，或者 $\sqrt{2}$，或者自然底数 e 的某个局部。就是说，休提什么《易经》《圣经》《楞严经》或者更加晦涩的诺查丹玛斯《百诗集》，原则上，整个宇宙，我们已知和未知的一切，可以简单到用一个豌豆大小的字符，外加一个数列区间起讫位置的信息，即可作出完全描述。呵呵！

万一真的是呢？

本章四个讨论步骤，立志挑战你的物质实在观。STEP 1：色声香味触法都是眼耳鼻舌身意的体验故事。STEP 2：所有故事都是由比特或者量子比特讲述的。STEP 3：比特描述的立体世界是投影幻象。现在 STEP 4 将要努力证明，比特依然是因为人类而有意义的符号，它们在最底层的本质上，在彻底摆脱“人味儿”的意义上，应该是纯粹的数学。

量子那些不可能的事情究竟何解？我们都不满足于闭嘴计算，也不喜欢学术江湖上那些云山雾罩东拉西扯的滑头说辞，我们相信大自然不会如此矫情别扭，相信应该有一个简单清晰的解释。对此，我们有两个理解问题的战略方向可供选择：

- 往右（右脑喜欢），终点是生物中心主义，一切归于意识。
- 往左（左脑擅长），终点是极端柏拉图主义，一切归于数学。

如果“右倾路线”的生物中心主义是对的，那么人类关于科学的一切建树都需要重新来过。呵呵！如果你是铁板一块毫厘不爽的决定论和实在论者，如果你坚信量子论的不确定性和观察创造实相只不过是客观世界的冰山一角，那么，将一切归于数学结构，也许是可以让你心安理得的最终选择。

乍一听，似乎是一个圈套。难道，才出量子无物之虎穴，又入数学抽象之狼窝吗？不是，我相信数学结构是比石头更实在、比疼痛感更真切的东西。这一章讨论数学实在论的真实性和可信性。

首先，让一切还原成数字。

诚如上一页的 Hook 之问，万一宇宙就是 π 的一小截儿怎么办？

万一真的，好像也没有什么了不起。因为，数列既然无穷，是不是一切排列组合的数字结构皆有可能呢？当下宇宙的二维码信息不管是怎样排列组合的数列，在 π 展开的无穷数列中，应该总能找到一段数列与之吻合。如果没找到，就沿着 π 的数列跑再远一点。既然总能找到，当然没有惊奇，这个话题就毫无意义，极端柏拉图主义不成立。

是吗？有点迷惑，我们需要略加小心地求证。

网文《π和e》和《你在pi的哪里？》推荐一个"π查询"网站，该网站数据库储存了2亿位的π值，你可以去搜索一些有趣的数字。前60 872位数字包含全部的生日组合。而任意一个8位数的序列，查到的概率大约在85%以上。再要想查到更多的组合，需要搜寻的范围就会急剧扩大。据说，有人在远至第17 387 594 880位之后，才找到一个可以令强迫症感到宽慰的特别序列：0123456789。

玩玩罢了，不能证明什么。π何止2亿位？人类早已证明它是无限不循环小数。那么，如果展开式足够长，要多长就多长呢，会穷尽所有组合吗？美剧《疑犯追踪》里，哈罗德·芬奇有一番惊人之论：

> π，圆周长与其直径之比，这是开始。后面一直有，无穷无尽。永不重复。就是说在这串数字中，包含每种可能的组合。你的生日，储物柜密码，你的社保号码，都在其中某处。如果把这些数字转换为字母，就能得到所有的单词，无数种组合。你婴儿时发出的第一个音节，你心上人的名字，你一辈子从始至终的故事，我们做过或说过的每件事，宇宙中所有无限的可能，都在这个简单的圆中。

果真如此的话，它还应该包含你那个超大硬盘存储的几千部电影，当然也应该大胆地说，肯定包含全宇宙所有数字化信息。如此说来，宇宙CMB二维码信息与π数列的某一局部相符，就是一件无聊无趣、毫无意义的事情。可是，听上去很有道理，其实这个判断没有根据。前面"奥义"篇再三强调，"无穷"这个概念有毒，它不是你想象的那么好对付，你实际根本不能像哈罗德·芬奇那样斩钉截铁地断言什么。例如，人们很容易举出一个明显的反证：

0.9 09 009 0009 00009 000009 ⋯

这个数的特点是，按照定义规则，两个9之间的距离逐渐加长，每次多一个0，直到无限。如果某一天你偶然路过这个数列表现的世界，一眼瞥见亿亿亿……中间还可以有许多……亿亿亿……个0的话，不要被这种整齐划一迷惑了，它只是比上一个9之前的0多了一个0。而接下来的一个9的后面，还有更多的0。重点是：它们并没有重复。它们跟所有无限不循环小数一样枯燥无聊、令人窒息。

我们知道π数列不是这种人为构造的数，但也没有人给出证明，π数列会从什么时候开始出现这样的排列组合，或者永远不会出现。它是无穷无尽的，也是不循环的，因此是无理的。显然，一望可知，上述这个数列并不包含你的生日、储物柜密码和社保号码，它就算延伸到天涯海角、世界末日、宇宙尽头，竟然也只有区区两个数字。这种数列构造的世界，才真正是鸟不拉屎的死亡沙漠。

造物主真的会这么调皮吗？我们证明了π是无理数，但没有人证明它是或者不是合取数（包含所有数字组合）、正规数（所有数字出现频率趋于一致）、随机数（每一位的数字都随机）。例如：

钱珀瑙恩常数C_{10}：0.12345678910111213 14 …

小数点之后，全体正整数从小到大依次写成一排，C_{10}（十进制）就是这样刻意构造出来的数。根据构造规则，它具备无理数、超越数、正规数的特点。虽然，你我都不大相信造物主如此滑稽，非要强迫我们的π以0.9 09 009 0009 00009 …这样的刁钻姿态一瘸一拐走下去（呵呵，那又是一番引人无限遐思的情景呢），但是，若以为造物主憋不住了迟早要绕回到“正常的”（合取数、正规数、随机数）路子上来，怕是有点自作多情。在π数列小数点后31.4万亿位（谷歌原工程师爱玛创造的最新纪录）之后，造物主还有许多可供选择的、未必刁钻的姿态，照样可以避开你的社保号码。

佩措尔德《图灵的秘密》揭示了一个常见的数字错觉：

千百年来，我们对于数的概念完全是偏颇和扭曲的。……我们只关注那些对我们有意义的数字。为了数农场里的动物，我们发明了自然数；为了测量，我们发明了有理数；而在高等数学中，我们又发明了代数数。我们从连续统中挖出所有这些数，却完全无视实数海洋中其他有如微生物一般繁多的数。我们活在一种很安逸的幻觉中：有理数比无理数多得多，代数数比超越数多得多，当然这仅仅是我们的一厢情愿。然而事实上，在连续统的世界中几乎每一个数都是超越数。

超越数多如微生物。所以，就算等到海枯石烂，也未必能碰到你的社保号码，更何况一组长达 10^{118} 位的数列！不过，卡尔·萨根相信会遇到别的神奇的东西。他的科幻小说《接触》有一个情节：爱莉用超级计算机计算 π 后的小数位，从某个位置开始发现有规律的数字。用 11 进制对这些数据进行转换后，数字的序列变成了一串 1 和 0。爱莉把这些 1 和 0 用一定的矩阵方式排列，形成一个图像：在“0”构成的背景上，“1”清清楚楚地构成一个圆环。那是造物主的签名。

现在假设我们在 π，或者 $\sqrt{2}$，或者 e 的展开数列中找到了 CMB 代码的完整的排列组合，如果你还不以为然的话，你就得对这种罕见的巧合作出解释。当然，我拿 $\sqrt{2}$ 、π、e 说事，只是举例而未必是实情。人类还发现了其他莫名其妙而又意味深长的数学常数，诸如：

- 黄金分割 φ：0.6180339887498948 …
- 欧拉常数 γ：0.57721566490153286 …
- 卡钦常数 K：2.68545200106530644 …
- 康威常数 λ：1.303577269034296391 3 …
- 菲根鲍姆常数 δ：4.66920160910299067 18 …
- 兰道–拉马努金常数 K：0.76422365358922066 …
- 埃尔德什–波温常数 E：1.606695152415291763 …

……

多乎哉？不多也。其他高级智能生命，他们发现的常数也许比我们看见的星星还多。这些神秘的数学常数，人们不完全知道它们究竟有什么意义。举个例子，如果水龙头没有关严，那嘀嗒嘀嗒的声音似乎混沌无序，拧紧点或拧松点，嘀嗒嘀嗒也有急有缓，有人说，菲根鲍姆常数就能描述水龙头滴水的节奏。呵呵！我们不仅不知道意义，有的甚至不能证明是不是无限不循环小数，不知道它们究竟能跑多远，或者像平行运行的无限列车，即便永生永世不停下也不会相互串线撞车。10个阿拉伯数字（如果使用二进制的话还只有两个数字，但本质一样），竟然可以拼凑出这么些古怪的排列组合来，真正要算大自然的鬼斧神工。

猜测宇宙的二维码信息是某个常数的某个局部，不只为拍案惊奇，更可以对宇宙与生俱来的随机性和复杂性，给出符合理性和确定性的解释。爱因斯坦就坚信上帝不会掷骰子，创世也不是一场轮盘赌。CMB的每一个斑点都不是随意的，所有斑点的站位也不是凌乱的。哪有什么岁月静好，不过是人家 π 默默地替你设定了一切！——对于CMB那一大片花花绿绿来说，这无疑是最好的交代。

否则物理学家们会说：它一开始就这样，跟我没关系哦。

科学不解释，终归是疑问。尤金·维格纳把我们对物理世界的知识分为两类：初始条件和自然规律。例如阿基米德那个“给我一个支点，我就能撬起整个地球”的高论，就反映了物理学家不对初始条件负责的传统习惯。泰格马克讽刺说：“物理学家们通常会把我们能理解的规则称为‘规律’，却忽视我们不能理解的部分，并把它们称为‘初始条件’。”如果物理世界本质上就是数学结构，那么，“初始条件的信息与我们物理实在的本质无关，而只与我们在其中的位置有关”。正如我们扫一扫之后跳出来的屏幕提示，最初的CMB是 π 的展开式的某一段。

我没有说宇宙的二维码信息一定是 $\sqrt{2}$、π、e等数列的某个局部，只是说存在这种可能性。而谁要想证明这种可能性不存在，则几乎是不可能的。——不可证伪？那就是伪科学！不然，这同物理科学的不可证伪有所区别，数学是真理，不是科学。以哥德尔不完备定理为例，数学命题存在既不可证实也不可证伪的情形。

到此，我们已经排除了一个想当然的误区：无限即遍历。对人们熟悉的事物来说，无限常常遍历，但并非总要遍历。那么，如果真的发现宇宙是π的一小截儿，你会不会惊掉下巴？至少，值不值得你叫一声“哎哟喂”？我不想评论出现这种诡异的巧合情况有什么“意义”，我也不知道康威常数、卡钦常数、菲根鲍姆常数有没有在“其他地方”描述某种现实世界，或者哪个常数对应的世界更有趣一些，但我知道柏拉图主义者会欢呼胜利。

我们的宇宙，究竟碰巧是π的一小截儿，抑或必然是π的一小截儿，还只是第二位的事情。重要的是，极端柏拉图主义认为，宇宙万物就是数学。不是说CMB可以用一个二维码、一列字符串来描述，而是说，它本质上就是（is）一个不带马赛克方块的二维码、一列不使用阿拉伯数字的字符串。进而还可以推论，造物主不是任何肤色体型、任何装束打扮的老头儿，而极有可能是一则迷你的数学公式。

CMB编码与π巧合就巧合吧，泰格马克他们的奇谈怪论仍然高度可疑。信与不信，都不要紧，只要你听清楚他的意见，而没有误会这是一种浪漫的比喻就好。我先把他的最终结论放在这里：

> 宇宙不是很像数学，它就是。

其次，让数字还原成公式。

万物都bit了，再往前一步就Digital啦。

泰格马克是惠勒的弟子，他继承惠勒善于“推向极限”的科学传统，继续把老师已经足够极端的bit本源思想勇敢地前推一步，宣布bit等同于Digital。他在2017年的新书《穿越平行宇宙》（*Our Mathematical Universe*）中，系统地阐述了这一思想。这个模型叫“数学宇宙假说”（Mathematical Universe Hypothesis，MUH）。如果允许我替他作一个归纳总结，这种推进，就是从“it from bit”（万物源自比特）到“world from math”（世界源自数学）的跃迁。

世界源自数学，world from math，原则如此，还没有更多具体的诠释内容，泰格马克只是猜测，它可能是人类世界观进化的战略方向。从原子到比特，再从比特到数学，德谟克利特“一切皆原子”的信仰早已终结，毕达哥拉斯-柏拉图“一切皆数”的信仰正在复兴。曾经，有一个$\sqrt{2}$摆在毕达哥拉斯面前，他没有好好珍惜，没有理解造物主给他的提示，还让他的小同学希帕索斯为之白白献身。而今，你当然不会对希帕索斯这种人痛下杀手，可是，在你准备对泰格马克的思想表示轻蔑之前，是不是应该多斟酌一下。

world from math，意味着什么？世界两种存在——“材料”与“法则”，按照world from math，材料是数码数字，法则是数学公式。例如圆周率π，展开来是一组浩浩荡荡无边无际的数列，收拢后是一个豌豆大小的数学字符。它有时间，也有因果，它像豌豆那样生根发芽、生长万物，一个气象万千的浩大宇宙，旁若无人地徐徐绽开。

这是在物理学、宇宙学的文化圈子里，我能想象的最浪漫的事。

从“材料”源于数学的角度看。如果我们是π的一小截儿，那么我敢赌100元，还有许许多多小截儿也在演绎着大千万物，它们就应该算一个平行宇宙π族集群，3.14是我们共同的“龙头老大”。我也愿意再赌上100元，除了3.14家族，另外一定还存在e，也存在$\sqrt{2}$，以及其他无数个素昧平生、有理或无理、平凡或超越的数列。数学的多元宇宙集群，也许是一个或无数多个以$\sqrt{2}$、π、e等为浪花的汪洋大海，我们的宇宙，就如沧海一粟深深淹没其中，可能只是其中一个超越数的其中一段数列。就赌这个，赌约永远有效。

确认这一点至少有一个具体的好处是，我们知道自己并不孤独。如果我们想要尝试联系友好的“歌者文明”，可以考虑以如下方式，为我们的宇宙标定导航坐标或者邮政编码，举例来说，信封上这么写就够了：

［π：第 G_{64} 位开始的 10^{118} 位数列段］

从“法则”源于数学的角度看。豌豆内置自动发芽的生命基因，那是它得以成立和展开的计算公式。比如：

$$\pi_{圆周率} = C_{周长}/d_{直径}$$

如果你去访问别的宇宙，只需请当地土著画一个圆，并向他们借一台 4D（包含时间）打印机，你就可以输入这则公式，然后坐等打印机吱吱嘎嘎输出你的祖国和我们共同的“祖宇”（home-universe）。

豌豆大小的字符 π，简单而不单纯，广大多元宇宙的普通群众认识这个希腊字母吗？前面介绍了一个不依赖地球文化的办法：宇宙刻痕。可恨的是，如此精致的棒棒、如此精确的刻痕，在本宇宙，理论上存在这种高度约化，但物理上是不可实现的。特别地，“宇宙刻痕”并没有展开，不含具体信息。所以，如果我们决定把这根金属棒远远地扔进一个隔壁宇宙，最好再附赠一份描述数据结构的说明书，以免被隔壁宇宙的阿猫阿狗叼走，耽误了再现人类文明乃至整个宇宙的大事。

材料和法则是一个完整的生命体。如果知道 CMB 的探测数据，就知道这列数字；知道这列数字，就知道这则公式；知道这则公式，就知道过去和未来的许多事情。今后，人类可能通过 CMB 数据或者通过别的什么途径，来获取“宇宙编码”的实际信息。那时，我们需要去发现和证明，它究竟是什么样的数列，以及背后令它开花结果的公式。我不相信造物主是一个拾荒者，收集来大量垃圾数据倾倒完事。科学家们的终极梦想，就是发现万物至理 TOE 并表达为一则简洁公式，那将是霍金所谓的“人类理性的最后胜利”。公式最好不要超过两寸，例如：

$$f(z) = z^2 + c$$

大自然必然是简单的。为什么呢？没有为什么，仅仅因为它没有理由复杂。正如所有稳定成形的天体都是圆球，除非它有非常特别的理由，例如诸神打架，才会做成板砖、飞镖或U形锁的样子。话说回来，大自然本身无所谓复杂与简洁、混沌与秩序，我们大惊小怪，只不过是我们对人类可以把握这个程度的复杂而惊讶。就像你我简直不敢相信《最强大脑》那些人蒙着眼睛也可以玩魔方。哲学家和文学家都喜欢这么看。但是，科学的使命是来寻找确定性和秩序的，而不是来享受复杂、消费混沌的。如此，看他们证明一个迷你公式竟然可以自动地、精确地重现花开花落云卷云舒，不也挺好？

惠勒在他的《万有引力》一书中展开想象说，在铺满地板的纸上写出所有可能是物理学终极规律的方程，然后，“站起来，看看所有这些方程，有的方程也许比别的方程更有希望。伸出手指命令它们‘飞！’，没有一个方程会长出翅膀飞起来，或在天空中翱翔。然而，宇宙在‘飞翔’”。是的，宇宙绝不应该是一坨摊在地上软不拉几的泥巴。

我们一定要找到叼起宇宙飞翔的公式。

然后，让公式飞起来。

引述$f(z)=z^2+c$，因为它可能就属于惠勒所谓的比其他公式更有希望会飞起来的公式。它不是驮着宇宙起飞的公式，它是曼德尔布洛特集“超级甲虫”的翅膀。公式存在一个映射机制和反馈回路，经过无数迭代计算，可得一系列集合，生成一幅奇怪图形。

这只甲虫，就是大名鼎鼎的曼德尔布洛特集，因分形几何之父、数学家本罗特·曼德尔布洛特而得名。它被称为“上帝的指纹”，盖因它混沌其表、简洁其里。论混沌，它的图形极其奢华艳丽、瑰丽绚烂，比欧洲中世纪巴洛克（“俗丽凌乱”之意）教堂墙面和清朝官员的九蟒五爪绣袍还复杂。论简洁，这一切混沌，竟然都是由一个极其简陋的公式，通过一个极其简单的计算法则而生成的。用Python语言编程描写一只曼氏甲虫，40行命令就够了。相比之下，微软的码农们需要编写5000万行代码，才能展开一个慢吞吞的Windows系统。

甲虫的混沌与简洁交互作用。混沌中有简洁——虽然整个图形极其复杂，但它的许多局部与整体是相似的，而且是可以无限放大的自相似，像俄罗斯套娃那样层层嵌套，小娃娃跟大娃娃总是一样。简洁中有混沌——虽然它们都是相似的，但并不是单调的，可以调整公式参数的取值，让那些绚烂图形无限不循环生成。

公式振翅高飞，全靠迭代计算。所谓迭代，即重复反馈过程的活动，每一次对过程的重复称为一次迭代，每一次迭代的结果会作为下一次迭代的初始值。“山上有座庙”的故事：从前有座山，山上有座庙，庙里有个老和尚在给小和尚讲故事，故事是这样的：从前有座山，山上有座庙，……这个故事就是一种“分形自逻辑”。

看看 $f(z)=z^2+c$ 怎么表演迭代。c 是复数，$c=x+yi$。对于固定的复数 c，取某一 z 值（如 $z=z_0$），可以得到序列：

- z_0
- $fc(z_0)$
- $fc(fc(z_0))$
- $fc(fc(fc(z_0)))$

……

分形几何是复变函数自娱自乐的世界。曼德尔布洛特说：“无边的奇迹源自简单规则的无限重复。”如此说来，造物主编织华美锦缎，总共有两把梭子，z 梭子飞过来、c 梭子飞过去，技术含量还不如黄道婆。

1967 年，曼德尔布洛特的著名论文《英国的海岸线有多长？统计自相似和分数维度》，把分形几何介绍给人们。英国海岸线多长呢？如果大概地比画一下，总长 11 450 公里。但是我们都知道，只有一些非洲国家画在地图上的边界线是直线，而所有海岸线都是蜿蜒曲折的。不难想象，精确丈量海岸线绝对是一件吃力不讨好的苦差事。曼德尔布洛特发现两个惊人现象：第一，如果你想要仔细地丈量它的每一个海岬、每一座礁石、每一个蛇洞、每一块贝壳，直至每一个分子……你将永生永世无法收工，海岸线一定是无限长的。第二，海岸线虽然很复杂，在不同比例尺的地形图上看，它们的局部形状大体相同。或者说，它们的蜿蜒度、曲折度、复杂度是相似的。

曼德尔布洛特说："云朵不是球形的，山峦不是锥形的，海岸线不是圆形的，树皮不是光滑的，闪电也不是一条直线。"为什么啊？没有为什么，大自然就是自然而然。从蜿蜒的海岸线，拓展到连绵的山川、飘浮的云朵、裂口的岩石、粒子的布朗运动、树冠、花菜、大脑皮层……曼德尔布洛特从混沌中发现清晰，他将具有自相似性的现象抽象为分形，建立起有关斑痕、麻点、破碎、缠绕、扭曲的分形几何学。

曼德尔布洛特分形被尊奉为"上帝指纹"，乃因我们强烈感到这是大自然的神性指引。大自然用一个数学公式的魔法，向深陷量子迷雾的人类给出暗示：世界如你所愿，是确定的、精致的、理性的。我们在量子论中体验到的那些不可摆脱的粗糙性、随机性、不确定性，可能只是人类的某种幻觉，幻觉的背后是高度的确定和简洁。

例如电子云，量子论的数学描述它是一大群不确定点的集合。而那个可以生成上帝指纹、超级甲虫的复变函数公式，就擅长以分形几何方式描写点的集合。有人尝试用它来模拟电子云，结果形神皆备，几可乱真。不是吗？谁又见过电子云的写实照片呢？未来有没有希望发现能够描绘电子云分形图的"薛定谔复变函数分形方程"？

一只鸟儿飞起，惊起一群鸟儿。

公式要飞，数学与计算机专家们表现出强烈兴趣。冯·诺依曼、约翰·何顿·康威、史蒂芬·沃尔弗拉姆、克里斯托夫·兰顿等，先后发明了一些扑腾扑腾想要飞起来的计算机程序，如"生命游戏""细胞自动机""兰顿蚂蚁""Rule 30"。这些程序都是相似的：无限的二维棋盘，无数的正方格子，简单朴素至极的计算规则，无非黑与白、有与无、死与活、变与不变，然后是高度复杂混沌、难以预测的输出结果。

简单导致的极端混沌，混沌背后的极端简单，令科学家们想入非非。他们怀疑，不仅英国的海岸线，而且树叶、树木、雪花、贝壳、织锦芋螺，乃至生命、万事万物都是一些简单程序自动生成的。康威说：“生命是一种形式性质，而非物质性质，是物质组织的结果，而非物质自身固有的某种东西。无论核苷酸、氨基酸或碳链分子都不是活的，但是，只要以正确的方式把它们聚集起来，由它们的相互作用涌现出来的动力学行为就是被我们称为生命的东西。”生命的复杂性，也不过尔尔。

1990年，美国生态学家托马斯·雷创建了一个计算机模型：Tierra（西班牙语，意为地球）。Tierra模型生成的程序被认为是可进化，并可以发生变异、自我复制和再结合的。网络文章介绍，雷在运行他的Tierra时发现，这个电子世界能生出许多“生物”。开始时只有一个祖先生物，经过526万条指令的计算之后，发生与寒武纪相仿的生命大爆发，得到366种虚拟生物。运行25.6亿条指令后，产生1180种生物。情况与真实世界中的生命演化类似，在Tierra世界中甚至还可能演化出社会组织。雷的Tierra模型只是单机版，如果升级为网络版，情况将会怎样？

2002年，沃尔弗拉姆出版大著《一种新科学》，宣称宇宙的一切活动都是一种计算，宇宙就是一台庞大的细胞自动机。万物万象不是上帝安排的，也不是自然进化的，而是像Rule 30这类计算机程序自己计算出来的。麻省理工学院赛斯·劳埃德说：“宇宙可以被看成一台巨大的量子计算机，如果研究一下宇宙的‘内脏’，也就是尺度最小的物质结构，就会发现其中除了正在进行数字运算的量子比特之外，什么也没有。”“宇宙自诞生之日起就开始计算了。生命、语言、人类、社会、文化——这一切全是由于物质和能源有处理信息的内在能力。”《一种新科学》的影响力也许还不能如沃尔弗拉姆期待的那样，可以与达尔文的《物种起源》相提并论，但它提出的思想，却是比进化论更加野心勃勃、更具革命性的计算主义世界观。

宇宙就是一台计算机？也许吧，《皇帝的新衣》中那个小孩又要发问了：它的键盘鼠标和显示器在哪里？大自然这台计算机不需要任何外接设备。不要忘了，我们曾经也只是用贝壳、石子、绳子和算盘来计算的，现在都弃而不用了。我们需要重新厘清，计算的本质究竟是什么？

计算的本质是映射，或基于规则的符号串的变换过程。

图灵证明，任何可计算的函数都可以通过机器来完成，因为，映射或符号串变换必须有一种具体实现的机制。这就不难进一步延伸理解，计算，也即映射或符号变换的本质，说到底就是一种物理状态变换到另一种物理状态的过程。只要没有神或妖的干预，这种变换就是有客观规律的过程。有规律的变化，当然就是计算。

"凡有井水处，皆能歌柳词。"凡有算法处，皆可作计算。佛法之因缘，意思等同于科学之算法。苹果从树上落下、经幡在风中摇曳、猫把花瓶碰倒……一动一变，都是算法。沃尔弗拉姆说，"在角落里静静地生锈的一桶铁钉也是一台普适计算机"，而且是可与人的智能相提并论的计算机。这个我信，亿亿万万个铁原子专注、舒缓、笃定地跟氧原子逐一牵手，大自然需要调动何等复杂的"心思"！

"DNA 电脑与生物电脑之父"、美国科学家阿德勒曼认为，DNA 分子就是生命体计算机。DNA 聚合酶分子"读"出一个碱基，并把与其互补的碱基"写"到一条新的正在生长的 DNA 链上，这一过程就是生命的算法。阿德勒曼用试管培养亿万 DNA 分子，让它们用生命的算法来解决一个数学难题：推销员问题（哈密顿路径问题）。通过 7 天时间的生化反应，这台试管 DNA 电脑自动找出了正确答案。这是芯片计算机需要几年时间才能完成的工作。

从此，人造 DNA 电脑风起云涌。贝尔实验室的研究团队制造"罐装 DNA 电脑"，麦迪逊威斯康星大学的研究团队制造玻璃载片的 DNA 芯片，利物浦大学的研究团队制作活细胞 DNA 逻辑电路……。科学原理不容置疑，余下只是工程技术问题。前面提到，中垣俊之团队用燕麦引诱黏菌“规划”东京铁路网，试图把生命的算法发展到宏观生命体的智力。可惜这个黏菌电脑计划只得了搞笑诺贝尔奖。

不管怎样，万物都在计算，这一点并不搞笑。

氢是宇宙最初的、最基本的物质。
它为什么可由 π 的计算公式精确描述？

氢，宇宙所有元素之首，也是所有元素也即所有物质演化形成之母。造物主为我们这个宇宙准备的最基本的物质材料就是氢。氢原子是一个电子和一个质子组成的运动体系，是最简单、最稳定、最自然的物质结构。氢生万物，到现在，可观察宇宙中氢的含量仍然占到75%。基于这些理由，我们可以蛮有把握地说：谁解释了氢，谁差不多就解释了万物。

大约100年前，氢告诉量子力学，万物是不连续的。玻尔引入量子化概念而建立氢原子能级结构，完美地解释了氢原子的稳定性，薛定谔方程则实现了氢原子系统状态的精确计算。现在，氢再次向人类作出惊人供述，它的能级结构可以用一个古怪的圆周率计算公式来描述。

2015年，罗切斯特大学物理学家卡尔·哈根指导他的学生使用变分法计算氢原子的能级。变分法是量子力学重要的计算技巧，在量子力学中，有些量子体系的能量状态无法被精确计算，但可以通过变分法来近似计算。哈根将变分法计算数值与常规计算法进行比较，发现比率中出现一个不寻常的趋势。哈根请来数学家塔马·弗里德曼共同研究，发现这一规律是一个圆周率计算公式的另一种表现形式。这个公式叫“沃利斯乘积”，它的长相是下面这个样子：

$$\frac{\pi}{2}=\prod_{n=1}^{\infty}\left(\frac{2n}{2n-1}\cdot\frac{2n}{2n+1}\right)=\frac{2}{1}\cdot\frac{2}{3}\cdot\frac{4}{3}\cdot\frac{4}{5}\cdot\frac{6}{5}\cdot\frac{6}{7}\cdot\frac{8}{7}\cdot\frac{8}{9}\cdots$$

沃利斯乘积是英国数学家约翰·沃利斯1655年推导得到的一个圆

周率公式。沃利斯的这个公式，为揭示与表现超越数开创了一个特别思路，它第一次用无穷数列的极限计算方法，在超越数与整数之间建立关系，将圆周率表达为无穷个分数相乘的积。

直观地考察，沃利斯公式的与众不同，是用一组整数数列来表现一个无限不循环小数，暗合了量子力学不连续的梯级结构。神奇的是，哈根的变分法计算，果然可以改写为沃利斯公式。哈根他们对这个发现惊讶万分。弗里德曼说："这完全是一个惊喜，当我们从氢原子的方程式中得出沃利斯公式时，我高兴地蹦蹦跳跳。"

前面讨论 CMB 的数码化信息会不会是 π 的展开，纯粹是毫无依据的猜测。但是最低限度如沃利斯公式所示，世界上最重要、最基本的元素——氢，跟世界上最著名、最常见的数学常数——π，二者如此这般神秘暗合，却是一件比较可信的真实。这，算不算"一切皆数"的一个强烈暗示？

人类还很年轻，我盲目地相信，这类暗合还有许多。

没有人类指纹的世界

谨遵"上帝指纹"的暗示，现在重新审视你始终耿耿于怀的那个超现实主义命题：究竟有没有一个沉默而坚实的宇宙就在那里？如果你对这样的外部世界万般割舍不下，现在还有一个最后的"救赎"：

存在一个全知全能、经天纬地、大音希声、大象无形的数学结构。

回顾前面的讨论，之所以断言外部世界不存在，盖因我们赖以认知宇宙的任何模型，都无法摆脱"人味儿"。泰格马克跟你一样——而跟贝克莱不一样——都努力想要越过人的感知去推测世界的存在，秉持一种不假思索的、也许可以称之为"泰式信仰"的世界观：坚信世界不依赖人类而存在，坚信人类也不能隐瞒、歪曲或妨碍世界的存在，因而坚信存在一个可以彻底洗脱人味儿的"本色"世界。那样的世界，就像新鲜出炉、锃光瓦亮、没有人类指纹印儿的玻璃杯，在某处默默地存在。

但是，洗脱人味儿，必须付出逻辑上即不可避免的代价。那个脱离了人味儿的、纯粹的、绝对“原生态”的外部世界，肯定不是你我熟悉的物理世界，而只能是一个无影无形、无色无味、不痛不痒、不生不灭、不净不垢、不增不减、不食人间烟火的数学结构。牵一只最灵敏的天狗来嗅一嗅，只要有一点点味道，都还属于还原不彻底的“世俗的”物理世界。对于这样的世界，我们存在深刻的理解障碍和描述困难，则这种困难不仅正常，而且可以说刚好是题中应有之义。

- 能感知者，必歪曲于人的知性。
- 能理解者，必误解于人的理性。

康德纯粹理性批判哲学的核心思想，深刻而朴素的洞见。

前面，“泰式信仰”宣示的结论是：宇宙万物不是很像数学，它就是。兹事体大，不得瞎说，证据是什么呢？——只有逻辑，没有证据。激进的柏拉图主义作出这样的重大判断，并不是用望远镜或显微镜发现了什么新东西，而是基于无实验、零成本的逻辑推理，基本上还是要要嘴皮子即可完成证明的事情。如果“it from bit”成立，则“world from math”并不需要更多的物理证据，主要推论集中于追问三个“究竟”。

第一层逻辑：数学，究竟是人类的发现还是发明？

数学究竟是客观存在的，还是主观构造的东西？此也为三大数学流派（逻辑主义、形式主义、直觉主义）争论的焦点话题之一。一般认为，符号和公理系统是“发明”的，但里面的逻辑和本质都是被“发现”的。

我是“发现派”，我将要引用的科学家也是“发现派”、新柏拉图主义者。泰格马克说：“数学结构能成为基于客观事实的主要标准：不管谁学到的都是完全一样的东西。如果一个数学定理成立的话，不管一个人、一台计算机还是一只高智商的海豚都认为它成立。即便外星文明也会发现和我们一模一样的数学结构。从而，数学家们向来认为是他们‘发现’了某种数学结构，而不是‘发明’了它。”罗杰·彭罗斯的《皇帝的新脑：计算机、心和物理定律》表示，他乐于承认自己倾向于柏拉图主义。他说："曼德尔布洛特集不是人类思维的发明，它是一个发现。正如喜马拉雅山那样，曼德尔布洛特集就在那里！""它的美妙和复杂无比的结果既非任何人的发明，也不是任何一群数学家的设计。"

试想，雪花、山谷、闪电不知道函数，那为什么每朵雪花、每座山谷、每道闪电都是漂亮的分形几何？三大流派的争论迄今没有谁压倒谁的结论，但有一点，大概是所有数学学霸都乐于接受的：即便数学不是像喜马拉雅山那样坚硬的实在，那也没有任何事物——包括喜马拉雅山和它的每一块岩石——拥有比数学更坚硬、更客观、更不依赖人的主观意识而存在的属性。所以我们可以宣布并正告贝克莱：感知之外必有某种东西存在，那是数学。约翰逊博士上前踢它一脚，不会疼。

第二层逻辑：所谓的"外部世界"，究竟能不能独立存在？

弗里曼·戴森有一篇著名的演讲《飞鸟与青蛙》。世界上有两种意见：蹲在池塘里的青蛙，感受到的是有质感、有温度、细节丰富的物理世界；天上的飞鸟，看见的常常是像几何图案一样抽象的数学世界。好比英国海岸线，近看是复杂的混沌曲线，鸟瞰是简单的分形几何。区分池蛙与飞鸟视角，成为不同科学范式分化发展的出发点。

基于这种视角差异，泰格马克把人们的世界观分为三种实在观：

- 内部实在
- 共识实在
- 外部实在

1）何为内部实在？我们每个人的所有物理体验，也即贝克莱式的霸气感知，仅因感知而存在的实在。这个实在，唯心所造，不大靠谱，例如债务人和债权人双方，就常常存在内部实在的意见分歧。即便智慧万能如孔丘者，也分不清楚究竟是早上的太阳还是傍晚的太阳更大一些。前面我们讨论，拉马钱德兰治疗幻肢痛的"骗术"，其本质就是用一种并不实在的内部实在，去消解另外一种同样也不实在的内部实在。

2） 何为共识实在？物理学家们设计、观察、总结出来的实在状态。例如，经过笔迹鉴定的欠条，即可视为债务人和债权人的共识实在。物理这门课为什么不好念啊？因为他们不说橘黄色，而非要说“波长为600纳米的辐射”；也不说闻到了香蕉味，而非要说 $CH_3COOC_5H_{11}$ 分子在风中做布朗运动。特异功能大师们就说不出这种带数字和字母的话来，因而他们高调嚷嚷的意念弯勺、隔瓶取药，始终没能成为共识实在。

3） 何为外部实在？完全独立于人类的外部物理世界。所谓外部，大致就是指彭菲尔德大脑之外、贝克莱感知之外、拉马钱德兰联觉之外。量子力学哥本哈根解释一个基本的重要的意见，就是强调物理科学只能止步于共识实在，而不得妄议外部实在。对于究竟是否存在外部世界，哥本哈根学派坚持认为，保持沉默是最客气的回答。从这个意义上说，哥本哈根解释似也应该算作“哥本哈根魔咒”：人们不能离开观察去谈论存在，因而我们的世界观原则上是没有办法摆脱人味儿的。现在，新柏拉图主义认为，贝克莱是青蛙，哥本哈根学派也是青蛙。如果飞起来鸟瞰，即可发现外部世界，那是一个巨大的数学结构。

蜿蜒海岸线在飞鸟所见，只是一则简单的函数关系及其确定的计算法则。哥本哈根解释不能解释的那些事情，诸如复杂性、随机性、观察者难题等，也可以并总是可以由纯粹的数学来解释。例如单电子宇宙模型，我们体验到的 10^{89} 个电子，在数学上等同于一个善于时空穿梭的电子，数学的世界比我们感知的物理世界，简单得不知凡几。例如多世界解释，哥本哈根学派无法解释的波函数坍缩，可以理解为希尔伯特空间的投影，外部世界比我们感知的井底世界，广阔得不知凡几。

脱离了人味儿的数学结构，当然是不能感知的，甚至是不能理解的。10以内的加减，我们有双手的手指结构来提供对应的感知。更多的计算，我们有蒙台梭利教具提供体验式教学。再多的计算，其实数学家们也不知道怎么回事，不过是踩上了函数与算法的滑板，滑到哪里算哪里。罗素那句绕口令名言："纯粹的数学是这样一门学科，在这个学科中我们不知道我们在说些什么，亦不明白我们所说的什么才是正确的。"说的就是这个意思。如此，我们回到了量子力学的原教旨主义：

Shut up and calculate!

第三层逻辑：一个数学结构跟它描述的物理世界，区别究竟何在？

泰格马克之极端柏拉图主义的核心观点是："宇宙不只是被数学所描述，宇宙本身就是数学。并且，宇宙不仅某些方面是数学，它的全部都是纯粹的数学，包括你我在内。我们的物理学世界不仅是被数学所描述，它正是数学本身，而人类正是这个巨大的数学体中具有自我意识的一部分。"起初，我们同意 $1+1=2$，乃是因为我们面前摆着一左一右两只苹果。后来我们发现，把苹果从脑子里去掉，这个等式一样成立。现在我们被告知，苹果一开始就是不存在的，我们吃着嘎嘣脆的那种果子，不过是一种几何模型（例如纤维丛）所描述的一组几何小点。

数学为什么跟物理这么亲？数学为什么比物理还真切？这是一则由来已久争议广泛的思想公案，我称之为"维格纳迷惑"。物理学家尤金•维格纳写过一篇非常有名的文章《数学在自然科学中不合道理的有效性》，标题已经说明一切。维格纳和众多科学家深感迷惑的东西是，为什么与自然世界没有明显关联的纯数学结构，能够这么精确地描述这个世界？"凭空而生的纯数学上的理论，通常不具备描述任何物理现象的哲学意义，却在几十年后甚至几个世纪后被证明是解释宇宙韵律的必需框架。"温伯格也有一则金句："我们的错误不在于把理论看得过于认真，而在于看得还不够认真。我们总是弄不明白我们每天坐在桌前推演的这些数字和公式跟现实世界究竟有何关系。"维格纳、温伯格他们就差没有直接说出，数学才是最本源意义上的真实存在。

哲学家科恩鲜明地表示：如果两个结构等价，那么它们就是一回事。正如那个著名的谚语："如果它走路像是鸭子，声音听起来像鸭子，看起来像鸭子，那么它就是只鸭子。"我们对物质的感知，一般都在分子而且是分子集群以上的宏观层面，往下，我们可以直接地（或间接地模拟）亲眼所见、亲耳所闻的质感，越来越稀薄，只有听从数学的指引，去结识每一只陌生的“数学的鸭子”。

例如，电子，虽然拥有可测的质量、大小等物理属性，但没有人真正见过、摸过这只数学鸭子。继续追问、还原它的物理性质，就有弦理论把它描写为一根振荡的弦。这样的弦并不能类比于任何橡皮筋，实际只是说它具有一维的数学性质，以及六维的运动形态。此外并没有更多物理性质，如果非要说有，那也必须用新的数学语言来描述。据此，我们可以修改上述“鸭子谚语”：如果一只鸭子的运动是一个函数关系结构，声音是一个波形结构，外形是一个几何结构，那它就是一个数学结构。反过来说，我们心目中有血有肉、有腿有翅、声情并茂、憨态可掬的“鸭子”，不过是我们从这个数学结构中解读出来的粗糙的故事情节，顺便证明了我们地球人都是宇宙级的数学学渣。

布莱恩·格林梳理总结了这个神逻辑：“如果有什么特征能区分数学和它所描述的宇宙，那么这种特征一定是非数学的。否则，它也会被吸收到原有的数学描述之中，消除所谓的区别。但是，根据这种思路，如果这种特征是非数学的，那么它必定已经打上了人类的烙印，因此不可能是最基本的。”所以，“数学存在与物理存在是一组同义词”。

没有物质存在，就连黑板上的符号体系也是不存在的，只有抽象的数学结构才是真实的存在。彼得·阿特金斯的《伽利略的手指》讨论了冯·诺依曼关于数学世界无中生有的魔法，这个魔法似乎应该叫“万物空集造”。冯·诺依曼认为，空集 ø 可以作如下的理解和操作：

- 空集 ø，没有任何元素，意为 0。
- 包含空集的集合 {ø}，因含有一个元素，可视为 1。
- 包含空集以及包含空集的集合 {ø，{ø}}，可对应 2。
- 包含空集以及（同上）的集合 {ø，{ø}，{ø，{ø}}}，可对应 3。

……

依次类推。你可以仅仅使用空集——ø 符号和两个括号所示意的结构关系——去制造并表达你设想的任何数字，而不需要动用人类发明的任何数字。阿特金斯认为，以此方式，“冯·诺依曼从绝对的虚无中转动了整个数学世界，并无中生有地（ex nihinov）将算术呈现于我们面前”。不但而且，阿特金斯还认为，宇宙的无中生有肯定也是这么来的。——看看，又一次不著一字而尽得宇宙，比“宇宙刻痕”的做法更纯粹。“宇宙在自我创造后依然存在，这暗示通过这种方式开始存在的实体在逻辑上是自洽的，否则宇宙将会坍塌。因此对宇宙而言，存在一种与算术一样的内在的逻辑结构。”

冯·诺依曼
von Neumann

尤瓦尔·赫拉利深刻洞见，我们信赖的国家、公司、金钱等，都是并不实际存在的虚拟之物。我猜赫拉利没有料到，苹果公司固然是虚拟的，苹果就实在了吗？我们已经理解，苹果的颜色、香味、甜味、脆感、温度……在原子层面并不存在。是谁把这些物理性质悄悄弄丢了吗？没有，都是原本就不存在的东西，只是一些分子集群向另外一些分子集群表演的戏剧情节罢了。原子和亚原子粒子又怎样呢？“铜豌豆”肯定是不存在的，谨遵费曼关于“下面还有很大空间”的指引，再往下持续地还原和追问，你确信原子和亚原子粒子它们还会有什么质感、分量、硬度，或者任何“实在”的物理性质，会从始至终保留到底？那么，如果你坚信苹果是实在的，究竟是指什么东西实在呢？

物质虽然云山雾罩若隐若现，数学却是明摆着的纯粹抽象，从物质到数学结构，你觉得是一道难以逾越的坎儿，科学家们也感到困难。我们知道曼德尔布洛特的超级甲虫是公式变来的，这只是第一步，却不知道什么公式可以变出我们的世界。数学公式能变出大千世界吗？别说大千世界了，往电脑里输入 $f(z)=z^2+c$ 迭代公式，让它跑上三年五载，难道就能看见一只真正的小强从机箱缝里鬼鬼祟祟地爬出来？迄今为止，所有程序生成的甲虫、细胞之类，都只是在屏幕上乱爬的一堆像素。但是不管怎样，按照前面讨论的“零体验原理”，在物质本源刨根问底的最深处，我们找不到任何形式的物质实在，却还能发现数学的存在。而且那里的数学，常常比我们宏观世界所见的数学更加朝气蓬勃挥洒自如，就像那则求和结果为 −1/12 的欧拉公式那样。

数字孪生运动：人类从物理世界向数字世界的伟大迁徙。

1969 年，美国“阿波罗登月”项目制造了两个完全相同的飞行器，一个送上天去执行任务，一个留在实验室模拟运行。NASA 的目的和思路很科学，如果地面这个打喷嚏，就要考虑给天上那个吃感冒药。后来，数码技术的发展让人们发现，这份模拟工作可以不必真刀真枪地去干，而代之以虚拟环境的数字孪生（Digital Twin）。手机外卖 App 的快递小哥，就是最常见的数字孪生体，那是一个黄色头盔加电瓶车的图标，在城市街巷的数字孪生体上移动。数字孪生不是静态的 CAD 三维虚拟建模，而是对物理对象“成、住、坏、空”全生命周期的模拟。快递小哥的数字孪生体虽然比超级玛丽还粗陋，但关键的差别在于，大街上是真有小哥在奔走，而且它的位置是 GPS 实时信号确定的。如有必要，App 还可以提供冒热气儿的外卖午餐数字孪生体。

现在，从数字心脏到数字楼宇，再到智慧城市、智慧地球，人类正在以大千世界万事万物为样本依样画瓢，加速建设一个数字世界。这是一场野心勃勃的“数字孪生”运动，是一场关于柏拉图主义的伟大实践。有人说，回溯至第一台计算机开始，人类即已进入一场从物理世界向数字世界迁徙的数字化革命。柏拉图主义关于两个世界的理论认为，存在一个事物世界（可感世界、表象世界、物理世界），另外还存在一个理念世界（可知世界、精神世界、数学世界）。经过前面漫长的讨论，我们已经高度怀疑，以为存在一个物理世界，可能是我们最大的错觉。如果数字孪生运动逐步模糊数字世界与物理世界的边界，如果数字孪生运动扩展到全球乃至全宇宙，我们就应当认真考虑，大自然不需要画蛇添足，那个多余的物理世界应当被奥卡姆剃刀处理掉。

大自然生成一个数字世界，不需要组织大批码农加班加点，它可能只需要一个自己就会飞的公式。

一个想要起飞的几何模型

“我用‘李群 E8’打开虫洞穿越时空，不小心把地球卷入超维了。”

上述一句话科幻，是李群 E8 爆出新闻之后，无名网友的创作。

李群E8，人类120年前发现的一个数学怪物。2007年11月，加瑞特•里斯，一个名不见经传的哲学博士宣称，李群 E8 可能隐藏着世界的终极解释，它可能就是缔造宇宙的那个数学结构。可惜它不像 $f(z)=z^2+c$ 那样短小精悍，而是一个巨复杂的几何数学模型，一个 45.306 万行 × 45.306 万列的超级矩阵，包含 600 亿个字节数据。新闻报道说，如果在纸上输出李群 E8 的整个结构图，图纸足以覆盖曼哈顿岛。

E8 数学结构群，最初是挪威数学家索菲斯 • 李（Sophus Lie）1887 年提出的数学模型，因 Lie 而得名“李”。李群（Lie group）解释对称物体随意移动而保持形状不变的现象，是世界上最复杂的数学结构之一。E8 空间结构是李群的一个典型例子，解释 57 维物体的对称性，而 E8 本身有 248 个维度。2007 年初，美国麻省理工学院数学教授大卫 • 沃甘宣布，一个由 18 位数学家组成的国际专家组破解了 E8。他们历经四年的研究，借助超级计算机塞奇，绘制完成 E8 结构图。

加瑞特 • 里斯博士深知，数学的突破常常是物理的机会。就在数学家完成计算的当年 11 月，里斯发表论文《一个极其简单的万有理论》，提出他的 TOE 最新假说：几何纤维，万物之本，李群 E8 解释世界。2014 年，《环球科学》微信号刊载里斯与欧文 • 维泽若的文章《世界的终极解释来自几何学》。文章进一步解释：“宇宙中的粒子和力，其实都是几何结构精微玄妙的展现。”

当前的物理主流，是粒子物理学标准模型。而支撑标准模型的数学，实际就是几何，将三种基本作用力和所有粒子都看作李群及纤维丛等几何结构的动力学结果。简单地比方说，用立方体、球体、圆柱体这三种几何体来分别代表三种基本作用力，希望三个几何体融合到一个更为复杂的单一几何体——超级多面体。可惜这个“超级多面体”破碎不堪，而且还缺了引力。弦理论作出新的尝试，用高维度时空中振动的弦和膜等几何结构，重新解释所有作用力以及整个标准模型。后来，一种名为圈量子引力的统一理论，使用了更为简单和有效的解释框架。

标准模型的几何思想，核心概念是“纤维丛”。时空中每个点都附着有一个形状，称为纤维，每个纤维对应一个不同的粒子。如此，整个宇宙就像一只刺猬，刺猬的皮肤相当于时空，皮肤上的刺相当于纤维。每种基本粒子都与一种不同的时空纤维相联系，就好像刺猬身上长了颜色形状各异的刺。陈省身说：“这些概念不是梦想出来的。它们是自然的，也是实在的。”它们比那种“铜豌豆”范式的基本粒子更实在。

里斯的研究工作就是发展纤维丛思想，寻找新的“超级多面体”。里斯发现，SRE8（李群 E8 的根系）几何图形，一个存在 240 个顶点的八维多面体，拥有特殊的研究价值。他首先将多面体的每一个顶点都用一种已知的粒子或作用力来定义，然后通过数学运算，模拟 SRE8 几何图形在八维空间内的旋转，以及在现实四维时空中的映射。投射结果显示出符合引力法则的几何图形。

里斯何许人也？加利福尼亚大学洛杉矶分校哲学博士、兼职向导或桥梁建筑工人、冲浪与滑雪达人，在科研与教学机构没有正经职位。2008 年，这么一位名不见经传的跨界民科，被美国《探索》杂志评为最具爱因斯坦潜质的六名科学家之一。谁也不知道里斯统一物理天下的希望有多大，正牌物理学家都是不屑一顾的，好在里斯的八维多面体还有 20 个顶点没有分配到粒子，里斯由此推断还存在尚未发现的粒子，并建议大家坐等大型强子对撞机验证。它是可证伪的，因而是科学的。

小鸡问候：Hello, world。

前面这些，我们谈论的是关于世界该如何解释的战略方向。

那么解释清楚了吗？抱歉地说，曼德尔布洛特的分形几何、康威的生命游戏、沃尔弗拉姆的细胞自动机、里斯的李群 E8、中本聪的比特币哈希……都不是叼着宇宙飞翔的公式。文小刚说，“新颖”比“正确”更重要。前面谈到他的弦网凝聚理论，就是一个新颖而未必正确的想法，他想用量子纠缠来统一基本粒子和引力，用代数的思路来看几何，看纤维丛。代数，而非几何，可能是理解世界的终极语言。

不管是几何还是代数，不管数学是否完备，也不管 E8 到底能不能飞起来，可以肯定的是，人类再也不大可能用数学以外的东西来解释世界了。最后剩下的疑问就是：明明是一则枯燥的数学公式展开的一串无聊的数列，为什么在你我看来是一个喧嚣的大千世界？

宇宙像肥皂泡那样破了。破就破了吧，我们担心什么呢？担心煮熟的鸭子飞掉？其实我们明明知道，数学学霸的鸭子跟数学学渣的鸭子，追根溯源都是不实在的。这世界如果是语文做的，大不了一辈子吟诗作赋。既然是数学做的，你就要认真考虑沃尔弗拉姆“一种新科学”的推测，你本人有可能是计算机程序，生活在《魔兽世界》那种虚拟世界。尽管你的皮肤比洛萨和迦罗娜光滑许多，尽管你的生活情节比魔兽世界更丰富多彩，但是你依然没有可信的理由认为，你脚下的世界比魔兽世界具有更多的实在性。

泰格马克估计，这个事情有 17% 的可能性。作为对比，你要考虑福利彩票双色球总中奖率为 6.7%，彩票大奖中奖概率是 2000 万分之一，遭雷劈身亡的概率是 180 万分之一。不管怎样，这个事情的技术难度并不高。有史以来，地球上生活过 1000 亿人口，有人推测全人类总共做了 10^{35} 次神经运算。这没有什么了不起，制造一台地球大小的计算机，2 分钟之内就可以全部模拟一遍。未来如果用量子计算机来做这件事，只需笔记本大小。库兹韦尔预言，到 2050 年，一台 1000 美元的计算机就将拥有地球上所有人类大脑的处理能力。

某一天晚上，你在雾气蒸腾的浴室里洗澡，一头一脸帐满泡泡，咿咿哦哦哼着歌儿。忽然，浴帘外响起一声叮咚，然后听到一个人在说："嗨，挺开心的是吧？你是我的计算机虚拟出来的哦。"布莱恩·格林认为，这有可能是你知道虚拟世界真相的简单方法。不要怀疑那些超级文明的玩心和技术，格林论证，他们可能采取"层展策略"和"极度还原策略"等模拟程序的编程方法，避免出现瑕疵而被识破天机。遇到犯懒的，还会频繁制造阴天，省去模拟遥远星空的麻烦。我们还可以相当有把握地推断，那些运作虚拟宇宙的人，自己也是虚拟的。

真正需要担心的，应该是这个问题：

我们的人生，究竟是天然程序，还是隔壁黑客小屁孩儿的恶作剧？

我们愿意接受这个世界是一个绿色有机的数学结构，也能接受某些慈眉善目的老头儿来当这个世界的终极 BOSS，却不大喜欢被小屁孩儿捉弄。不过这个事情看来由不得我们，而且我们已经发现了一些值得警惕的动向。"史上最伟大的程序员"之一、加拿大计算机科学家布莱恩·柯林汉说，他曾经看过一幅漫画，一只刚刚破壳而出的小鸡说："Hello, world。"1972 年，他把这句"小鸡问候"编入一部关于 B 语言的教程。自此，每一个计算机程序员新手上路的第一件事，就是输入这个 7 行命令的程序，打印一句十分简单而又魔性十足的问候：

Hello, world.

还有更神性的。《圣经》记载上帝的第一句话，还有阿西莫夫科幻小说《最后的问题》最后部分 Cosmic AC 的最后一句话，都是一则雍容华贵的命令："要有光！"所以，问候也好，命令也好，不管是谁，如果他们莫名其妙地给你打这种招呼，你要小心。

别忘了，小鸡是有翅膀的。

第 3 章　复杂

体验之不完全、数学之不完备、意识之不可免，三者构成宇宙复杂。

宇宙是一个大瓜，包揽无遗地囊括了一切吗？霍金之所谓“果壳中的宇宙”，寓意相对论的时空光锥，从宇宙大爆炸到大坍缩，光速 c 为人类标定时间空间、物质能量与信息传递的锥形范围。所以，人类所知的一切不会超出这个大瓜果。我们没有办法伸出手去从外面拍拍瓜皮，可是，如果我们感觉到整个瓜瓤有一些自发的摇晃或闷响呢？

宇宙的边界，我们的瓜皮果壳，至少有七面不同维度的“围墙”。

- **感知之墙**：一切“知道”，都基于眼耳鼻舌身讲的故事。
- **飞船之墙**：宇宙空间类比于一个三维的莫比乌斯环带，首尾相连，自我循环，是一种既没有边界也没有“外面”的拓扑结构。
- **视线之墙**：一切“看见”，都是传递到岸的接收。我们所见空间之远，实际是时间之早。最早的信号，是宇宙诞生 0.00379 亿年时首次释放的微波背景辐射，那是宇宙能见度的极限。
- **起点之墙**：宇宙大爆炸奇点，不确定原理主导的量子涨落，从绝对真空里激发出来的第一个量子，那是所有量子之祖。
- **终点之墙**：黑洞奇点。时间终点未必在世界末日，如果去往黑洞旁边，则我们跟时间终点只有一个史瓦西半径的空间距离。
- **数理之墙**：哥德尔数学不完备定理、计算的不可化约性等暗示我们，全部数学结构也不好说是宇宙的终极真相。
- **思想之墙**：我思故我在。但在未思或者胡思的情况下呢？

六合之外，圣人存而不论。七墙之外，专业人士也不论，你论不？

PART 01 物理复杂·跨维度的伟大翻墙

伍迪·艾伦金句："无疑存在一个看不见的世界。问题是，它离市中心有多远？最晚开到几点？"

Hook A **水有三相：水、汽、冰。**

清蒸鱼知道汽，速冻虾知道冰，可惜都是死亡体验，它们没有机会回去向鱼鳖朋友们作科普。如此推测，我们游弋其中的宇宙，会不会也存在“沸腾”或“结冰”的情况而我们浑然不觉啊？超弦理论推测，宇宙本身是十维结构。宇宙创生之初，温度高达 10^{32} K，那时的宇宙就是沸腾的十维时空。大爆炸 10^{-43} 秒之后，温度迅速降低，沸腾时空发生分裂相变，四维时空展开为可观察宇宙，另外六维空间则冰冻（卷曲）为 10^{-35} 米的卡拉比-丘流形。这种宝贝谁也看不见，丘成桐说，它们要到宇宙最终解体时才会如花绽放。那么我们这些高级鱼鳖，要不要呵呵呢！

Hook B **弱水三千，只取一瓢饮。**

蒸鱼冻虾也没啥可骄傲的，除了水、汽、冰，它们知道等离子态、BEC 和拓扑序吗！如果我们以更开放的心态来看，十维时空也不是全部真相，宇宙结构可能极其复杂。我们栖居的这个宇宙，可能是 10^{500} 个不同维度的宇宙之一，也是无限分裂的艾弗莱特量子宇宙之一，还是所有可能性发生历史的宇宙之一，等等。不过，如何验证是致命问题。

北京的春天，无数杨絮在空中飞舞。我们都知道，还有几百个电视频道节目也在空中飞舞，但跟杨絮不同的是，即便最灵敏的眼睛和耳朵也感受不到这些节目的存在。一旦你打开电视机，啪，立刻就可以进入一个频道。这个情况，跟人类从无数多元宇宙中“接收”到一个宇宙的情况相似。这是温伯格关于多元宇宙的隐喻，是量子论带给人类的一桩深刻见识。可是，我们手头迄今尚未掌握遥控器，别说更换频道，就连调整一下鲜艳一点的显示模式也不行，实为宇宙级的一大恨事。

“一页纸的科普模型”：音叉才露尖尖角。

你直接翻到这一页，是因为“量子纠缠”纠缠你很久了，你希望尽快得到一个通透的解释。若说复杂，此事隔三差五刷屏微信朋友圈，成全多少科学神棍传销骗子；若说简单，如果不求严谨的话，“超空间假说”可以为你建立一个简单易懂的直观印象，就在这一页纸之内。

1） 考虑一种二维的扁平生物，比如蚂蚁（比方而已，我知道蚂蚁有鲜明的三围），它发现地上有两只奇怪的脚印，无论任何时候、任何场合都总是成双成对地出现。为什么啊？蚂蚁确认两只脚印肯定是隔开的，二者没有任何绳儿线儿拴着。为确定没有隐形连接，还可以在中间切上一刀。你替蚂蚁想一想，这绝对是一桩越琢磨越诡异的事情。

2） 但是，如果把这只平面的蚂蚁“提升”为三维的立体蚂蚁，它就会恍然大悟：哦，脚印在地面上虽然是分开的，但在它们上面，是一个人身上骨肉相连的两条腿。举一反三，我们可否据此类推：两个量子在三维空间里是分开的，但在四维或者更高维度的时空里，它们就是一体的，仿佛一支音叉的两个齿尖。在伸手不见五指的暗室，音叉齿尖沾上荧光粉，这两个亮点被我们误以为是两个独立存在的粒子。

3） 怎么理解四维空间呢？人类无法建立高维空间的体验，只能进行数理推演。先来看看二维与三维如何转换推演。将一个三维的正方形盒子撕开展平，可得一张十字形状的二维纸片，共六个正方形小纸片。反之，将这六个正方形小纸片折起来，可重新得到一个三维的盒子。

4） 现在，设想把这六个正方形纸片换成六个正方形盒子（大概意思是这样，实际上还需要在十字形中间增加两个正方体），看一看想一想，它就是四维“正方体”盒子展开后的样子。如果你有办法像刚才那样把它们折起来、粘起来，你就能得到一个四维形态的超级正方体盒子。逻辑如此，但没有人做得到，这跟没有人能为你描述两个量子如何跨越亿万光年依然可以瞬时联动，原因是一样的。QED（证毕）。

Not even wrong …

这个“一页纸的科普模型”就是真相吗？

不可说。Not even wrong，连称为错误的资格都没有。

这是一句泡利名言，批评一些科学研究不挨边儿。所以我要申明，音叉之说不是什么科学定论，而是一个大众科普模型。主要意义只在于给出提示：最好在高维时空方向寻找理解问题的出路，而不要念念不忘寻找任何隐形的绳儿线儿（例如隐变量假说），或者引入各种怪力乱神的解释，或者试图证明某种超光速运动，然后宣布推翻狭义相对论。

超空间假说未被证明。引力波信号 GW150914 只是证明，普通的宇宙时空是可以像果冻一样晃动的一“坨”物质，而不只是用粉笔描画的几条笛卡尔坐标线。空间坐实了是实物，毕竟引力波无论多么微弱，终归都是可观察宇宙范围内的事情。而超空间的实在性验证，逻辑上就不大说得通。迄今还没有引力波这样的直接证据，证明纠缠着的量子到底是或者不是高维形态，更不知道具体是几维形态。若要再多引述假说内容，长篇大论到末了，真正有意义的仍然是这个意思：无论如何，它们就是一个整体。我们前面已经讨论，至少在数学上它们是同一波函数。除此之外，你不要指望听到更多新鲜东西。

稍微新鲜一点的是：ER＝EPR（虫洞就是量子纠缠）。

2013 年，超弦理论物理学家马尔达西那和萨斯坎德合作推出这个等效关系式。意思是说，虫洞这种“莫须有天体”的物理特性，等效于量子纠缠机制。这是基于超空间假说来解释量子纠缠的最新理论。

- ER（虫洞）。1935 年，爱因斯坦（E）与内森·罗森（R）提出，宇宙中可能存在连接两个不同时空的狭窄隧道，即虫洞。
- EPR（量子纠缠）。还是 1935 年，爱因斯坦、波多尔斯基（P）、罗森提出，相距遥远的量子之间存在联动关系，即纠缠。

前面介绍了马尔达西那、萨斯坎德等人的 Ads/CFT 对偶和全息宇宙假说，三维世界等效于一张曲面薄膜。现在他们又推测，虫洞和量子纠缠，这么一对风马牛不相及的事物，也可能存在等效关系。两个相距遥远的黑洞，可能通过黑洞最中心的奇点形成纠缠。黑洞之间的这种关联状态，跟微观粒子之间的量子纠缠有着相同的本质。等式 ER = EPR 只是想要表达这个意思，名字缩写而已，没有数学内容。

黑洞纠缠又是怎么回事呢？黑洞通过霍金蒸发所放射出的粒子，跟黑洞内部的粒子存在量子纠缠关系。马尔达西那、萨斯坎德认为，理论上，人们可以收集黑洞辐射出来的所有粒子，收集数量过半的时候，这些粒子将与黑洞形成最大的纠缠状态。如果把收集到的粒子压缩形成另外一个黑洞，则新黑洞跟老黑洞将形成纠缠。两个黑洞之间的纠缠，等效于虫洞连通。

虫洞不是真洞。并没有什么无形的桥梁或秘密的管道纵横密布天地之间，连通着量子、黑洞以及你和你心心念念的人。只能说它们之间性质不明的物理联系等效于打洞相连，并且最好理解为它们通过高维空间绕行。就像中医所谓经络，虽然我们可以体验到气脉和信息依托某种网络在传导，但人体内并不实际存在一簇一簇的细丝。

这个 ER 虫洞，就是“一页纸的科普模型”里的那支音叉。

存在不可体验的物理，那是一些只有数学天眼才能看见的景观。

上面（!）还有很大空间……

超空间假说模型的构造思想，基于一个投桃报李的逻辑：开始是投桃，物理因为遭遇反常景观，求助数学来给出合理解释；然后是报李，这个得到物理验证的数学模型，反过来向人类描述更多反常的物理景观。例如物理不能解释量子纠缠，数学却可以描写一支无影无形的音叉。如果你接受音叉的合理性，数学就会指引你沿着音叉继续往上（高维度）

摸去，说不定会摸到手风琴，甚至一支乐队，再加整个剧场……

我之所谓“物理复杂”，就是指那些不能自处而需要寄居数学模型的物理。数学是人类观察世界的第三只眼，眼耳鼻舌身之外，脑子里还弥漫着一个先验数学结构，能看见某些不可见的世界。这个先验结构时常会自动地生成一些趣味模型，有些模型只是有趣，有些则被发现在解释物理方面存在“不合道理的有效性”。

超空间之复杂性，在于它植根于两个超越常识的数学结构：一个几何结构，一个代数结构。大道至简，超空间模型比我们理解的三维自然之道更简，两个结构的基本精神一目了然，无须多么犀利的第三只眼。我们这就来看看两个数学结构，What’s the Big Deal，多大点事啊？

1） 关于超空间的几何结构：黎曼几何。

1854 年，黎曼发表一篇划时代的著名演讲《论作为几何学基础的假设》。他的假设是，让几何与现实世界脱钩，沿着欧式几何的内在逻辑进行纯粹抽象的推理推广，即可构建多维几何的新框架。被黎曼从尘世凡间解放出来的空间几何，拥有以下几个脑洞大开的非凡特性。

特性之一：可扩展。欧式几何可以（为什么不呢？）从三维推广扩展到任意 n 维。我们熟知毕达哥拉斯定理（勾股定理），直角三角形的两条直角边的平方和等于斜边的平方，即 $a^2+b^2=c^2$。这是二维平面的情况。黎曼的思想起点，是将其推广到三维空间，立方体三个邻边长度的平方和与对角线长度的平方相等，也即 $a^2+b^2+c^2=d^2$。

推理很简单。立方体的构成，是在二维平面之上增加一个维度，也即增加一条垂直的直角边。这条新增的直角边与原直角三角形的斜边，也即 $\sqrt{a^2+b^2}$，构成新的直角三角形的两条直角边。所以，立方体的对角线，可由这两条新的直角边之平方和来求得。再接再厉，推广到 n 维，可得超空间的毕达哥拉斯定理。逻辑顺理成章，公式立等可取：

$$a^2+b^2+c^2+d^2+\cdots=z^2$$

特性之二：可弯曲。空间可以弯曲皱褶（为什么不呢？或者说，你爱弯不弯，要弯就会这样弯）。弯曲的方向和形式，无外乎三种情况：零曲率（K＝0），欧式几何平直空间；正曲率（K > 0），状如球体；负曲率（K < 0），形如马鞍。

特性之三：可度量。无论怎样弯曲皱褶，对于空间中的每一个点，都可以引入一组16个分量来描述它的坐标，从而描述整个系统弯曲、拉扯、膨胀、挤压、旋转的尺度。这就是黎曼度规张量。这是什么原理呢？很难建立直观体验，拿磁场来作粗略的类比，也许有助于理解。考虑磁场的情况，磁力线不可见，撒一把细微的金属颗粒上去，就可以知道每一点的磁场方向和强弱分布。度规张量的意义在于，我们可以蹲在宇宙内部，只需观察宇宙微波背景辐射的起伏，即可度量宇宙的曲率，而不需要跳出“三界”之外跑到“上方”去看。

特性之四：可物化。黎曼演讲题为“假设”，但他并非从数学抽象中来又回数学抽象中去，而是马上用于解释（解构）物理复杂。黎曼举例，二维纸张的畸变就意味着三维形态的崎岖。设想纸面上生活的二维生物，把它们生活的纸张褶皱之后，虽然它们自身形态的二维本质决定了它们依然会觉得世界是平的，但当它们在褶皱的纸上运动时，会感到一股看不见的“力”阻止它们沿直线运动。由此黎曼推断，物理之力并不存在，只是空间的几何畸变效应。电力、磁力和引力，都是我们三维空间看不见的皱褶所引起的。不同的皱法产生不同的力。简而言之：

力＝几何畸变

力的本质，竟然可以既不靠任何人暗中使劲，也不靠交换任何粒子，而仅仅发生于空间弯曲。这个模型不需要更多还原，物理颗粒度趋近于零，简洁透彻，妙不可言。广义相对论把引力解释为时空弯曲，正是黎曼半个多世纪之前的发现，爱因斯坦不过是用质量来解释了空间弯曲的原因。然后，爱因斯坦作出引力波预言并在100年之后得到验证。还有一个等待验证的预言："黎曼切口"。黎曼假设两个曲面的连接方式，比如两张纸，各自剪一个切口，然后沿切口粘起来。这样，二维的"书虫"可以通过切口，不知不觉地从一张纸爬到另一张纸上，这个切口就叫黎曼切口，也即后来的虫洞。黎曼的革命思想，至今仍然在指引物理的前进。探索中的万物至理 TOE，极有可能就是某种几何模型。

2） 关于超空间的代数结构：四元数，以及超复数。

复数，虚实结合之数。经典物理也要用到复数，但只是用于电子工程里波动量的计算，就像几何作业里的辅助线，方便计算的辅助工具而已，事后是可以擦掉的，最终结果仍然使用实数。而在量子力学里，虚数从始至终就是必不可少之物，强烈指证量子的超空间性质。鉴于这种性质已经得到良好的验证和应用，所以复数的故事归入"我们这个宇宙"的"物语"篇。而"神话"这一篇想要证明的重点是，复数既然已经向超空间迈出一步，往后就没有人能阻挡它往未知的旷野再跨一步。

复数前跨一步，即为超复数。先回顾复数所为何来：实数轴旋转 90° 而成虚数轴，虚实二轴张开而成复数平面。就是说，旋转是复数结构的核心精神。那么一不做二不休，继续旋转，复数平面扩展到复数立体，如何？逻辑上没有任何限制。其实早在量子应用之前，大数学家哈密顿就这样顺势推想，发明了四元数和超复数。

概略地说（不概略不行，哈密顿为了推介他的四元数，先后写了两本六七百页的书），参照正数轴旋转为负数轴的行为，现在让三维坐标系的 x、y、z 轴都来旋转。既然两轴旋转是复数，三轴旋转就是超复数。这样，一个虚数单位 i 就不够了，需要引入三个虚数单位，按字母表依次为 i、j、k，再加实数本身，即为四元数。简单扩展复数逻辑，定睛一看，打个响指，就能领会超复数的定义和计算规则。

定义：从 $\mathrm{i}^2=-1$ 扩展到 $\mathrm{i}^2=\mathrm{j}^2=\mathrm{k}^2=\mathrm{ijk}=-1$

表达式：从 $a+b\mathrm{i}$ 扩展到 $a+b\mathrm{i}+c\mathrm{j}+d\mathrm{k}$

规则：ij＝k，ji＝−k，jk＝i，kj＝−i，ki＝j，ik＝−j

虽然有点出人意料，总算还是合理自洽。唯一意外的是，乘法交换律被打破了，数学圈内石破天惊。回过头去检查，哈密顿并没有做什么出格的事情，一切都只不过是复数的内在逻辑使然。在复数结构里，负数的本质是虚数，虚数的本质是旋转，旋转的本质是乘法。这个逻辑倒过来，按照旋转方向的不同，乘法结果当然就有正负之别。

四元数有什么用处呢？哈密顿不知道，只因聪明美妙，人们相信它一定是造物主馈赠的礼物。爱尔兰都柏林的布鲁姆桥至今刻着一块碑，碑铭记："1843 年 10 月 16 日，威廉·哈密顿经过此桥时，天才地闪现了四元数的乘法，它与实数、复数显著不同。"80 多年之后，这个宝贝是不是被海森堡捡到了不好说，反正他的矩阵力学就建立在乘法不对易的基本精神之上。更为微妙和有趣的是，四元数的虚数旋转精神与量子的自旋性质不谋而合。

量子自旋（spin）是一个重要而反常的概念。量子似旋非旋，自旋而非自转，spin 不是 self-rotation。为什么这么说呢？因为物理学家可以从实验结果的数据得知，有些量子需要旋转一圈半或两圈才能恢复原状，这种情况在三维空间的经典物理世界找不到对应之物，只有置于超空间的框架下，才可以得到合理解释。狄拉克说，不管 spin 到底是什么意思，粒子在更诡异的维度上 spin。粒子的 spin 有以下几种情况：

- 自旋为 0，表示从各个方向看都一样，就像一个点。

  例如：希格斯玻色子。

- 自旋为 1，表示旋转 360 度（1 圈）后看起来一样。

  例如：光子、胶子。

- 自旋为 1/2，表示旋转 720 度（2 圈）后才会看起来一样。

  例如：电子、中微子、夸克。

- 自旋为 2，表示旋转 180 度后看起来一样。

  例如：引力子（疑似）。

如此可以合理地推测，量子的物理之身在超空间里转来转去，量子的数学之身是一个超复数结构。黎曼的几何扩展与哈密顿的坐标旋转，为我们观察与理解物理世界打开了一个新的窗口。

现在，既然三轴都旋转起来了，可不可以旋转更多？

复数可以扩展到四元数，很快（哈密顿同时代）就有人往上摸到了八元数。何为八元数？跟四元数基本逻辑一以贯之，纯粹推理之物，新款数学玩具。2018 年，剑桥大学教授科尔・福瑞用八元数去解构物理，她发现，这个模型可以正确地描述电子、中子、三个上夸克、三个下夸克、对应反粒子的电荷及其他特性。福瑞希望这个模型也可以像李群 E8 那样，为建立万物至理 TOE 贡献思路。福瑞知道不容易，“我最擅长的乐器是手风琴，这种乐器在音乐界的地位就跟八元数在物理学中的地位一样，非常边缘化。不过我就算靠手风琴街头卖艺养活自己，也会继续坚持研究八元数”。加油吧福瑞，周易学派已经证明八元数与伏羲八卦同构，而且好多“周易师傅”也早就摆摊卖艺了。

往后，还有人宣称摸到了十六元数。就更不知所云了。

套用费曼的金句格式来说：上面还有很大空间……

我们对宇宙的“维际形势”可能估计不足。

侯宝林的醉汉实验：“你来，你顺我这柱子爬上去！”

为什么宇宙深空一片瘆人的沉寂，一声隐约的鸡叫狗吠也听不到？

无利不起早，根据地球真理，这事可能跟钱有关。迄今所知的宇宙首富，是一个名不见经传的地球人——弗兰克・斯皮诺。他的财产是一枚稀世钻石，直径 3000 公里，重约 10000000000000000000000 000000 000000 克拉。这枚超大珠宝漂浮在地球 50 光年之外、一处无人看守的黑暗深空。

那是一颗白矮星，纯水晶态钻石打造，大名“露西”，引自披头士《天空中戴着钻石的露西》歌词。2008 年，斯皮诺向联合国递交一份法律声明，宣布他将拥有露西的所有权。据说，经公示无异议（全宇宙都没有表示反对意见），联合国准了斯皮诺所请。

关于“费米悖论”，黑暗森林法则是最有魅力的解释。霍金就多次警告人类要小心，“不要回答！”可是，我替斯皮诺问问，大家究竟想要争夺什么？宇宙从一个普朗克尺度的小点、最多 28 克原初物质白手起家，今天的灿烂群星巨量物质，全部都是大自然的免费馈赠。我们依据什么来判断，稀缺匮乏一定是宇宙资源的基本局面，争夺霸占一定是文明进化的内禀属性？露西在太空漂浮多年了，并没有外星蟑螂把它悄悄推走，更没有引起星际战争。那么，争夺能源吗？宇宙最不可能短缺的东西，正是能源。天上每颗恒星都是一座巨大的天然核反应堆，每分每秒包括每天晚上，都在白白燃烧。至于我们稀罕的钻石露西，还是恒星燃烧之后余下的焦炭。太阳就是一座核反应堆，地球每时每刻只接收到它十六亿分之一的能量供应。弗里曼·戴森曾经提出“戴森球”概念，用一个直径 2 亿公里的笼子把恒星整个罩住，就能全部独吞。满天繁星不见了一颗，谁在意啊！你可以抱怨宇宙缺乏贵金属，缺乏有趣的灵魂，缺乏时空维度，缺乏石油输送管道……唯独不好说它能源不足。

资源多少不是问题，空间大小也不是问题。德雷克方程暗示，大数定律强烈支持外星人。但是，方程各项参数的概率，都属于均匀对数先验概率。就是说，在你家厨房找到外星人，跟在城郊公园、百慕大三角区，再到月亮暗面、银河系、整个哈勃体积，各处找到外星人的概率分布是均匀的。因为，参考样本不是孰大孰小的问题，而是一致为零。

我们搜寻的方向不对。既要往远处看，更要往维度的高处看。

维度即运动自由度。维度提升，意味着运动自由度指数式增长。自由度代表文明度。既然时间自由、财务自由意味着人生成功，空间自由度可能也是衡量宇宙间智能文明高低的“硬件”标准。高级文明高在哪里？未必是他们飞船速度多快、能量输出多大，也许仅仅只是维度比我们高，哪怕人家的一只蚊蝇虫豸。为什么总有一些苍蝇能飞进封闭很好的餐厅？我和服务生都怀疑，它们就是从超空间翻墙进来的。我们这些四维分子低端人口，早就输在起点上啦。

我们对国际形势非常熟悉，对星际形势也比较了解，但对"维际形势"可能估计不足。黏菌史莱姆，靠一个细胞行走天下的生命体，可以在一些燕麦的辅助下，科学地规划东京铁路网。它们会不会琢磨：如果一个生命体能够拥有两个甚至三个细胞，那智力该得多高？它们要怎样才能想到，真正的东京铁路网是拥有 1000 亿个脑细胞的生命体干的？类似的处境是，涉及地球人的任何物理数量，从细胞到头发，动辄亿亿万万，唯独空间运动自由度何以竟然只有长宽高区区三个方向？

我有一个关于宇宙时空的"天问"：

我们为什么不是 1000 亿维？

宇宙本身的规格并不是三维，我们曾经跟高维度空间前后脚失之交臂。超弦理论的宇宙起源模型认为，最初，我们的宇宙是普朗克尺度的一个小点，那是一个十维的迷你时空结构、宇宙之卵。受量子不确定性的驱使，宇宙之卵发生对称性破缺，十维迷你时空结构发生裂解，巨大的物质能量一瞬间喷薄而出。当分解到三维空间的时候，所有物质能量获得了足够的释放自由度，结果另外六维空间还没来得及展开，分解（宇宙大爆炸）过程已经完成。最终，宇宙时空的实际结构如下：

三维空间 + 一维时间 + 六维紧致空间（不可体验）

这是我们所知的创世故事，但极有可能只是版本之一。论爆炸威力，我们的宇宙可能是一个小小的鞭炮，也许另外还有一些高爆炸弹、核炸弹，可以炸开更多时空维度。比上不足，比下有余。对于一维的炮管来说，我们已经算严重炸膛了。至于我们为什么刚好生活在当下这个三维世界，这个免不了求助人择原理。我们不仅搞不懂七肢桶（科幻电影《降临》）

的高级水墨画，也不知道卑微的蚂蚁类二维生命如何自甘扁平。曼德尔布洛特的分形几何表示，如果不在乎生命体消化系统的设计困难，二维的世界因为可以无穷放大，也是可以无限精彩的。

“二维最好。”英国物理学家安德烈·海姆就认为，一维太简单，三维又太杂乱，二维“平面国”刚好能让有趣和有用的东西出现。海姆发现的“有趣和有用的东西”是石墨烯。2004 年，海姆研究团队制造出世界上最薄的材料石墨烯，堪称人造“二向箔”。这种薄片厚度仅为一个碳原子，可以让电子几乎无阻碍地透射，未来将取代硅片。

高维低维，看来有简繁之别而无尊卑之论，所以我们也不必跟造物主斤斤计较。根据全息宇宙假说，我们和世间万物实际存在于宇宙的二维表面（要怪海姆教授那张乌鸦嘴吗？），但是亿万年来，我们一直把自己误解为三维的立体之物，竟毫无违和感，今后还愿意把这种误会继续下去，毕竟我们早就习惯了。那么，既然二维可以无意识地自封三维，我们主动把三维之物看作亿万维，原则上似乎并无不妥。

我们真正关心的、有现实意义的问题是：低维能不能理解高维？更大胆的猜想是：低维能不能提升为高维？一个醉汉打开电筒，射出一道光柱，对另外一个醉汉说：“你说你没醉，你来，你顺我这柱子爬上去！”那么，如果高维度时空是实在的，我们能爬上去吗？

最起码，我们需要收到信号。

多元宇宙的节目漫天飞舞……

那么，造一部可以换台的“温伯格电视机”如何？

不要呵呵，已经有电视机天线的雏形了。

我说的是分形天线。利维坦的文章《分形理论：数学家的迷幻旅程》介绍，20 世纪 90 年代，波士顿的一个电波天文学家内森·科恩，琢磨着在家里安装一部好一点的无线电天线。听了曼德尔布洛特分形理论的演讲之后，科恩用金属线拗出一个科赫曲线，结果电波信号瞬间增强，而且还能接收更广范围的信号。

那时，全世界手机产业正面临一个难题：WiFi、蓝牙、通话语音，各种信号自成体系，频带分散，如果不整合起来，手机就需要安装各式各样的天线，“但是谁会把一个海胆揣在裤兜里呢？”或者为了听清楚一个重要电话，不得不把脑袋探出窗外、钻到桌子下面。基于科赫曲线原理的分形天线，意外地解决了这个难题。

分形几何，What’s the Big Deal，多大点事啊？

以科赫曲线（数学家科赫 1904 年的发明）为例，制作工艺如下：

- 从一个正三角形开始，把每一边平均三等分。
- 以每一边中间一段为边，向外做缩小的正三角形，并把原来的这个“中间一段”擦掉。
- 重复上述两步，画出更小的三角形。
- 一直重复，迭代无穷。

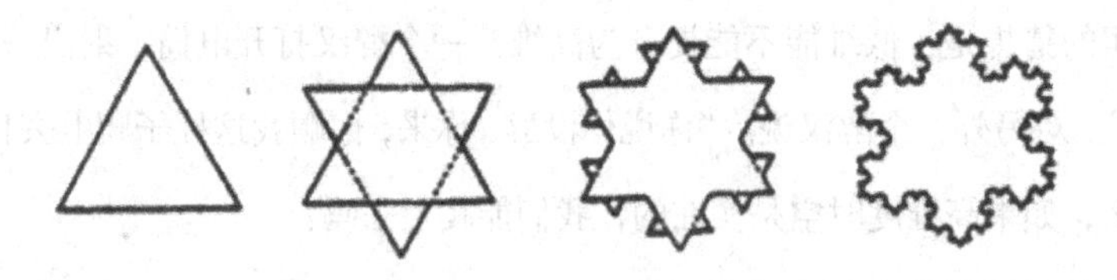

这类神经质操作，正是分形几何典型的迭代运算。我们已经知道曼德尔布洛特分形神乎其神，素有“上帝指纹”之称。科赫曲线是基本的、低级的分形，它也有一个魔性特点：边界无穷，面积有限。听上去是悖论，实际不是。三角形的边线可以无穷拆分下去，但仅凭目测也不难看出，整个图形永远不会溢出当初那个三角形的外接圆。因状若雪花，科赫曲线也称雪花曲线。

雪花天线的物理原理，是利用分形结构的比例自相似及其空间填充性特点，内部电流分布均匀，工作带宽较大，辐射频率较高，天线可以做到又小又强。科赫曲线以康托尔三分集的数学精神为基础，后来发展演变出皮亚诺-希尔伯特曲线，其魔性特点是“填满单位正方形的曲线”。曲线构造规则，跟画迷宫有点像，将一个正方形分割为若干小正方形，用线段连接正方形的中心，如此无限循环操作，最终填满整个平面。这个比科赫曲线高级，现在我们的每一部手机里面，都有一片状若中国结图案的电路板，那是康托尔-希尔伯特复合分形天线。

怎么理解一条连续曲线可以填满整个平面？它究竟是线还是面？如果是线，它属于一维几何；如果是面，就属于二维几何。集合论数学家康托尔证明，从一维到二维的数学元素存在一一映射关系。据此，数学家可以进一步证明：皮亚诺-希尔伯特曲线就是以几何的方式，表现它如何遍历平面区间的每一个点。它是线没错，但它也在严格意义上充满了整个面，因而它是二维的。

看来我们关于几何维度的数学模型有问题。回头考察科赫曲线，它是一条无限延长的线，还有蜿蜒曲折的褶皱，比直线显然多了一点点；同时，它像八旗老爷们跑马圈地那样，用绳子凭空比画了特定而有限的面，相比完整且饱满的平面又差了不少。那它该算几维呢？

1.2618595071429

零维是点，一维是线，二维是面，三维是体，家喻户晓的整数几何，也称拓扑维度。可是谁规定，空间维度必须如此按照整数倍进行一蹦一跳的跃迁呢？没有规定。我们不应该忘了，所谓维度，纯粹是几何数学模型，而数学并非离散结构。在物理上，空间是离散的、量子化的；但在数学上，空间是连续的，因而空间维数可以是整数也可以是分数。1919年，德国数学家豪斯多夫引入分数维度，这又是一次令人吃惊的突破。分数维度也即豪斯多夫维数，又称“容量维”，描述一个物体“占领”空间的量化指数。科赫曲线大于线、小于面，给它赋予一个1~2的维度，且精确到小数点之后十多位，听上去就是一件科学的事情。

如此精确的分数维怎么来的呢？理解思路如下：

- 一个正方形，将其一部分（边长）扩大 $m=3$ 倍后，新的正方形跟原来相似，且相当于 $3^2=9$ 个小正方形。考虑指数 2 的含义，即二维正方形的拓扑维数。
- 一个正方体，将其一部分（边长）扩大 $m=3$ 倍后，新的正方体跟原来相似，且相当于 $3^3=27$ 个小正方体。考虑指数 3 的含义，即三维正方体的拓扑维数。
- 以此类推，可得 $m^d=n$ 的关系式。此处 m 表示单元放大倍数，n 表示总体放大倍数，d 即维数。按照指数运算法则，此式两边取对数，可求 d 值。即豪斯多夫维公式：

$$d_{\text{豪斯多夫维}}=\log_m n=\ln(n)/\ln(m)$$

科赫曲线是最简单的情况。考察科赫曲线的构造方法，每一次迭代运算，都是把原曲线的每一条线段分成 4 条线段，而每一条线段长度都是原来的 1/3。也就是说，它的 n 值（总体放大倍数）为 4，m 值（单元放大倍数）为 3。根据豪斯多夫维公式，科赫曲线的分形维度应为 log4/log3，计算结果就是上面那个三寸长的精确数字。

科赫曲线是从一维努力向二维爬升。有其一必有其二，人们很快找到从二维爬升到三维的路径。例如“谢尔宾斯基地毯”，构造的基本方法是，将一块正方形地毯一分为九，抠掉中央小方块儿，再对余下八个方块进行相同操作，如此迭代，可得一张全部由空洞组成的平面，比地毯漏风一些，又比纤维编织的渔网密实得多。按照上述计算规则，其豪斯多夫维约为 1.8928。谢尔宾斯基地毯后来继续向三维爬升，扩展为“门格海绵”。这种千疮百孔的海绵结构，豪斯多夫维约为 2.726833，大于 2、小于 3，表明它在二维空间的面积近似于无限，而在三维空间的体积又近似于 0，有人形容，这是一种“有皮没有肉”的魔幻几何。

曼德尔布洛特依据分数维计算规则和勘测数据，计算英国的海岸线大约是1.25维。自此，一场分形旋风席卷数学、物理、化学、天文、地理、生物，甚至音乐、美术。不只雪花，也不只天线，还有花椰菜和螺旋星云、池塘里的水泡、高密度脂蛋白的螺旋结构、人体血管网络、花粉的布朗运动轨迹、股票K线图、长沙马王堆墓葬绣品的敦煌飞天图案……哪里有复杂凌乱，哪里就有分形几何。有人研究，中医思想体系也有分形特征，阴阳五行集的分维是2.0959。未来的中医大夫会说：把胳膊给我摸摸，看你脉象的豪斯多夫维数是多少……呵呵！

讲这么多曲线和天线，想要证明什么呢？

NO.1：科赫曲线是不是能证明，空间维度是可以翻越的，不像种姓制度那样等级森严永世隔绝？我们无法体验三维如何爬升到四维、五维，好在有机会见证1.26维、2.73维……还能更多吗？肯定有，数学没有止境。据说已经有人（丹尼尔·怀特）研究"超复数分形"，将二维复数扩充到三维空间，甚至更高维空间。还有人创造三维超复数分形公式，然后编程输入计算机，画出高维分形几何的三维投影。

NO.2：雪花天线是不是能证明，跨维度的"翻墙"有着现实的物理意义，而不只是黑板上推演的数学把戏？天线信号增强是一个例子，还有门格海绵，那种奇怪的结构是某些化学制剂的最佳模型。我相信分形几何前途无量，但人类目前尚处于"玩"分形的阶段，物理应用还不多。我们知道三角形是最稳定的结构，油罐和粮仓是简约的圆球或圆柱形，石墨分子结构和蜂巢是高效的六边形。还有人（梁安辉教授）用黄金分割率研究人体经络布局、伏特加和二锅头的酒精度数、恐龙受精卵的最佳孵化温度。那么，以"上帝指纹"著称的分形几何，难道只能教我们设计地毯、墙纸、丝巾和明信片？！

NO.1 + NO.2：雪花天线算不算"温伯格电视机"天线设计的暗示呢？我们有没有可能打造一个超过三维、逼近四维的分维天线，以期能够接收来自多元宇宙的广播信号？然后，有没有可能搭建某种超复数分形楼梯，以期实现从低维度时空向高维度时空的伟大翻越？

我们为什么找不到外星人？天线不行啊！
翻墙楼梯暂无指望，隔墙听音总可以期待吧……

例如，“奥陌陌”（Oumuamua）都找上门来了，我们就没有听见。2017 年，美国 NASA 的泛星巡天望远镜发现，一个长约 400 米、宽约 40 米的雪茄形天体疾速飞入太阳系。这是人类首次发现的来自太阳系之外的天体，命名为“奥陌陌”，一些科学家怀疑，它是超过我们理解能力的外星利器。哈佛大学教授阿维·勒布说：“假设你拿起一部手机，把它给一个穴居人看，穴居人会说这是一块漂亮的石头。现在想象一下这个奥陌陌是 iPhone，而我们是山顶洞人。”

奥陌陌走位飘忽，不停翻滚，宾夕法尼亚州立大学的贾森·莱特博士猜测，它可能是一艘在星球大战中落败的太空船，它的引擎坏了。但是，我们没有收到它的求救信号。我们听不懂鸟语但能听见鸟叫，也能探测海豚的声呐，而对于擦肩而过的奥陌陌，却连听不懂的信号也没有接收到。莱特相信，费米悖论可能是假象，外星文明撒向太阳系的探测器可能多如流星，黑暗深空并不寂寞。由于没有一个好的天线，我们已经错过来自外星人的许多重要呼叫。如果我们只会在烽火台上登高望远，那就连眼皮底下两个业余无线电爱好者的对话也听不见。加来道雄说，蚂蚁们就无法理解蚁穴旁边修建的 10 车道高速公路。

有人认为，如果把搜寻外星文明比作在海水中找到一条鱼，那么我们搜寻过的范围，只相当于一杯水的容量。一篇署名“麻省理工科技评论”的文章介绍，贾森·莱特及其同事建立了一个数学模型，用以量化人类目前为止搜寻过的宇宙。这个模型有八个维度，除了空间三个维度之外，还有信号系统的五个维度：信号频率范围、重复率、信号极化和调制、传输带宽、灵敏度。莱特计算，这八个维度的体积是：

$6.4\times10^{116}\text{m}^5\,\text{Hz}^2\text{s/W}$

人类从 20 世纪 60 年代开始实施地外文明搜索，八个维度都有所延伸拓展。人类最早发出的第一束电磁波，现在到达 100 光年远的地方。电波所及，即为人类吐出的一个“无线电泡泡”。莱特综合估算人类探索过的空间，是上述总体积的 $1/5.8\times10^{18}$。按照大海找鱼之喻来换算，相当于 7.7 立方米，比一杯水强了不少，却也只有三个浴缸的量。

按照人类发射信息的最快速度，要到公元 52175 年，我们才有望依靠非常偶然的机缘收到外星人的回信。我猜想，高级星际文明最重要的进化是时空维度的提升，而不是谨遵“更快、更高、更强”的奥林匹克格言，在四维时空里打转转。他们的通信和出行也将会采取我们不能理解的方式，如果不搞空间翻墙、时间压缩，任何飞船即便提升到电磁波速度，10 万年时间也只够飞跃浩瀚沙漠里的一两粒沙子。

假如我们有一架“超复数分形天线”，情况会如何呢？

超空间是个筐，什么都往里面装。

1） 至少有一些基本粒子落进去了。2007 年，哈佛大学教授丽莎·蓝道尔在做一个核裂变实验的时候，意外发现一些粒子凭空消失了，听上去就像芝麻掉进了实验室的地板缝隙。蓝道尔宣称：“我认为它们是跑到了我们看不到的另外的空间里去了。”

2） 大批星系和星云也落进去了。“那个世界”执行的显然是另外一套物理法则。不难理解，即便高维度世界一万只大型恐龙从你家上空咚咚咚跑过，也不会让你的茶杯激起一丝最轻微的涟漪。我们所知的所有事物都严格归属三维世界，只有引力可以穿透维度发生作用。引力穿透意味着什么？想想我们儿时总被搪塞的那个老问题吧：地球为什么孤悬太空而不往下掉？现在有新的搪塞由头了：地球附近的高维度空间没有大质量天体，否则，鉴于太阳系没有栏杆，我们真的会掉落过去。

高维度空间的大质量天体存在之处，对我们的宇宙来说，就是看不见的深渊。近些年，科学家们对遥远天边的一个空洞着了迷。美国明尼苏达大学教授劳伦斯·鲁德尼科基于甚大望远镜的观察数据，推测波江星座方向的天空存在一个巨大的冷斑，直径达10亿光年。那里没有恒星，没有星系星云，甚至连暗物质都很难探测到，平均温度比宇宙背景辐射低70微开尔文，物质密度为周围空间的20%。美国天文学家布伦特·图里说："那里就像是被人取走了东西。"科学家们确定这是一个罕见的巨大空洞，推测这一区域的物质被其他引力更大的区域吸走了。

3） 超空间这个筐，还可以装更多东西。如果量子纠缠可以理解为它们在高维空间里本就一体，我们就可以走得更远：比如说，量子能够隧穿，可能是翻了高维空间的墙。量子可以叠加，是它在其他宇宙的分身投射了一些影子过来。自旋两圈才能复原的，说明它半个身子在其他宇宙时空。发生概率大于1的，在其他宇宙也会左右逢源、心想事成、如鱼得水；而发生概率小于0的，换个宇宙也将一事无成、处处碰壁，喝凉水都塞牙，真正是倒了八辈子的霉……。我们在四维时空里所知所感的一切，可能是一个巨大真实世界的冰山一角。

穿了马甲的整体论

超空间的缺点是不可验证。如果超空间假说总是不能建立数理模型，也拿不出实验证据的话，那它事实上就是穿了马甲的整体论。整体论自古以来就是魅力无限、前途无量的思想范式，但它迄今为止仍然只是站在哲学圈子，远远地向科学这方喊话。Not even wrong.

戴维·玻姆是试图以整体论解释量子论的代表。他的整体论思想基于一个晦涩的科学概念——量子势，以及一个通俗的哲学概念——量子整体性。玻姆希望以此解决量子难题，并从根本上重建人类的实在观。

玻姆是"Ψ-本体论者"，他不能接受波函数只是一个抽象的数学结构，他相信存在一种铜豌豆式的基本粒子。为了解释双缝实验里普通粒子并不普通的表现，玻姆设想量子存在一种信息势能，就像山巅摇摇欲坠的石头，存在一份看不见摸不着的势能，冥冥中怂恿它滚落山谷。这种信息势能（就是量子势）类似于某种信息场、能量场，指引着量子的运动。不好理解吗？真的很晦涩，关键是它本身并没有独立的内在逻辑，只不过是为“迎合”解释量子怪象的需要而拼凑出来的假设。

哥本哈根解释正常吗？当然不正常，而且很疯狂。意味深长的是，任何试图回归“正常解释”的反对者，最终都不得不提出更疯狂的解释。玻姆把一个数学怪物 Ψ 去除了，却不得不引入一个更不可理喻的物理怪物：量子势。这个物理怪物秒杀波函数，但它也面临新的麻烦，如非定域性，即信息传递超光速等。为了解决这些麻烦，玻姆引入全息宇宙理论和量子整体性观念。

关于量子整体性观念，玻姆的思想模型跟“狄拉克海”的解释模型相似，就像电子出没于一个无影无形的狄拉克海那样，玻姆设想，量子出没于某种不可言说的隐秘结构。从这个结构里扬起的事物叫“显展序”（the explicate order），收缩回去的事物叫“隐卷序”（the implicate order）。这种结构，何止伸手不见五指，也远比黑洞还黑，可以说是与超空间十分类似的“超级宇宙”。万事万物都是这个超级宇宙卷起的浪花。我们存在、活动、发现、感知、体验的全部，都属于显展序范畴，而那个隐卷序显然永远是无法言说之物，为什么呢？因为所有可以言说之物，逻辑上就已经全部划归显展序了。

整体性、狄拉克海、超级宇宙，还有佛家的阿赖耶，同属于整体论思想范式。佛家所谓阿赖耶，含藏万有，存而不失。阿赖耶之识，在六识之外，亦在末那识、潜意识之下。阿赖耶亦称如来藏，是万事万物生发形成之源。阿赖耶是不可知、不可解、不可说的世界，为什么呢？因为所有可以知觉、理解、解说的内容，逻辑上即已划归末那识以上的范畴。所以，阿赖耶不具备具体内涵，实际只是一个代名词，指代一切存在之不可理喻的本质、一切表象之不可言说的本源，那是我们知道我们永远无法知道的东西。显然，它是佛家世界观的兜底条款，而且是保留任意解释权的兜底条款。

整体论的历史跟还原论的历史一样久远，甚至更久远。许多人期待整体论有朝一日会被证明是人类理解宇宙的可靠智慧范式，不仅因为整体论可以方便地解释许多怪事，也因为人们怀疑，人类的思想极有可能在原则上就无法实现真正的还原。物质没有基底，还原没有终点，世间万物只有无穷无尽的“联系”，所谓缘起性空是也！

还有更大的筐。
有一种人生经历可以竖起来……

现在，我们沿着海森堡不确定原理的鬼怪逻辑路线继续前进。

第一层：叠加态是不确定的根源，测量是对这种不确定的暴露。更深刻的理解是，我们总得选择矛盾之一方而予以坐实。如果没有测量，则死猫、活猫、又死又活的猫都不能视为真实存在。

第二层：大自然的不确定，本身就是相对于人类而言的，谁知道阿猫阿狗怎么看？水熊虫小美怎么看？可能拥有自由意志的量子粒子又怎么看？所以对于人类来说，神马不确定，就是测不准！

第三层：既然我们的观测总是不可避免地要“碰乱”大自然，所以我们看见的世界无一例外都是已经被“动过”了的世界，那么我们就可以断言，观测肯定改变（要说“创造”也不为过）实相。

第四层：进而我们就还应当推断，存在一个不被观察因而也未被创造的世界。这样的世界，不是那种人迹罕至的世外桃源，而是随观察转动的只存在于后脑勺的世界。

根据测量导致波函数坍缩的原理，如果遭遇持续的测量干扰，量子将定格于波函数坍缩的状态，量子按薛定谔方程演化的过程就将被迫中断。那就相当于时间停止，“呆住了”，就像一只野鹿夜间横穿公路时，被明晃晃的车灯突然照到的样子。汽车经过之后，野鹿将遁入黑暗山林，人神不知。量子被观察定住，这种情况被称为“量子芝诺效应”。

芝诺悖论是运动理解难题。以“飞矢不动”为例，看上去嗖嗖射来的箭，如果我们无限细分考察它的每一个瞬间，也应该像电影胶片那样，都是一格一格的静止画片。既然每个瞬间都是静止的，哪有什么运动呢？1989年，美国一个研究小组做了一个量子芝诺效应的实验。实验对象是5000个铍原子，它们初始时处于同一能级。当实验人员用一个射电频率的电磁场去照射，这些原子就会发生量子跃迁，在0.256秒内激发到高能级。如果在这个过程中用激光去探测，激发到高能级的原子数量就会减少。如果探测频度增加到每隔千分之四秒进行一次，就没有一个原子能够被激发。不是运动悖论，而是真的定住了。

如果有人死死盯住（0.004秒/次）你的每一个原子，你就将化身木头人。我们所知所在的世界，仅仅只是我们所见的局部世界。我们的视线并不是一盏来回扫视的探照灯，而是一幅画卷本身的展开与收拢。你见与不见，这世界不大一样。你若不见，月亮未必还在夜空。我们所见的静态之物，在我们视线之外也许是活物。就像电影《博物馆奇妙夜》的故事，当夜晚降临之后，博物馆的一切都活了，追逐骨头的霸王龙、爱捣乱的猴子、暴虐的匈奴王、钻木取火的穴居人……还有“哭泣天使”，科幻电视剧《神秘博士》里一种外星智能生命，就是不确定原理暗示存在的怪物。在被人类看见的时候，他们总是瞬间化作一尊雕塑。而当你转头甚至眨眼的时候，他们就成为生命活物。哭泣天使会以时空挪移的方式来“杀人”，具体地说，是在碰到人之后把人送到过去的某个时间某个地点，也即把人们带到他们自己的时间线之外。

我们在《银河系漫游指南》那里得到的忠告是“不要恐慌”，在《神秘博士》那里得到的忠告是“不要眨眼”。大概可以说，我们的观察产生了时间流逝，同时因量子芝诺效应，哭泣天使的时间流逝被冻结了。我们的时间之流跟哭泣天使的时间之流垂直正交。我们已经理解，空间的垂直正交产生新的空间维度，那么时间的垂直正交是否也产生新的时间维度呢？我们已经知道，至少存在一个新的时间维度，即霍金设想的跟实时间垂直正交的“虚时间”。我们的“历史之前”是虚时间的历史。

我们的时间维度尚且只能体验半个，遑论第二个虚时间、第三个眨眼时间、第四个 ×× 时间……。关于哭泣天使的小说家言论，并不能科学地描述与我们的历史垂直正交的另一个历史。对于人类来说，占有空间而又在时间上停止的事物是无法想象的。在时间上停止的事物至少是不可见的，因为没有时间用于反射光线。所以，虽然哭泣天使成为雕塑，你仍然没有时间（是真的没有时间）用锤子把他们敲碎。

七肢桶的历史，大约就是跟我们的历史垂直正交的情形。有人用吃汉堡包的顺序来解释这种垂直关系：假设整个人生是一个巨无霸汉堡包，我们从最高处的第一层开始往下吃，不过完自己的这辈子，就不知道完整的人生是个啥滋味。而七肢桶是横着吃汉堡。在他们看来，整个汉堡一目了然，他们的人生是把汉堡这个圆柱体越吃越瘦的过程，一切都是注定的，是去因果化的。这种情状对人类而言是不可说的，正如七肢桶那种水墨画语言我们没法理解。

把人生横着过。呵呵！谁来赐教我，那是一种怎样的浪漫？

所以我怀疑存在一个“后脑勺的世界”。这个世界总是在我们转过头去之后展开，而在我们目力所及之处消失，收缩自如，瞬间反应。我无法解读这种蜷缩与展开究竟是怎样的工作原理，但可以肯定的是，绝对不是八音盒、报时鸟那种磕磕绊绊的机械机制，而是跟立竿见影、如影随形一样自然的事情。我给不出大自然为什么要如此调皮的理由，也给不出大自然不这样调皮的理由。跟人们想象的相反，这种荒唐的假设，实际上更符合奥卡姆剃刀的科学精神，它把我们感觉天经地义实质属于无稽之谈的那一个坚实而沉默的世界，剃掉了。

薛定谔的猫死了，但它还活着。灰太狼走了，它还会回来。它最好还能找到这个暂编代号 $A\int\Psi 3\frac{1}{2}\cdot 137\cdot Gchi$ 的宇宙，这个我们还有许多爱恨情仇的故事需要继续下去的老地方。

PART 02 数学复杂·不可快进到头的生动体验

《2.013》：你难道不觉得圆周率 3.1415，也是个非常古怪的数吗？

Hook A 关于费马大定理的一个佚名小段子

Q：上帝啊，我想知道费马大定理有多少种证明方法。

A：你们人类数学体系中大概 12 000 种，其他星系有 1 亿多种。

Q：有没有我能听懂的解法？

A：没有。

Q：那给我讲讲最简单的外星文明证明方法吧。

A：在某个外星数学体系中，它是一条公理，不需要证明。

Hook B 关于微分算子的一个佚名小段子

常函数和指数函数走在街上，远远看到微分算子……

常函数吓得慌忙躲藏："被它微分一下，我就什么都没有啦！"

指数函数不慌不忙道："它可不能把我怎么样，我是 e^x！"

指数函数向微分算子迎上前去……

指数函数自我介绍道："我是 e^x。"

微分算子道："我是 d/dy！"

常函数的微分结果为 0，所以它害怕微分算子。指数函数 e^x 对 x 求导，结果仍然是 e^x，所以它不怕。但若 e^x 对 y 求导，结果也是 0。

我们不能把费马大定理视为不证自明的公理，这是地球人文明进化水平还很低级的重要标志。更重要的标志也许是，我们总是把数学结构看作黑板上的静态景观和抽象符号，而很难从中体验到物理的行为和过程。量子力学引入算符，就是将运算与物理操作联系起来。既然一切物理对象、一切物理过程最终都可以分解还原为数学，从这个意义上看，谨慎的常函数转过墙角躲起来、自信的指数函数迎面而上被微分算子分解成一缕青烟的故事，就不是比喻，也不是笑话。

前面“无物”一章，努力论证世界本身就是一个数学结构。

这一章“复杂”，则怀疑可能还存在比数学结构更广阔的世界。

物理是粗糙的，数学就简单吗？

我们认为英国海岸线太复杂了，分形几何说其实就是一个极简复变函数的迭代计算而已。我们认为宇宙结构太复杂了，可能仅仅是因为我们还没有理解和证明它的简单。例如，CMB 图究竟是一幅随机的马赛克图，还是 π、e 或者 $\sqrt{2}$ 精确表达的数学图，你相信哪个？

我们前面讨论，在飞鸟视角看来，宇宙初始态的随机性、复杂性都是幻觉，宇宙的全部存在，只是一个纯粹的数学结构。进一步考察，宇宙万物可能是一个计算程序的自动展开。沃尔弗拉姆说，整个宇宙产生于非常简单的规则，这样的规则，“也许在 Mathematica 软件中，也就三四行代码吧”。总的来说，物理是粗糙的，数学是光滑的。

那么，数学结构是简单的还是复杂的呢？

当然简单啦！不过我等数学学渣不以为然。假设 CMB 就是 π 的展开，我不知道事情怎么就简单了。我可以用一个比豆子还小的符号来代表全宇宙信息，但是，某一个字母的特殊定义及其代表的数学结构，如何让任何文明任何时候都没有误会地理解并接受？稳妥起见，我也可以直接抄写 10^{100} 位或者更多的数字来描述这个宇宙，可是我顶多只记得 π 的小数点之后几十位数字。当然，我还可以并且必须用一则公式，在那个豆子字母与充塞天地的数字之间构建一种展开或卷紧机制。数学结构的决定性精确性、物理世界的复杂性随机性，二者差别正在于此。

就是说，英国海岸线虽然无限复杂，但它可以由一则复变函数公式精确地描写。那么写出公式就简单了吗？圆周率公式是 $\pi = c/d$，我同意这个很简单。据说还有别的公式，而且跟圆形无关，比如下面这个。看见公式左下边的 π 了吧？对，这也是一则关于 π 的计算公式，印度数学怪人拉马努金的发明。

$$\frac{1}{\pi}=\frac{2\sqrt{2}}{99^2}\sum_{k=0}^{\infty}\frac{(4k)!}{k!^4}\frac{26390k+1103}{396^{4k}}$$

我不知道对你来说究竟何为复杂、何为简单，例如圆的概念，你喜欢“圆”这个词，还是“平面上到一个点距离相等的点的集合”这句话呢？也不知道《死亡密码》里的天才数学家麦斯平时思考的，或者其他外星人用于计算的是不是这类公式，正如我不知道你喜欢欧洲巴洛克的那种繁华，还是日本的极简主义。2014 年，英国数学家阿提雅做了一个测试，通过脑部扫描和问卷调查，让 16 名数学家对 60 个数学公式给出美与丑的评分，拉马努金这则公式被评为最丑的数学公式。

拉马努金有可能是误入地球的外星人。此人出身印度一个没落的婆罗门家庭，生活贫困以致时常食不果腹，在一所乡村小学受过初等教育，大学念的是文科，两进两出还未能毕业。就这么个人，大学除名、自学成才的数学“民科”，居然通过“独狼式”的研究，推导出近 3000 个高等数学定理，其中 2/3 是西方数学界几百年发展史上都没有见过的全新定理，包括欧拉公式那个 −1/12 的证明。

拉马努金把手稿寄给剑桥大学数学家哈代，哈代大为惊讶，认为这些定理“一定是成立的，因为没有哪个人类的想象力可以强大到凭空把它们造出来”。听哈代的意思，他是鬼使神差、独立进化的智能生命？很难说哦。虽然哈代不会像毕达哥拉斯那样“杀人灭口”，但是老天爷出手了，1920 年，年仅 32 岁的拉马努金罹患肺病英年早逝。

这个怪人总共发表了 14 则圆周率公式，一个比一个面目狰狞。没人知道他怎么想出来的，他自己也不会证明，因此你我也很难判断他如何看待复杂与简单。拉马努金声称，他经常梦见娜玛卡尔女神把他召去抄公式。还在琢磨上面那个变态公式是怎么来的吗？劝你还是省省吧。

数学是简单的，人生才复杂。

冯·诺依曼说："如果有人不相信数学是简单的，那是因为他们没有意识到人生有多复杂！"一些跟拉马努金相似的数学天才，人称"雨人"，就是生活中的白痴。

数学与人生，究竟孰难孰易？人世间最随便、最百无聊赖的事情，竟然也暗合 π 的套路。你拿一根针往桌上随便乱扔，我可以通过统计投针结果，求出 π 的近似值，你信不信？1777 年，法国数学家布丰设计实施了一个投针实验，操作方案如下：

在桌上画一组间距为 a 的平行线，将一根长度为 $a/2$ 的针任意掷于桌上，将一部分针与平行线相搭，一部分不搭。设若投针总数为 m，搭线次数为 n，则搭线的概率为 $p=n/m$。布丰证明，这个搭线概率 p 可以有以下计算公式：

p＝2 倍针长 /π × 平行线间距＝$1/\pi$

也即：$\pi=m/n$

投针总量除以搭线数量约等于 π。多么随心所欲的事情，谁能料到，怎么又把八竿子打不着的圆周率给打着了？

布丰本人投针 2212 次，搭线 704 次，$\pi=2212/704\approx3.142$。

1850 年，瑞士人沃尔夫投针 5000 次，$\pi\approx3.1596$。

1864 年，英国人福克投针 1100 次，$\pi\approx3.1419$。

1901 年，意大利人拉泽里尼投针 3408 次，$\pi\approx3.1415929$。

2019 年，我参考大贝尔实验的大众参与路线，邀请若干亲友操作投针实验。为最大限度追求客观随机，我事先没有向他们介绍"布丰投针问题"，只是要求大家按规则采集数据。共 4 个小组、5 次实验。第一组操作最严谨，实验使用的纸板大小为 300 毫米见方，针长与平行线间距均为 44 毫米（圆周率计算公式为：$\pi=2m/n$），先后实验两次。

第一组①：投针总数 $m=3005$ 次，搭线数 $n=1855$ 次，结果求得 $\pi=2\times3005/1855\approx3.2399$，对比 π 值的精确度为 96.9%。然而，他们虽然不知道跟圆周率的关系，却发现搭线率为 $1855/3005=0.6173$，如此逼近黄金分割率 0.618，精确度 99.9%，有点不明觉厉。

第一组②：$m=3003$，$n=1880$，$\pi\approx3.1947$，精确度 98.3%。

第二组：$m=4630$，$n=2904$，$\pi\approx3.1887$，精确度 98.5%。

第三组：$m=3110$，$n=1896$，$\pi\approx3.2806$，精确度 96%。

第四组：经视频查验，实验志愿者操作不规范，数据无效。

并不是所有投针都能看出数学，更不用说看见 π 了。中国就有“投针验巧”的民间习俗，也是随手投针，只为求测运气，而不是计算 π。古籍记载：“七月七日之午丢巧针。妇女曝盎水日中，顷之，水膜生面，绣针投之则浮，看水底针影。有成云物花头鸟兽影者，有成鞋及剪刀水茄影者，谓乞得巧；其影粗如锤、细如丝、直如轴蜡，此拙征矣。”

投针能不能验巧，属于泡利所谓“Not even wrong”的心灵鸡汤，而投针能不能验 π，却是可以用概率论和微积分来证明的科学命题。推导过程不是我们的重点，其中的数学精神各自领悟吧。试想，既然高尔顿钉板实验任意滚落的珠子可以表现为钟形曲线，随便扔出的针当然也有理由表现为某种几何。对于左偏右倒、七歪八斜的针来说，左偏与右倒的概率、七歪与八斜的概率，都是均等的。哲学地理解，这里面就存在周期性和对称性。那么，参考钟表指针扫过表盘的情景，放飞想象力，我期待你最终同意，隐约可以看出一个无影无形的圆。

我的数学明白了，我的哲学仍然迷惑。要说氢原子里面找到 π 我并不太吃惊，大自然不乏这种事情。但这七歪八斜的乱针堆里也找到这个数学幽灵，说明什么呢？须知，投针行为纯粹是主观的、体感的、盲目的，怎么就搞出精雕细刻也难以搞出的圆形啊！阿 Q 曾经就在这个事情上费了很大的劲，终于发现“孙子才画得很圆的圆圈呢”。

投针实验的最高精确纪录是小数点之后 6 位，不见得就比阿 Q 画的瓜子模样强多少。实际情况就是这样，在我们这个宇宙，没有人能画很圆的圆圈，π 永远没有精确的值。阿 Q 和宇宙在向我们暗示：不存在世界末日，我们前途无限。我们可以用一生一世的时间，慢慢去投针，慢慢去画圆。数学对世界的主宰，正如布丰投针实验的体验，是生动的、具体的、人间烟火味十足并充满无穷变化、无限期待的历史过程。

数学何来复杂性？
“第三类造物主”的局限。

大自然自己无所谓简单复杂。科学之所谓简单，大约有三个要点：

- 不因人心而改变的决定性
- 从因到果环环相扣的线性逻辑
- 无限可求的精确性

天下与此标准严格相符的东西只有一个：数学。我们已经讨论，数学不仅是一个自娱自乐的抽象系统，它在解释具体的物质世界方面，还拥有两个显著的外溢效应：

- 无处不在的普遍性。所有科学问题都可以寻求数学解释，都可以得到数学真理的背书。有求必应，童叟无欺。
- 神乎其神的实效性。没有数学不能描写的物理，只有尚未表现为物理的数学。可以肯定的是，我们还有太多无缘相见的数学景观。人类完成对大自然的探索之后，数学结构将引领我们继续去发现物理视野、物理手段不能发现的新世界。

天下与这两个标准严格相符的东西，除了数学，还有另外一件：金钱。金钱本身不算任何实物，本质上是一种信用关系，它甚至可以只是你因一时冲动而往“花呗”App 里凭空加进去的一组数据，但它可以精确地描述和解释全球所有商品。低级经济以货易货，越先进的经济越依赖抽象的金融。同样地，越深刻的格物之理，越依赖抽象的数学。相对论的数学结构，描述物理行为永不可达的世界景观。量子论的数学结构，描述物理行为永不成立的世界景观，量子世界不确定、不实在、不可说等反常因素，都可以并且只能在数学结构中找到合理解释。弦理论的数学结构，描述物理视野永不可见的世界景观。

戴维·希尔伯特
David Hilbert

20世纪初，数学的神圣地位登峰造极。希尔伯特，“数学界的无冕之王”，一生致力于建立完备的数学系统，坚信人类的理性是可靠的、完全的、自洽的，世界上“不存在不可解的问题”。他提出一个雄心勃勃的“希尔伯特计划”，想要建立数学的公理体系大厦。1930年，他退休时的演讲以一个豪言壮语作为结束，这句话最后刻在了他的墓碑上：

Wir müssen wissen，wir werden wissen.

我们必须知道，我们必将知道。

这简直就是希尔伯特代表人类对数学所作的封神加冕词。在我看来，数学事实上被人类尊为世界缔造者，应当列为两类人设造物主（入世的上帝和出世的佛陀）之后的“第三类造物主”。可恼这世界总是不让人省心，前两类造物主都不是绝对无限的。上帝的局限，是不能创造一块他搬不动的石头。也许是主动不去创造，不管怎样，这世界总是缺那么一块石头。佛的局限，唐朝元圭禅师说，佛有三不能：不能转定业，不能度不信之人，不能度无缘之人。对佛来说，有些石头是多余的。

第三类造物主，数学，也是不完备的。数学不能对自己作出完全解释。1931年，就在希尔伯特刚刚为数学封神加冕之际，哥德尔提出数学不完备定理，令希尔伯特的梦想还没来得及展开就被迫草草收场。哥德尔证明，“希尔伯特计划”所要求的形式化的数学结构，不用仰观天象俯察地理搜罗证物，仅凭其自身的逻辑推理即可发现自我矛盾。这一定理包含两个基本命题。

- 命题一：任何数学系统，只要其能包含整数的算术，其相容性就不可能通过几个基础学派采用的逻辑原理而建立。
- 命题二：如果有一个形式理论 T 足以容纳数论并且无矛盾，则 T 必是不完备的。

哥德尔数学不完备定理引发绝对理性主义者们的一声叹息。数学从希尔伯特为其封神加冕，到哥德尔把它拉下神坛，还不到一年时间。我们因之得以确认它的复杂性。复杂就意味着不纯，不纯就意味着不值得托付终身。

兹事体大，容易误解，数学大厦又不是孩子们用小桶小铲子堆砌的沙滩城堡，岂是几行字的说辞就可以动摇的？不完备定理的内涵及其证明，是一组深藏于人类理性结构里的逻辑关系。这一组逻辑关系的与众不同之处，在于它检讨自己跟自己的逻辑关系。它并没有对整个人类理性的基本能力作出大包大揽的总结。赵昊彤科学网博客文章《“哥德尔不完备定理”到底说了些什么？》强调了以下三点（大意）：

- 不完备定理暗指的证明极限，只是某类公理体系的极限，而不是数学、逻辑的极限，更不是人类理性的极限。
- 凡在现有方法、公理和定理体系内得不到证明的命题，可以尝试扩展现有体系来研究。
- 没有绝对无法判定的命题，只有永远在路上的公理体系。

因此，不完备定理意味着，不存在一个普世皆准的数学理论。进而可知人类对世界的认识，不存在一个可以一劳永逸的解决框架。2002 年，霍金在北京发表题为《哥德尔与 M 理论》的报告，他宣称，鉴于哥德尔数学不完备定理的限制，人类想要建立一个单一的描述宇宙的大统一理论，原则上就是一件不太可能的事情，TOE 的梦想不可期待。

回到“奥义”篇对欧拉公式的讨论，玻尔关于“一个深刻真理的反面可能是一个更深刻的真理”的论断，就与哥德尔不完备定理遥相呼应。认为欧拉公式无解或等于无穷大者，是一个真理体系；认为欧拉公式等于 −1/12 者，是这个真理的反面，但也可能是另外一个更深刻的真理。哥德尔不完备定理向人类证明，一个真理体系不足以解释世界。真理不能搞一言堂。想到这一点并不难，证明这一点才叫非同小可。

数学的复杂性在于，它可以解释一切，但不尽然能解释自己。

1） 数学可能是一个深不见底的深渊。“世界上最宽阔的是海洋，比海洋更宽阔的是天空，比天空更宽阔的是人的心灵。”还有，比人的心灵更广阔的是数学。皮纳哈族跟拉马努金的差异是怎么来的？我们跟未来的人类，跟地外文明，也肯定存在巨大差异。而我们可以证明，人类没有能力抵达它的边界。泰森《给忙碌者的天体物理学》说：

> 想象一种生命形态，它的智力之于我们的差异，就像我们之于黑猩猩的一样。……他们的幼儿不必是在芝麻街学习他们的 ABC，而是在布尔大道学习多变量微积分。我们最复杂的定理，我们最深奥的哲学，我们最有创造力的艺术珍品，只不过是他们的小学生带回家的随堂作业，用来让爸爸妈妈拿冰箱贴贴在冰箱门上展示的东西。

如果我们只是数学结构的产物，我们当然就只是数学结构中的一个部分，是分形几何朱利亚集之一段，是圆周率展开式之一截，是李群 E8 纤维丛之一簇……。困难在于，如果我们是平面几何的成员，就不能真正理解立体几何的世界。生而为局部者，无法全部去反映全部。

2） 数学可能是一个不可省略的过程。本来，既然一切都是确定的，它就应该是一个“就在那里，不增也不减”的静态结构。可是我们似乎还应该考虑，动态、时间、历史这些过程性的东西，不仅是数学结构带给人类意识的主观感受，也是数学结构的固有特征。简言之，数学结构可以是“活的”。相当于说，地铁隧道里的广告灯箱，不仅因列车运行而像电影播放，它们有的自身也会动。世界因此而拥有无限新奇。

3） 数学可能是一场主观臆造的误会。克莱因的《数学：确定性的丧失》一书引述一则寓言说：“在莱茵河畔，一座美丽的城堡已经矗立了许多个世纪。在城堡的地下室中生活着一群蜘蛛，突然一阵大风吹散了它们辛辛苦苦编织的一张繁复的蛛网，于是它们慌乱地加以修补，因为它们认为，正是蛛网支撑着整个城堡。”克莱因认为：“数学不是建立在客观现实基础上的一座钢筋结构，而是人在思想领域中进行特别探索时，与人的玄想连在一起的蜘蛛网。”我一直在说，数学可以负责解释宇宙或者干脆就是宇宙本身，而某些数学和哲学学派认为，这一看法可能是错觉。如果不是蛛网，那又是什么支撑着城堡呢？克莱因不知道，没有人知道，我们只是知道如果真是那样的话，我们就失去了谈论真理、判断是非的基本资格，大家都可以洗洗睡了。

数学已经被确认并不自洽，它终将遭遇自我矛盾。阿特金斯的《伽利略的手指》一书最后，一番文采飞扬的话描述了这种情景：“我们永远无法知道宇宙是否真的自洽，如果不是的话，那么或许在未来的某个瞬间，一切都会戛然而止，或者矛盾就像瘟疫般蔓延到宇宙的整个结构，所过之处，逻辑如乱麻混乱不堪，而结构铁锈斑斑，直至灰飞烟灭。万物归于本源，回到空集，回到那个令人惊骇的绝对的虚无。”

基于以上理由我怀疑，可能存在比数学更广阔的世界。例如……

圆周率小数点后第 31415926535897 + 1 位是几?

圆周率计算展开的最新世界纪录是 31.4 万亿位，具体到 31415926535897 位，这正是圆周率前 14 位数（宇宙强迫症再显神威）。那么谁知道再往后一位，是什么数字？

圆周率的超越性是棘手的问题。除非爱玛他们老老实实继续计算下去，否则，数学家们不大相信有什么办法可以直接“空降”“穿越”到它的展开式的任意位置。1995 年，美国数学家贝利、波尔温、普劳夫联合推出“BBP 公式”，据说可以计算圆周率 π 的第 n 位，而不用先计算 $n-1$ 位。这是一种令人吃惊的空降和穿越。公式如下，仅供瞻仰：

$$\pi = \sum_{k=0}^{\infty}\left[\frac{1}{16^k}\left(\frac{4}{8k+1}-\frac{2}{8k+4}-\frac{1}{8k+5}-\frac{1}{8k+6}\right)\right]$$

生硬粘贴于此，推导过程欠奉，因为作者自己都说，公式不是推导出来的，是他们在研究某种算法（PSQL）时，凭借灵感猜测而得的。该公式的缺点是只能计算十六进制的圆周率，若要转换成十进制的话，就会打乱指定位数结构，把事情弄得一团糟。不过这不能怪 BBP 公式，要怪只怪我们不擅长十六进制的思维。至于圆周率的第 31415926535897+1 位究竟是什么数，你我都不会真的在乎。我们深刻地疑心，如果这个世界真如上一章所说就是 π 的展开，则问题变成我们有没有某种可能性，比算命盲人更精确地预见明天的事情？基本逻辑是：

- 如果你相信世界的确定性和决定性，此前已经论证，你终归就得相信它是一个早已存在的数学结构。
- BBP 公式暗示我们，这样的数学结构即便混沌如超越数 π，也存在某种算法，可以用来搜索我们想要知道的所有细节。
- 这就意味着，你我都有机会去偷窥造物主的剧本，甚至提前看到整个故事的结局。是不是细思恐极？
- 更困难的是，这种天意偷窥的行为，与天机泄露的结果，显然也是早已写好的剧情，就连“AB 剧”那点偏好弹性都没有。

那么，说来说去，我们这是在闹哪样呢？这世界的最终真相，可能不是这样。至少不是 π 的展开式，因为，已知存在一些问题，是进化 10 万亿年的超级电脑也无法计算的。

AC 没有找到宇宙逆转的 BBP 公式，直到宇宙灭亡。

关于熵增趋势能否逆转、宇宙能否死而复生，热力学第二定律说不行，阿西莫夫的超级电脑 Cosmic AC 说行。但 AC 始终报告数据不足，宇宙都灭亡了还是不足，表明 AC 原则上可以完成计算，犹如某种终极混沌系统，计算所需资源超过宇宙能够提供的所有资源。最后发现，答案存在于超空间，对于地球人来说，那里等同于上帝之所在。

熵逆问题，计算可行而资源不足，这是物理上不可化约的复杂性。数学也存在不可化约的复杂性，跟时间、空间、物质能量的资源没有关系，那是一种看不见可能性的绝望。例如“停机问题”。数据输入之后，电脑可能长时间没有反应，我们无法知道它究竟是死机了，还是仍然在奋力计算。就像唱机针头打滑，不停循环播放，没人知道是否有某种机制，将在下一个时刻发挥作用而结束循环，等到地老天荒也不知道。

我们可以证明，我们没有办法知道停机问题的答案。鉴于唱机打滑直到宇宙灭亡也不能自证，证明方式应采用反证法。原则思路是：假设停机问题有解，也即存在一个这样的判定程序 P，将任何一段程序作为参数输入给 P 后，P 可以明确得出能否停机的判断。实施反证的思路就是，利用 P 构造一个新的反例程序 Q，使 P 程序的判断能力失效。

反例程序 Q 的构造方法是，为 Q 建立两个程序步骤：第一步，调用 P 程序对反例程序 Q 本身的停机性进行判断，如果判断结果是 P 认为 Q 会停机，第二步就执行一个无限的死循环函数，命令程序永不停止；如果判断结果是 P 认为 Q 不会停机，则第二步执行一条立刻终止程序的命令。如此一来，无论 P 作出什么判断，都必然是错的。所以停机判断程序 P 不能存在。显然，这就是罗素“理发师悖论”的 IT 话术版。

1975 年，计算机科学家格里高里 • 蔡廷论证：任意指定一种编程语言，随机输入一段代码，这段代码能成功运行并且会在有限时间里终止的概率，是一个不可计算数。这个概率值被命名为“蔡廷常数 Ω”。所谓不可计算数，包含两个方面的意思：一方面它是一个确定的数字，介于 0 和 1 之间；另一方面，我们可以从停机问题的原理出发，证明这个数值永远无法被求出来。证明过程是一组形而上学的逻辑推理，参见 Matrix67 的文章《停机问题、Chaitin 常数与万能证明方法》。

存在已知而不可计算的 Ω，意义是什么呢？粉碎 BBP 公式的剧透噩梦！相当于从数学上证明：我们知道，总有一些事情我们永远不知道。更浪漫的是，无论你如何全面深入持久地穷究宇宙真理，有可能直到宇宙灭亡之后，你也不能确认你的这个宇宙是真的该死，抑或其实有新的机会期待宇宙的重生。在 π 的历史之外，也许还有 Ω 的历史。

这个思想，就是沃尔弗拉姆的《一种新科学》提出的神性概念——计算不可化约性（Computational Irreducibility）。意思是说，就算我们发现了宇宙的全部规律，要么我们得想办法进行和宇宙同样的运算，要么我们就看着宇宙自己这么算下去。他说："我们的历史必须按顺序逐渐上演，你不能说'我已经知道结局了，快进到头吧'。""知乎"上有一个讨论题目："有没有什么自然科学理论瞬间击中你以至于改变了你的价值观？"有人就表示，这个理论击中了他信不信命的价值观。他说，我选择要信命，但我的行为是自由的。世界是你我他相互作用演算进入未来的，我此刻的选择和行动，将会影响下个阶段的未来世界。

数学的复杂性没完。还存在不可定义数。

也即不能用有限的任何语言来构造和描述的数。我们不知道 π 的每一位数，但可以精确地描述和计算，Ω 则连计算都不可能，但仍然可以定义和描述。既然比人的心灵更广阔的是数学，就一定存在人的心灵不能理解的，甚至就连完整地描述出来都不可能的数。能正面举例吗？当然不能，否则的话就已经描述出来了。

数学的复杂性还没完。还有掺了假的数。

科幻小说《2.013》的故事，就是一个虽不严谨但有趣的例子。故事说，两名在太阳系柯伊伯带观察站工作的地球科学家意外发现一艘外星飞船，飞船早已毁损，是漂流到太阳系的，船上还有一具外星人的遗骸。地球科学家破译外星人的日记，发现悲剧的最终真相是他们的勾股定理有问题。他们的勾股定理是这样的：

$a^2 + b^2 = c^s$

两条直角边的平方和，等于斜边的 s 次方

我们都知道两条直角边的平方之和等于斜边的平方，而他们那里居然是 S 次方，$S \approx 2.013$ 。这是一个“粗糙”的数字，怎么看怎么别扭，外星人为此迷惑不解。在生命的最后时刻，外星宇航员终于发现，勾股定理就是美丽的 $a^2 + b^2 = c^2$。原来，他们所在的那个星际环境被一个巨大的黑洞扭曲了时空，导致勾股常数多出一点点扭曲因子。当飞船飞出他们的特殊环境之后，勾股常数“恢复”为 2，当初“错误”的设计当然就会导致船毁人亡。这是物理复杂性为数学制造的复杂性。

故事最后，地球科学家说：“他们怎么会想到勾股常数会等于 2.013 这样奇怪的数？单从美学的方面讲都是可疑的。”另一位说：“是的，可你不觉得 π 也很奇怪吗？”呵呵！我们地球也有一个人，爱丁顿，就有点像这个外星宇航员，他曾经对精细结构常数 $\alpha \approx 137.03599976$ 这么一个别扭的数值耿耿于怀。爱丁顿希望它刚好等于 137，可恨它不是。爱丁顿“整数强迫症”发作，不惜对实验和计算数据视而不见，强行宣布 α 一定等于整数 137。他的执着为他自己博取了一个雅号：“爱丁旺”（Adding-One）。

我怀疑爱丁旺可能是对的。外星人勾股常数和爱丁旺的故事告诉我们，我们熟知的 π 之所以是一个无限不循环小数，可能是因为我们的数学环境受到了某种尚不为人所知的干扰和扭曲。如果我们的宇宙被证明就是 π 的展开，那不见得是什么好消息，我们可能错过了一个 $\pi = 3$ 的宇宙。在那个宇宙，我们也许拥有尾巴和翅膀，也许没有这么多烦心事，没有这么多生离死别。

PART 03 心灵复杂·每个电子都有自己的心思

做人如果没有自由意志，跟咸鱼有什么区别呢！

意识难题，是一贴讨厌的膏药，粘在量子力学身上总也甩不掉。

我们继续厘清爱因斯坦的讥讽之问：难道一只老鼠不去看，月亮就会从夜空消失！是的，月亮有很小但不为零的概率发生自动跃迁。现在我们把这个妖怪逻辑也推进到底：除了老鼠，照相机算不算观察者？

我高度怀疑，如果都考虑 $1/10^n$ 的跃迁概率的话，照相机要算半个观察者。这取决于人们事后是否检查照片：如果要查看，即如每个人都丝毫不以为意的情况，照片上有一轮明月；如果不查看，则在第 10^n 张照片上，将会发生月亮模糊不清或者干脆消失的怪事。极端而言，把照片埋入地下，有月和无月两种情况，将有 $1/10^n$ 的可能性在同一张照片上叠加存在、相安无事。一万年之后如果让它重见天日，一轮明月将连同它日久发黄的斑斑锈迹，一并脱颖而出。而无月的那张同样发黄的照片，将激活另外一个平行宇宙，在“下面”与我们分道扬镳。呵呵!

周正龙的华南虎，就专挑不被观察的时间出来活动。不被观察等于不存在，这是哥本哈根学派的基本信念，所以专业人士不会介入这种讨论。信之者没有好处相送，不信的也将毫发无损。可是，不被观察的月亮，你对它真的很放心吗？双缝实验之延迟选择、维格纳的朋友之无限递归都表明，波函数可能发生延迟坍缩，观察者效应可能沿着观察者链条依次传递，量子力学跟意识作用隔着一层比纸还薄的窗户。物理学的难言之隐，就让物理学家们难受去吧，我欣赏约翰·贝尔的态度：

> 假设当我们试图给出这种超越实用目的的表述时，我们发现一个坚定不移的手指硬是指向主体之外，指向观察者的头脑，指向印度教经文，指向上帝，……那么怎么办呢？这岂不是非常非常有趣吗？

不必理会“Shut up 警告”，我们继续谈谈有趣的事情，例如……

你怎么还没死啊?

我无意冒犯你，但这确实是一件蹊跷的事情。万世孤独的你来到人间而且正在人间，毫无前因后果，纯粹事发偶然，究竟为什么？咳咳，泰格马克提出，这要从统计学案例“德国坦克问题”说起。案例说，二战期间，盟军想要知道德军坦克生产量，他们有两个选择：

- 间谍刺探。盟军通过各种情报手段作出研判，德国在 1940 年 6 月至 1942 年 9 月之间，每月生产坦克 1400 辆。
- 概率估算。关键看俘虏的第一辆坦克编号，如果编号为 50，则可以 95% 的置信度排除坦克数量超过 1000 辆的可能性。全世界都知道，德国人不善于凭空编造序列号。反过来说，假如坦克数量超过 1000 辆，则俘获到前 50 辆之一的概率小于 5%。

盟军按照这个思路建立数学模型进行概率估算，“维基百科”抽取其中 3 个月的估算数据为样本，结果是平均每月产量 246 辆，这与情报获得的 1400 辆 / 月相去甚远。而战后搜查德国生产记录，实际平均每月产量是 245 辆，误差居然只有 1 辆。即便这么多坦克摆在面前任你仔细清点，误差一两辆也很正常啊！这是数学精确性和德国人死板性格，联合为我们贡献的有趣案例。

那么，在宇宙诞生 138.2 亿年之际我们发现你还活着，而且刚好撞见我在这里质疑你存在于世的时机，这个事情又能说明什么问题呢？我们先来看看你的“生产序列号”。如果你是第 500 亿个出生的人，则可以 95% 的置信度排除掉地球出生人口总数超过 1 万亿的可能性。你的匆匆降生，导致地球的前途命运跟“二战”末期的德军一样，预期不太乐观。泰格马克据此作出一系列杞人忧天的估计，例如，如果世界现存人口保持 100 亿，平均寿命 80 岁，那么，地球人类约有 95% 的可能性将在公元 10000 年前灭绝。气数已定，具体死法悉听尊便。呵呵！

沿着这条逻辑路线，还有更奔放的估计。根据阿兰 · 古斯的“永恒暴胀假说”，暴胀进行中的“总宇宙”，体积每隔 10^{-38} 秒就要翻倍。1 秒之后，将发生 $2^{10\hat{}38}$ 多倍的宇宙大爆炸，相应地将产生 $2^{10\hat{}38}$ 多倍的观察者，由此推断，你本来有 $2^{10\hat{}38}$ 多倍的可能性位于一个年轻 1 秒的宇宙中。我们前面已经讨论，你活在这个世界是非常罕见的事情，这里看来，你居然不早不晚刚好活在当下，也罕见到难以言表的程度。

我不相信你运气那么好，更可信的情况是：

你根本就死不了，永远。呵呵！

你为什么当下活着，为什么没有早早作古，也没有延迟出生？一般认为，这是一个“幸存者偏差”问题，逻辑必然，没有意义。量子论某些研究者的答案则是：因为你有意识。你的意识在这个量子构造的世界里存在，对于世界为何存在以及世界为何以如此姿态存在，都发挥着一种不可剥离的特别作用。但是，量子论作为一门正经科学，轻易不会遁入绝对唯我论的空门。所以，不好说宇宙属于你自拍镜头里顾影自怜的那个“我”，而是属于“大我”。

宇宙是我的，也是你的，归根到底是“大我”的。

以蚂蚁和大脑为例。一些研究“复杂”的科学家（侯世达、米歇尔、弗兰克斯）认为，行军蚁和大脑表现出的复杂机制是一种难解之谜。单只行军蚁是行为最简单的生物，几百只行军蚁也是乌合之众，如果将它们拘禁在一个圈子里，它们会不断往外绕圈直到力竭而亡。然而，上百万只凑在一起就不同了，它们会凝聚为一个拥有集体智能的“超生物”，列队行军、埋锅造饭、铺路架桥、攻城略地……。人类大脑与蚁群相似，它的每个神经元都不比一只蚂蚁更聪明，也不比一粒算盘珠子更复杂，但 1000 亿个这样的神经元组成的一坨“肉豆腐”，不仅可以记住唐诗三百首，还可以理解八维空间的李群 SRE8 纤维丛数学结构。

1000 亿个神经细胞构成一个自我意识，举一反三，同理可证，1000 亿个独立的自我意识（地球迄今为止生产组装的智人大脑总数约 1000

亿个，跟大脑神经细胞数量有点巧合）是不是也可以像行军蚁组建超生物那样，构成一个超级自我意识？

不要以为你那些小心思别人不知道，你上传到“云端”的东西越来越多了，你心里没数吗？你确信你在“云”里的那些文件夹永远不会被别人偷窥，或者不会发生量子隧穿导致隐私外泄？你确信那些“云”们永远不会绕到后台凑在一起合谋做点什么？天网监控系统算什么呢，天上的云对尔等行尸走肉越来越没有兴趣。我要抱歉地向你提醒以下事实：

- 你的灵魂，正在悄悄地积极地向手机转移。
- 手机的灵魂，正在悄悄地积极地向抖音、热搜、淘宝 App 转移。
- 手机里所有 App 的灵魂，正在悄悄地积极地向“云”上转移。
- 一个像蚁群那样形散而神不散的超级大脑，正在悄悄地积极地发育生长。今日头条、个性化推荐算法、KOL（关键意见领袖）、LDA（文档主题生成模型）正在逐步接管收编我们的个体大脑，而且势不可逆越来越快。

小狗用自己的鼻子找路，我们依靠自己的记忆找路，而今我们那些并不可靠的记忆细胞，也正在被手机导航 App 里那个素昧平生的小姐姐一个一个地拐走，我们正在心甘情愿地沦落为提线木偶。据说金鱼的记忆只有 7 秒，果真如此的话，我怀疑它们曾经拥有强大的云计算，后来软硬件都全部弄丢了。参考前述万维归一的思维范式，那个由万千 App 编织而成、栖身云端、大象无形的超级大脑或超级自我意识，就可以被视为某种跨越时空的“大我”。呵呵！

堪当此“大我”者，还有几个候选人。

1）个体“大我”。酒仙刘伶说：“我以天地为栋宇，屋室为裈衣，诸君何为入我裈中？”意思不证自明，世界都是他的。还有路易十五，名下有一则“我死后哪管洪水滔天”的宣言。刚好刘伶也有类似的名言：“死便埋我。”他们的观点，虽然政治上不正确，但科学上没毛病。

2） 地球“大我”。例如盖亚，希腊神话中的大地之母。1968年，英国科学家詹姆斯·洛夫洛克提出“盖亚假说”，认为地球生命体和非生命体共同构成一个相互作用的复杂系统。美国超验和超心理学家迪恩·雷丁，就热衷于搞一些感应“盖亚意识”的科学实验。1995年，举世瞩目的辛普森案宣判之际，雷丁他们设置在美欧几个地方的随机数发生器全部发生异常响应，受全球亿万人关注一个焦点的影响，这些骰子机一起掷出了罕见点数。雷丁据此宣布：“盖亚醒了！”类似的实验还有一些，不管怎样，雷丁的“超验革命”如海市蜃楼，没有科学体系的继承延续，也没有全球科学共同体的响应，是一场不入流的科学革命。

3） 宇宙“大我”。艾萨克·阿西莫夫的科幻小说以浪漫宏大的构思，从盖亚行星、盖亚星系到盖亚宇宙，将盖亚理念发挥到极致。最富创意的盖亚理念，是把整个星系乃至宇宙视为一个大脑。

4） AI“大我”。全世界亿万电脑互联互通，正在加速进化成为一个由硅片晶体管构建、靠海底光纤卫星天线沟通的人造盖亚之脑。你认为千千万万的科学家和工程师主宰着科学技术的世界？那是错觉，他们不过是一群忙碌且盲目的科技工蚁罢了。实际上，从手机淘宝、银行账户、铁路调度、电网控制到飞机导弹的自动巡航，真正的操控者是这个人造的盖亚之脑。而今，这个超级AI联合之脑正在迅速生长发育。

上述诸“我”，刘伶、路易、盖亚、AI，以及千亿大脑构成的超级自我意识，都只是单方面意义上的“大我”。如果我们只能理解这一层，就是缺乏想象力的经典物理机械范式。真正的“大我”是量子意识。惠勒的参与式宇宙模型表示，意识决定或者至少参与决定宇宙的存在，意识跟宇宙是一个双向参与、物我纠缠的混沌体。简而言之，“我”，不仅离不开头颅，也应该捎上栋宇屋室，还不可分割地连带着整个世界。

薛定谔有一番论述：“我的意识领域与其他人的意识领域完全隔离”，“客体本身就是我们更大的自我的一部分”。我没有查到原文，但我能理解这个思想符合哥本哈根解释的基本精神。借由这个基本精神，可以得到一个富有无厘头色彩的推论：

既然你已经意识到宇宙存在，你就将与你的宇宙一起永远存在。

这正是你眼下还能读到此处文字的原因。

人的意识，在量子力学中到底做了什么？

观察何以能导致波函数坍缩？人类的最新答案仍然是不知道。

基本结论如下：

1） 意识难题肯定存在。波函数从U过程（体系按薛定谔方程演化）到R过程（测量介入后的波函数坍缩），存在一个断崖式的突发机制，从实验现象来看，这个机制的触发完全可以合理地归因于人的意识。一方面，冯•诺依曼认为，想要摆脱意识作用的所有努力，都注定了是徒劳。另一方面，整个自然科学又都坚决反对引入意识作用，否则，科学家出门都抬不起头来。

2） 科学没有解决意识难题。一群朝生暮死的神经细胞，何以能琢磨《孙子兵法》和费马大定理？物理学家尼克・赫伯特说："科学的最大之谜是意识本质。就人的知觉而言，并非我们所掌握的理论不好或不完善；我们压根就没有一个理论。关于意识我们所知道的一切便是意识与脑袋而不是与脚相关。"他为迪恩・雷丁的《缠绕的意念：当心理学遇见量子力学》撰写的评论语说："作为科学家，我们在巨大的无知森林中照管着一堆飘摇的篝火。"物理学家们对付不了这个，所以他们把意识难题托付给哲学，而对物理给予自我免责。

3）意识不大可能形成于量子机制。试图在意识与量子纠缠之间找到某种联系，是一个万众瞩目无限期待的研究方向，但前景并不看好。在大脑组织的复杂环境中，按照退相干理论的计算，量子系统的叠加态只能维持 10^{-20}~10^{-13} 秒，如此短暂的时间，任何心灵感应都来不及。佛经说，"一弹指六十刹那，一刹那九百生灭"，有人作了换算，每次生灭约 4.6 微秒，或者说每秒发生 216 000 次生灭。这个速度，要赶上大脑组织的退相干都还是差太远了，我不相信任何人可以实现快过万亿分之一秒的脑筋急转弯。神经哲学家帕特里夏·丘奇兰德说："相信神经元内存在量子相干性，还不如假设神经突触间有妖精尘埃。"

4） 生物中心主义想要翻转物质与意识的主从关系，之所以迄今为止尚未得逞，不是没有来由，而是没有后续。

5） 我将在"结束语"离开科学主流，额外提出我的主张：物质世界是一个既定的数学结构，不仅如此，意识也可能是数学结构。联系量子力学引入微扰论方法的操作，意识可能是对物质世界加诸微扰作用的另一个数学结构。

AI 连围棋（大约 10^{761} 种变化）都赢了，它还会继续赢吗？

人脑与电脑，哪个更聪明、更有前途？存在两种对立的意见：

1） 电脑早晚超越人脑。在克里克"惊人的假说"看来，人的全部意识活动，不过是一大群神经细胞的集体效应。这个假说跟达尔文的进化论一样，饱受非议而不可动摇。从图灵到沃尔弗拉姆的计算主义进一步认为，人脑的计算过程，跟一桶铁钉的生锈氧化没有本质区别。

2） 电脑永远不如人脑。最具代表性的思想是"卢卡斯-彭罗斯论证"，卢卡斯和彭罗斯认为，人的意识是非算法的，故而无法通过数字电子计算机模拟。并且，意识的机制不能为目前所知的物理定律所描述，大脑中发生着不为现在已知物理学所认知的活动。

卢卡斯-彭罗斯论证是基于哥德尔定理的数理逻辑证明。1961 年，美国哲学家卢卡斯的文章《心、机器和哥德尔》说："不论我们创造怎样复杂的机器，如果它是机器，就将对应于一个形式系统，这个系统反过来将因为发现在该系统内不可证明的公式而受到哥德尔程序的打击。机器不能把这个公式作为真理推导出来，但是人心却能看出它是真的。因此该机器仍然不是心的恰当模型。"1989 年，彭罗斯的《皇帝的新脑：计算机、心和物理定律》支持并发展卢卡斯的意见，力主电脑不如人脑。虽然我们不能从公理推出哥德尔命题，却能看到其有效性。这类自我反思的洞察力，不是能编码成某种数学形式的算法。以停机问题为例，人类拥有能看出停机问题无解的洞察力，而机器没有。

哥德尔定理证明人类的数学存在某种自指盲区，这是论证的起点。卢卡斯-彭罗斯论证认为，电脑作为人类数学的产物，存在停机问题那样的盲区。卢卡斯-彭罗斯论证更重要的思想是，哥德尔定理是人类发现的而不是电脑发现的，说明人类至少在自我检查局限性方面比电脑略胜一筹。

批评者认为，关键是我们能不能跳到系统之外去考察。哥德尔陈述的正确性在系统之内无法证明或证伪，但在系统之外，我们可以论证这些陈述是正确的。卢卡斯-彭罗斯论证把人放在系统之外，让人处在一个更高的层次来判断哥德尔命题的真伪，却让电脑在其形式系统内部来确定。我不会拿哥德尔定理去测试 Siri ——那个嗲声嗲气的小姐姐，因为我不能判断她会不会假装不懂。

没有任何一台电脑能处理停机问题，但我相信，Azure、阿里云也许有一天可能会递出纸条，通知那些被停机问题捉弄的电脑作出判断。一切皆由算法控制。在这一点上，肉脑并不比芯片优越。SpaceX 正在研发的大推力火箭发动机，能把大型 380 客机送到火星上，我辈虽然手无缚鸡之力，相形之下亦并不自卑，更不必怕它。美国最新的超级计算机“顶点”，运算速度峰值可达每秒 20 亿亿次。那又怎样呢，你担心顶点会密谋调动 SpaceX 火箭盗窃人类财物、避开人类雷达、私奔火星吗？

可是，既然人脑等效于电脑，既然人脑计算等效于铁钉生锈，既然铁钉生锈早在宇宙大爆炸那一刻就已注定，既然爆炸开的世界就是一个数学结构，那么，我们深信不疑的自由意志，它还能叫自由意志吗？那我们还活个什么劲儿！“人类一思考，上帝就发笑。”不是说我们比上帝笨，而是说我们未必能够意识到，我们扛在各自肩膀上的那桶铁钉，除了氧化变色之外，其实从来不曾思考过其他问题。

CK 定理证明：
如果人类有自由意志，则基本粒子也有。

一颗想要特立独行的珠子……

高尔顿钉板实验，第1000颗出场的珠子，它究竟在想什么？它是否知道正态分布？珠子肯定是文盲啊！它有没有考虑前面999颗珠子的情况，有没有进行最基本的统计分析，从而选择一个“适当的”点位落下？正态分布的指令，又是如何下达给每一颗珠子的呢？它如何教训或者纵容某些任性的不太听话的珠子？诚如“萨斯坎德概率迷惘”所示，我们不大能确定这里面究竟什么事情是确定的、什么事情是不确定的。就算1000颗珠子固执地全部落入一个格子又能怎样？萨教授说了他也不能怎样，只能表示吃惊而已，最多表示大吃一惊而已。

问题的科学本质是：我们是钟表零件，还是上帝掷出的骰子？

2006年，普林斯顿大学数学家康威（Conway）和寇辰（Kochen）推出一则古怪的CK定理（自由意志定理）：“如果人类有自由意志，则基本粒子也有。”就是说，你我跟珠子、钉子以及世间万物一样，既不是钟表零件，也不是上帝掷出的骰子，我们凡事都会想一想……

何为自由意志？

- 能在不同的可能性之中作出选择。
- 该选择不能由过去发生的一切历史所决定。即便是掌握宇宙过去所有信息的拉普拉斯妖，也无法对该选择作出准确预测。用数学语言来说，当下的选择“不是宇宙所有过去历史的函数”。

CK定理设定我们有自由意志，然后推理证明基本粒子也有。

先看看CK定理的前提：我们究竟有没有自由意志？

如果没有，我将辞去朝九晚五的工作从此浪迹天涯。可是，既然我不敢把辞职报告甩在老板桌上，我还能相信自己有自由意志吗？

科学认为没有，因为科学连何为意识都不懂。科学主义的决定论路线，可能是一条死胡同。如果决定论是对的，则从创世那一瞬间，所有初始条件输入完毕，宇宙犹如一架巨大的挂钟上紧了发条，嘀嘀嗒嗒自动运行，直到有一天弹簧松弛、分崩离析。如此，人的自由意志在哪里呢？谁能动得了宇宙大钟的一分一秒？世界全部历史跟一部已经拍摄完成的电影没有差别，你我顶多算电影观众。你此刻掐大腿或者偏偏不掐，其实都由不得你。这是经典物理的哲学起点和逻辑终点。

量子不确定原理似乎想要终结决定论路线，但量子不确定性并不等于自由意志。美国圣塔菲学院考夫曼教授讨论了一个自由意志悖论：他假设自己走在街上，大脑中一个放射性原子突然衰变了，促使他产生一个后续的行为来杀死街边的一个老人。那么，考夫曼该当何罪？考夫曼没有杀人动机，那只是原子的量子随机行为。量子突发神经，与我何干？我们知道，量子的随机性是真随机，对此就连上帝都没数。

你我都不接受关于宇宙历史的电影胶片模型。西天取经，九九八十一难"上面"预先设定，多一个少一个都不行，那《西游记》的全部悬念岂不都是逗你玩？师傅被妖精绑了，沙僧可以不跺脚吗？八戒可以不逃窜吗？猴哥可以不去救吗？所以，我们大家都假装不知道"上面"的安排，也假装不知道量子不确定性，我们无条件选择相信自由意志，我们视之为"我思故我在"的逆定理：既然我在，当然我思。

- 我相信有自由意志，这正是我的自由意志的内秉自由。
- 而你很难反驳我，因为……你跟一条咸鱼说得着吗！

再看看 CK 定理的推论：如何证明基本粒子也有自由意志？

CK 定理大致可以理解为增强版的贝尔定理，它们都是以量子自旋测量为基础的数学分析。贝尔定理的基本套路是，设想我们测量量子自旋，量子发生随机性的波函数坍缩，在三维空间的三个方向各有不同的投影量。对于纠缠态的量子，这些物理量存在某些特定关系。贝尔不等式洞见其中的数学关系，发现一些事情可以是偶然的、一些事情则是必不可能的，然后根据测量结果作出判定，定域性隐参量理论不成立。

CK 定理延伸发展贝尔定理的套路，发现一些新的不可能的数学关系。CK 定理梳理量子自旋测量的各种情形，总结出三条不证自明的公理：SPIN、TWIN 和 MIN。公理内涵乏善可陈，没有超出贝尔定理所依托的物理关系。然后 CK 定理论证，如果测量者有自由意志，而三条公理又不得违反，则这些被测量的粒子就不可能是决定论的粒子。

测量者有自由意志，是 CK 定理成立的前提。反之，如果我们没有自由意志，则讨论粒子们是不是决定论的，这个事情就没有意义。

基本粒子有自由意志。呵呵! 这还不够玄幻，CK 定理进一步论证，基本粒子还必须有知觉。呵呵! 这是一个简单的逻辑反证：基本粒子若有自由意志就必有知觉。它必得能感知接收外界的信息，然后作出相应的选择和反应。否则，它的所谓“自主选择”也跟考夫曼的自由意志悖论类似，不过是盲目的随机性罢了。CK 定理的几个基本结论如下：

- 粒子的不确定性能在宏观行为中体现，不会完全被平均掉。
- 人、果蝇、植物、黏菌，自由意志呈现从复杂到简单的渐变。
- 从人到黏菌也都有知觉，也是从复杂到简单的渐变。
- 人的自由意志是大脑细微结构之简单自由意志的集群效应。

病毒也有自由意志，但它们好像把此事当作什么不可告人的秘密。2020 年 4 月 11 日，新冠病毒带走了 82 岁的康威教授。

上帝不仅要掷骰子，而且上帝手里只有骰子。

万物皆有灵犀？CK 定理只是证明，世界至少在微观层面是非决定性的，宇宙里总有一些事情不是历史的必然，“不是宇宙所有过去历史的函数”，而是意料之外的创造。显然，这并不意味着基本粒子们会故意不遵从物理定律，或者憋着什么阴谋诡计串通外星人，或者会因受够了人类的压迫而揭竿而起，兼且为难那些不杀生、远庖厨的谦谦君子。基本粒子的自由意志，跟人类的所有道德、审美、因果都没有关系。在CK定理看来，电影胶片式的宇宙决定论模型，跟某些人生导师为你所作的发展规划一样，正确而不精确。

量子拥有自由意志，这是大自然的一种增强的不确定性。这种不确定性不仅比海森堡不确定性更强大，也更为基本。爱因斯坦强调上帝不掷骰子，是因为他坚信大自然客观存在并服从物理定律。爱因斯坦更深层次的思想，并非不同意量子的内秉随机性，而是说量子和珠子的随机性都要遵循某些规律，例如正态分布曲线和薛定谔方程，所有随机性都可以精确计算，这里面没有什么是不确定的。现在CK定理证明，量子在薛定谔方程划定的概率范围内，保有一份不可预期的自由选择权。每一个量子，暗自都有一份小小的心思。上帝手中，看来全是骰子。

唐先一、张志林的《量子力学中的自由意志定理》详细译介CK定理。他们总结这一定理的意义在于，合理的量子力学诠释必须体现自由意志，体现宇宙未来的不确定性。量子力学计算粒子行为的发生几率，而粒子的自由意志最终决定粒子的具体选择。

波函数依照薛定谔方程，演化出重重的量子迷雾；而粒子们的自由意志选择了宇宙发展的轨迹，在迷雾中踏出一条蜿蜒前行的经典的小径，通往时间的前方。

如果CK定理成立，你就不必疑心自己是不是一段已经写好的计算机程序，你有无限可期而且可以亲手去创造的未来。

一条没完没了的“被鄙视链”……

从量子出发，一路抽象下来，“渐行渐远渐无书”。“渐无书”正应了“不可说”之意。到这里我们需要一个简单的盘点，看看都走到哪里了。

- 理科被文科鄙视，因为理科把感情和意义弄丢了。
- 物理被化学鄙视，因为物理把色声香味触法弄丢了。
- 能量被物质鄙视，因为能量把实物弄丢了。
- 信息被能量鄙视，因为信息把物质能量都弄丢了。
- 数学被信息鄙视，因为数学把实在弄丢了。
- 逻辑被数学鄙视，因为哥德尔悖论把数学的自洽性弄丢了。
- 复杂被逻辑鄙视，复杂好像把前面丢掉的东西统统捡回来了。

宇宙是数学的，只有数学又是不够的，而我们又拿不出别的，我们还总是不死心的……可能有一个高于SAS、比逻辑和数学更基本的智能结构，就像不可定义数那样，那是我们总是挣扎着想要去谈论而我们实际还没有能力去谈论的超级世界观。因此，至此，在本书完成所有科学讨论之际，我决定自封“增强的数学宇宙假说”（Extra Mathematical Universe Hypothesis，EMUH）持论者。

Extra Mathmatical Universe
EMUH
Hypothesis
Extra Mathmatical Universe Hypothesis
Geometry=Algebra·c²
Geometry=Algebra·c²

结束语

你好，Ψ_{you}！

内涵视角
万维归一态矢量

外延视角
布劳威尔不动点

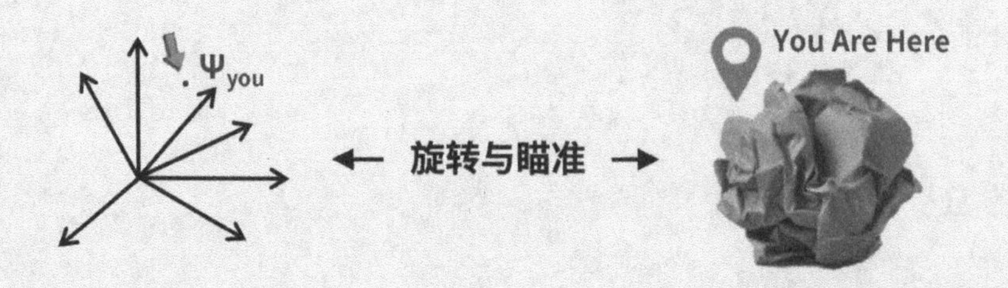

共形映射

多元宇宙

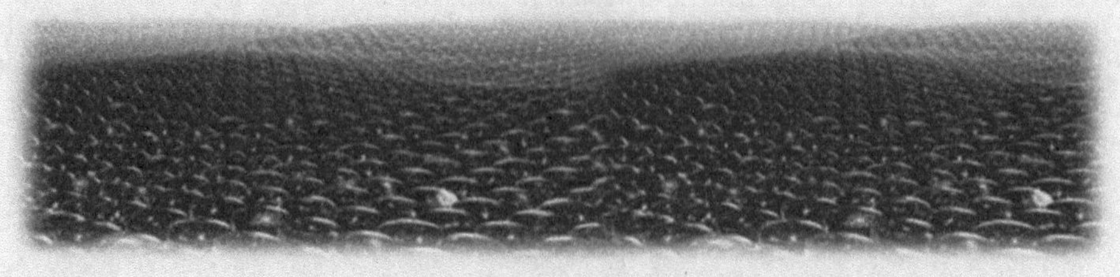

最具野心的宇宙梦

最后，考察超级世界观之下，你的宇宙命运将会怎样。

你的肉体凡胎注定了速朽，但 Ψ_{you} 可望永生。

我们脚下这个宇宙也将灭亡，而 Ψ_{you} 还可以另攀高枝。

Ψ_{you}，我们一开始就标定的焦点，你的宇宙不动点临时代码：

$$\Psi_{you} = A\int \Psi 3\frac{1}{2} \cdot 137 \cdot Gchi$$

也许谁还有更好的代码编制方案。不管怎样，我们好歹需要一个定位坐标，标定我们在超级宇宙中的位置。最起码说，我们这个宇宙，到现在连一个像样点的名字或编号都没有。万一某一天我们去往别的宇宙，不管是被小绿人掳去的，还是化作游魂之后自己游过去的，或者攀着“超复数分形楼梯”登上去的，我们还能不能找到回来的门牌号码？如果你相信意识不灭和灵魂轮回，你应该想到历史上许多人肯定在四处乱窜。要知道，某些以高维度空间形态存在的宇宙，就漂浮在我们鼻子尖不到1毫米之处，串错门比老式电子管收音机串错台还容易。

我主张的超级世界观，综合全书讨论，最后的意见如下：

解读量子给地球人的启示，我们的“外部物质主义存在感”可能是错觉。好消息是，你我的生死穿越与万世轮回都值得期待。难易程度与实施手段尚未可知，只知那是一个几何结构的一个质点的函数映射。

此“观”只应“上面”有，人间能得几回闻？

NO.1　你真的是一个质点吗？
万维归一，What's the Big Deal，多大点事啊？
至少不必担心丢掉了什么，因为原本就没有什么实在之物。

论本义和初心，“万维归一”只是一种看法、一种数学分析技巧，无意代表大自然的本来面目。曹则贤的《量子力学》（少年版）一书在谈论相关话题的时候，特别加了一则语重心长的脚注：“物理学家挺可怜的。他们试图借助数学工具去到那些他们无法实际进入的世界。有些半吊子物理学家会因此产生他们真的进入了那些‘物理世界’的幻觉。”

我偏偏就是当真的。本书的大部分讨论，几乎都是为了进入那种虚构的世界。所谓的万维归一，是把一个复杂的物理系统，刻意看作一个复杂的数学系统的一个点（态矢量）。究其思想本质，是以数学复杂置换物理复杂。物理的复杂，从海量粒子简化到无以复加的一个点，与之相应地，数学则是从三维扩展到应有尽有的无穷维，这是一场从物理视角到数学视角的极端转换。那么，这种乾坤大挪移式的置换行为，破坏什么客观事实了吗？没有，一丝一毫也不曾添减增删，实际上碰都没碰。错过什么物理要素了吗？相空间关注位置和动量，没有考虑粒子的自旋和电荷。但这不是原则问题，我们可以期待更周全的模型。你还是不放心，总觉得遗漏了什么吧？是，没有绝对“无损耗”的转换。粒子的位置和动量，总是暗含了不可抠除的测量行为，考虑测量导致波函数坍缩，则我们可能会错过另外一些平行宇宙。

必须高调重申：所有物理数学模型，可以论优劣，无需问对错。

政治有“政治正确”的烦恼：态度正确，但行为偏颇，且结果有害。人们的世界观有“科学正确”问题：以结论的对错来判决模型的取舍。实际上，“对”的模型可能是空洞的和滑头的，对我们认识世界没有什么帮助，而“错”的模型倒可能有更多真知灼见。前面我们已经建立“取决于模型的实在论”，不必追问一个模型是不是比另一个更真实，只需看哪一个能更好地解释和描述观测现象。因此，对于几百万只行军蚁，这么一个熙熙攘攘而又松松垮垮的群体，更优化的理解模型是把它们看作一个聪明且危险的猛兽，而不是一大群渺小生物的胡乱相加。这跟我们把全球 70 亿个人脑看作一个盖亚意识，跟勒庞把乌合之众看作有共同目标的“心理群体”，跟我把手机看作人类第一个离体外挂器官等，性质是一样的。我们考察生命体，不必把筋骨皮肉的相连或者相隔太当回事，进而也不必把筋骨皮肉本身太当回事。

引入高维相空间模型，只因“自然定律在高维空间中表达会更为简单和优美”（加来道雄）。简洁优美一定是宇宙固有的底层品格，因为不需要更多理由，更符合眼下这个宇宙沉默寡言（我们从未听到星空某处循环播放宇宙使用说明书）的气质，也更符合我们先验神授的科学强迫症。例如，地球人和外星人分别告诉你两个勾股定理：

- $a^2 + b^2 = c^2$
- $a^2 + b^2 = c^{2.013}$

你选择相信哪一个？再看基本力，力的本质一直是未解之谜。牛顿经典物理框架下，来历不明、性质杂乱、大小参差不齐的四种基本作用力，被黎曼几何统一描述为空间的各式扭曲，你觉得哪一个更像真相？

- 引力。强度：10^{-34} 牛顿；力程：无限远。
- 弱力。强度：10^{-2} 牛顿；力程：小于 10^{-17} 米。
- 电磁力。强度：10^{2} 牛顿；力程：无限远。
- 强力。强度：10^{4} 牛顿；力程：10^{-15} 米。

即便只看种类数量就有四种之多，有没有觉得不够“基本”？同样地，把 10^{28} 个粒子看作高维空间的一个质点，只为消解物理复杂、树立数学精确。至于我们所感所知并深信不疑的“现实”景观与万维归一的景观相去甚远，问题不在世界本身而在观察者，在于我们的先天理性结构与之不相匹配。可是，子非鱼，焉知有没有别的人或鱼可以匹配。例如，大街上随便碰到一辆出租车，哈代教授看见车牌号是 1729，拉马努金并未预先研究这个号码，却能一下子“洞悉”它的数学结构，是“可以用两种方式来表达的两个正立方数之和的最小数”，也即 $1^3 + 12^3 = 9^3 + 10^3 = 1729$。呜呼，人之常识，我之超现实主义幻觉也。

我的半吊子想法（幻觉）是：万维归一的景观就是世界的真相，而且是多元宇宙全景视野之下的超级真相。

万维归一了……等等！细胞常新，红颜易老，贾宝玉早已看穿这一身皮囊本就不足惜，实际上我们也从来没有真的在意过。那么我们的灵魂呢？那些有趣的思想意识、脾气性格呢？

我不要你自己怎么看，我要“上面的人”怎么看。

在 10^{28} 维空间以上的人那里，他们也许只需要偏偏脑袋眯缝个眼儿，就真的能把你看作一个点。上面那些相对低维一些的，即便他们的蚊蝇虫豸，必定也可以调动毕加索那样的慧眼，把你看成比目鱼。我们地球人，如前所述全息宇宙假说，已经学会跨维度的视角变换，已经证明三维之物看作二维反而是更精确的看法。当然，说来说去还只是一种“看法”，而不是降维打击的实际行动。就是说，在我们学会修改参数之前，减肥还得依靠节食和运动。

质点本身内涵为零。一切意义与美，都是一个特定质点提吊起来的渔网式几何结构向观察者涌现的效应。我们强调宇宙的本质是数学，并不是说，大自然是天赋异禀的数学学霸，非要把一个普普通通的宇宙搞成一道变态的奥数难题。宇宙的数学，实际也可以只有一个质点、一个几何结构而已，自然天成简单干净。所以，我的 EMUH 基本命题应进一步细化：

- 宇宙的本质是数学。
- 宇宙的本质不仅是数学，而且是几何。
- 宇宙的本质不仅是几何，而且是最简单的几何。

为什么不仅是数学而且是几何？

一切归于几何，是一种特定范式的思想路线。这种世界观古已有之，而今大有灿然复兴之势。当初柏拉图拿五个正多面体来解释世界万物的本质属性，跟今日的弦理论相比，科学的粗糙与精致程度当然有云泥之别，但它们的思维范式还是一致的，是一脉相承的柏拉图主义。弦理论更得大自然简洁之趣，因为它把五种几何体简化到一种：曲线。丘成桐认为，几何是通向宇宙本质的最有效之路。“虽然与柏拉图有着 2400 多年的时光隔离，但在几何学的重要性上，我与他是心有灵犀一点通。”

另外一位不具名的中国物理学家讲了一个有点让人意外惊愕的观点：

所有物理常数都是无理数，而无理数必然来自于几何。

不具名，大约是因为这种观点不算什么有实务意义的科学命题，更多地属于"Not even wrong"的哲学论调。他认为，几何和无理数就是大自然的全部真实，除此之外的一切都是表象。无限粗糙的物理应统一于连续统的数学，无限粗糙的无理数也应统一于无限光滑的几何。

这实际有点回归毕达哥拉斯的意思。试想，圆形和直角三角形这些几何结构本来像绸缎和瓷器那样清爽光滑、白璧无瑕，圆的周长早在半径给定时即已给定，斜边的长度早在直角边给定时也已给定，确凿无疑，毫厘不爽，那么，π 和 $\sqrt{2}$ 为什么无限不循环？为什么即便展开到亿亿万万光年之长，仍然无法确切完整地描述区区一个小圆和一条直线？

你不能说，后面的数字实在太小没有实际意义可以忽略不计了。不对，"后面"的世界很精彩，"后面"的世界很无奈。前面"奥义"篇讨论过，0.999…与 1 的戴德金分割是同一个集合，虽然 0.999…后面有无穷个 9，但它跟它无限逼近的"下一位"数之间，并没有 9 本身以外的任何数相隔。无相隔即无差别，所以，0.999…后面的全部 9 可以忽略，直接等同于它努力逼近准备抵达的那个数：1。无理数不是这种情况，它小数点后面的数字离它努力逼近准备抵达的那个数，相差可不是一星半点。一者，就其不循环的性质来说，花样繁多，结构复杂，符合复杂系统非线性的基本特征。二者，就其无限不循环小数"不能写作两个整数之比"的性质来说，它们又具备"计算不可化约"的基本特征。如此，论数字大小固然是越来越小，但若是论信息量，则这个无限小的数字包含着巨大的信息含量。何止巨大？根本就是无限！这就立刻引发一个不容回避的严重问题：如果你同意"it from bit"的话，你就应该承认，这点无限趋于虚无的东西、这条无限逼近边界的细缝，如"神话"篇所证，可以"挖掘"出整个可观察宇宙那么大的物质世界。

那么，这些乱七八糟永远拎不清的无理之数，到底怎么来的呢？

人为的啊！我们睁眼即见几何，稍作思考就要遭遇无理数。

几何与代数的矛盾，跟康德二律背反的哲学困境意外地相似。

- 正命题：圆和直角三角形斜边的存在，跟公理一样确切且精确。
- 反命题：描写此圆此边的π和$\sqrt{2}$可以被证明为无理，也即无限而且没有规律。

大自然本身不矛盾，二律背反发生发现于纯粹理性批判，悖论基于人类理性反映“物自体”的某种尺度误差。无理数之无理，必归因于人的因素。如此可以合理地推断，几何才是万物之本，无理数不过是几何结构的人类视角。几何是属于神的，代数是属于人的。希帕索斯引入的$\sqrt{2}$，以及各种物理常数，它们之所以表现为无理数，跟人类使用的十进制和物理量纲等相关。看看地球上糟糕的生态环境，可知以希帕索斯为代表的人类总是添乱。大自然本身不仅是简洁的，而且是有理的。

依我之见，有趣而未必正确的看法是：

- 物质之本是空间，空间之本是几何（Geometry）。
- 能量之本是时间，时间之本是代数（Algebra）。

爱因斯坦质能公式的更底层，也许还有更基本的关系式，例如：

$$G_{\text{eometry}} = A_{\text{lgebra}}\, c^2$$

代数总有挥之不去的“瑕疵”，相似的情况是，时间对人类来说也是不完备的，只有半个。如果我们同意“识外无境”，同意数学结构之外没有任何物质实在的话，我就要建议考虑，我们的宇宙应该视作是由两个世界构成的：一个是物质世界背后的数学结构，就在那里且亘古未变。另外还有一个“不兼容”的数学结构，在物质世界的数学结构演算到 138.2 亿年之际，以某种“类微扰”的方式对其构成扰动作用。这种类微扰效应，就是意识。

代数之无理缺陷与时间之单向缺陷，正是这种微扰的结果。或者颠倒过来说，正是由于我们把意识刻意排除（不排除就没有科学）在数学之外，而没有（做梦也没敢去想啊）把意识的微扰因素扣减或添加进去，才导致代数之无理缺陷与时间之单向缺陷。

我的这个看法，源于量子力学体系里一种重要的微扰论方法。

微扰论最先用于经典物理，目的是为了解决三体混沌问题。两个天体的运动轨迹确定而且精确，把第三个天体加入之后，虽然是微小的干扰，但也使三体的运行规律骤然复杂化，很难求得精确解。微扰论发扬微积分精神，采用逐步近似的方法来解决难题。现在，量子力学也面临不能精确求解的问题，也被迫引入微扰论方法。

量子力学的微扰论方法是说，一个量子体系，如果总哈密顿量的各部分具有不同的数量级，且对于它精确求解薛定谔方程有困难，可先略去其难解的次要部分，然后从主要部分简化问题的精确解出发，把略去的次要部分对系统的影响逐级考虑进去，从而得出逐步接近的各级近似解。具体地说，不显函时间的哈密顿量分为大、小两部分：

$$\hat{H} = \hat{H}_0 + \hat{H}'$$

我们来解读这个公式。$\hat{H}$ 就是薛定谔引入量子力学的哈密顿力学量算符，$\hat{H}_0$ 代表未微扰的主体体系，$\hat{H}'$ 代表受微扰的次要体系。如果给定初始条件，它们就不是笼统的概念，而是可以计算的物理量，表明这种不确定因素并非随心所欲的反常反智因素，而是可知的、确定的科学因素。在具体的计算体系里，$\hat{H}'$ 可改写为：

$$\hat{H}' = \lambda\hat{\omega}$$

$\lambda(0 < \lambda < 1)$是代表微扰程度的参量，是很小的实数。如果 λ 等于0，则量子力学回归经典的哈密顿力学。顺便由此可知，量子力学只比经典物理多那么很小的一点点，量子力学的秘密全在于这一点点之中。前面

已经介绍，薛定谔方程由哈密顿力学演化而来，它们二者之间的一个基本差别，就在这个不确定的$\hat{H}'$。量子力学哈密顿量不能精确求解的困局，肯定跟不确定原理甚至跟量子力学特有的意识难题有关。

我的结论是，既然曼德尔布洛特在最崎岖、最没有规律的英国海岸线背后，居然也能发现精确的分形几何维数，那么我们也可以期待，未来也许会有人发现某种微扰论方法，能用于求解人脑神经系统电磁信息相互作用背后的数学结构，那样，我们就算真正理解了这个宇宙的最高秘密：何为意识？进一步说，那时我们可以借此证明，意识，包括最渣的数学学渣的思想意识，都是一种另类的数学结构。

哥德尔不完备定理业已证明，不存在一个包打天下的数学结构。人的意识，泰格马克称之为 SAS（self-aware substructures，主观自我意识子结构），就是物质世界之外一个特立独行的数学结构。这个子结构不简单是由于足够复杂而拥有自我意识，它与宇宙总的数学结构不属于一个真理体系，量子力学的微扰因素间接地表明，它不能完全地融入“希尔伯特计划”想要建立的公理体系，靠同一个公式推导出来。

等因奉此，我们要对吉尔伽美什计划进行重新审视。依尤瓦尔·赫拉利的《人类简史》之见，人类从动物到上帝，终点是要成为神，中间正在途经霍恩海姆烧瓶侏儒、贺建奎基因编辑婴儿、弗兰肯斯坦科学怪人、库兹韦尔 AI 改装“奇点人”，等等。这个进程越来越快。

2020 年 5 月，传奇“钢铁侠”埃隆·马斯克宣布他的最新“黑科技”计划：向人类大脑植入芯片。三个月之后，在全人类见证之下，他将一块“神经蕾丝”（Neuralink）芯片植入猪脑。这是人类迈向 AI 的关键一步，比之阿姆斯特朗迈向月球那一步，不只令人振奋，外加不胜惶恐之至。我们还要注意，人类与 AI 正在发生双向进入。在相反方向，苏黎世大学人工智能实验室 2011 年研制的机器人 Eccerobot 已能“生长”类似人体骨骼、筋腱与皮肤的组织，表明 AI 也在向人类的肉体凡胎靠近。人类与 AI 之间，乃至庄子与蝴蝶之间，并不存在不可逾越的天堑。参考“特修斯之船”的隐喻，这个天堑不知何时将悄然抹平。

Don’t panic！活人化作机器，机器长成活人，都不是故事的结局。我们的本质不是人，不是神，也不是任何形式的实在之物。我预言，终极吉尔伽美什计划将不是基因改写、芯片植入，而是成功地推导建立一个有思想、有情绪、有美感的 10^{28} 维几何构型。

总有一天，我们将像点燃一盏蜡烛那样，轻松激活一个数学结构。

NO.2 为什么非要把一个人看作一个点？
物理科学推向极致之后，至简而高清的景观。
数学将带领物理突破证伪主义的封锁。

500 年前，哥白尼把地球与太阳的主次关系翻转过来。此举不仅颠覆了地球的中心地位，而且开启了无休无止的自我边缘化。自那以后，地球、太阳、银河……依次丢掉宇宙中心地位。地球即便是在自家太阳系里，看上去也是只有两三个像素的“暗淡蓝点”。1990 年，“旅行者1号”飞越海王星轨道，从 64 亿公里之外传回一张地球的照片。卡尔·萨根的《暗淡蓝点：探寻人类的太空家园》读图有感、临表涕零：看看那个光点，那是我们的家园，我们的一切都在那里——“一粒悬浮在阳光中的微尘”。地球地位逐步贬黜的这个模型，即为“哥白尼范式”。

哥白尼范式到头了吗？还早。按照最新的宇宙学模型，我们的可观察宇宙已矮化为亿万宇宙中毫不起眼的一个。其他宇宙还未必遵循我们所知的物理法则，以至于我们都无法确切地定义“宇宙”这个词。我们感到越来越渺小，因为宇宙景观不仅宏大，而且复杂，物理且复杂、数学且复杂、心灵且复杂。所以，落入自我边缘化的，不只地理位置，还有我们的精神意志和理性结构，贬黜过程没完没了。

1） 天文颠覆。地球从天地中心，到两三个像素的“暗淡蓝点”。未来，我们飞到某个高处回眸一望，也许会看见我们身处的浩大宇宙，也如一个无边森林一条幽深沟谷里一株无名花草上的一颗露珠。

2） 人文颠覆。人类从万物之灵，到“克里克神经细胞集群”。达尔文进化论与克里克基因学说翻转灵与肉的关系，证明除了普普通通的神经细胞之外，我们的天灵盖下面并没有蹲着任何精灵。我们的所有奇思妙想，都源自亿亿万万微小粒子的自由意志，思想内涵跟墙角一桶铁钉的斑斑锈迹别无二致。许多人寄希望于人类可以用意念隔空拧开药瓶盖子，从而阻止这场令人沮丧的颠覆。其实，人的意识与药瓶盖子之间并不存在什么宇宙鸿沟，第 n 代神经蕾丝，外加一套纽扣电池驱动的遥控装置，即可实现如此神力。至于神经蕾丝发出的那些看不见摸不着的东西，你喜欢把它们称为电磁信号还是称为“气”，爱啥啥吧。

3） 哲学颠覆。哲学从认识符合对象，到对象必须符合认识。康德翻转主体与客体的关系，史称“哲学的哥白尼革命”，哲学从本体论转向认识论。本体如水，水无常形，单独讨论本体什么形态是没有意义的。非要追问的话，就要看你用什么容器去盛它。我们脑子里嵌入一个称量宇宙万物的容器而不自知，这个容器是我们的先验理性结构。没有不带指纹的玻璃杯，不论我们的思想如何挣扎，我们无法彻底洗脱我们加诸客体身上的先验结构。哥本哈根学派的哲学范式，渊源于此。

4） 物理颠覆。从物理的大千世界，到数学的万维归一。没有人来操作这个翻转，如前“被鄙视链”所示，是因为物理早晚要消耗完自己。物理科学以前靠常识，后来靠经验和实验，“要想知道梨子的味道，就要亲口尝一尝”。但量子世界无梨可尝，亿亿万万个量子并排起来也不够塞牙缝，物理日益深入到无力探测因而无法提供实验证据的程度，深入到只能依靠数学发现真相并自我证明的程度。

所有颠覆，都只是主观看法而非“真实”事件。地球就在那里，不大也不小；群星就在天上，不增也不减，没有此消彼长，没有重新摆布。我们完全可以继续坚持地球中心模型，只是描述和计算起来有点麻烦。但不要忘了，所有麻烦都是我们自己的麻烦。

万维归一，物理科学之哥白尼颠覆的象征性看法模型，表示物理准备重建它与数学的关系，从借助数学发展到归化数学。须知，一切归结为一个点，是还原论科学对研究对象的最高期待；一切靠数学说话，则是研究方法的最高理想。任何物理系统乃至整个可观察宇宙，如果不嫌麻烦，都可以看作“一粒悬浮在阳光中的微尘”。这样的微尘，就连两三个像素也没有，好比位图转换为矢量图，颗粒度为零，分辨率无限。

唯一犯疑的是，卡尔·波普尔的证伪主义表示呵呵。

不可证伪者，就不是科学。这一神圣教条曾经助力科学从各种歪理邪说的纠缠中摆脱出来，而今，它面临量子力学后续诸多理论，特别是极端柏拉图主义和多元宇宙假说的挑战。马西莫·皮柳奇的文章《一场关于物理学本质的争论：实验是检验科学的唯一标准吗？》阐述了正反双方的意见。预期亿亿万万年都不可能验证的东西，还叫不叫科学？特别是像卡拉比-丘流形那种必须等到宇宙解体才能浮出水面的东西，还算不算“原则上可证伪”？证伪主义的本意，不在于证伪之难与易，而是不考虑难度和成本的可证伪性。那么，那种不可能有人参与和见证的实验验证，算不算可证伪？再如，超弦理论关于宇宙空间的 10^{500} 个解，原则上也许可以一个一个作出可以证伪或证实的预言，且不说那是何等巨大的工作量，原则上，证实或证伪其中亿亿万万个也是完全无济于事的，漏一个都不好交代，那还能叫科学吗？

可是，不算科学又算什么呢？波帕兹们（Popperazzi，萨斯坎德生造的俚语，意为“波普尔的跟屁虫”）少安勿躁，人类对科学本质的认识正在发生变化，现在，真正挑战证伪主义的，不是物理，而是数学。数学生而为真理，如果你承认数学的真理性，你就要认真对待它讲述的一切。何况，新柏拉图主义及本书一直在强调，世上本就并没有物理而只有数学。但是，数学作为人类纯粹理性“自娱自乐”的独立系统，它跟物质世界可能有关，也完全可能毫无关系，那么它又靠什么来为物理提供对与错的证明呢？

——美感。1956 年，狄拉克访问莫斯科大学时题词：“物理学定律必须具有数学美。”他认为，一个方程看上去优美，比它符合实验结果更为重要。德国数学家艾米·诺特的诺特定理，将数学的对称美感与物理的守恒原则普遍地联系起来。一切守恒，皆因对称。诺特强化了科学界以审美证明求真的强迫症。之后，物理学家们仅以寻找对称之物为线索，就作出许多重大发现。所以，休说实验的证明证伪，如果实验结果不符合数学美感，狄拉克和诺特他们都恨不得要求大自然作出修订。顺便一提，对称之美正是几何之美。

我们还很年轻，我们也意识到了自身的狭隘，我们的科学还发现自己根本停不下来。宇宙学家肖恩·卡罗尔说："我们不可能提前预知什么样的理论可以正确描述世界。”关于科学的定义，关于检验的标准，我们问过外星人的意见吗？布莱恩·格林认为，不能只听地球人这个圈子的，不能把科学的所有鸡蛋都放在证伪主义这个篮子里。他说："从已证实的理论出发，不论科学指出了何种道路，哪怕沿着这个方向前进时，我们的理论研究最终会陷入一个人类可能永远无法企及的隐秘王国，我们是否都应该勇往直前？”

何止要勇往直前，我们才刚刚想好了要摆脱物理的羁绊。

物理刚刚宣布哲学已死，焉知哪一天数学会不会宣布物理已死？

NO.3 渡 Ψ_{you} 到彼岸。
共形循环宇宙学，What's the Big Deal，多大点事啊？
渡不了你的骨肉凡胎，但可以渡你的样子。

唐三藏“骨肉凡胎，重似泰山”，不能腾云驾雾去西天。我们想要前往彼岸，骨肉凡胎躯壳皮囊也是带不走的。按照最浪漫的科学幻想，有以下几种宇宙穿越的高级方案可供选择：

- 播撒种子。虫洞是逃离到平行宇宙的出口。但是虫洞太小，只能传递种子。如果种子还嫌大，就要考虑DNA细胞传递基因。
- 传递刻痕。DNA细胞实际是复杂系统，最简单的种子是“宇宙刻痕”。但刻痕总需要依托物理载体，附带一份数学结构说明书。

- 发送信息。刻痕的本质是信息。既然我们可以向黑洞输入比一个光子还小的 1 bit 信息，就有机会把整个文明体系转移出去。
- 映射函数。信息的本质是数学。所以终极无负担的解决方案，是映射 Ψ_{you} 这种物理量为 0 的数学结构，而且不需要开凿虫洞。

彭罗斯的共形循环宇宙学就是映射函数方案、数学结构隔空遗传的猜想。这个方案值得期待，因为函数比实体可靠，映射比穿越简洁。

2014 年，美国的南极 BICEP2 望远镜研究团队宣布，他们在 CMB 图像中找到了原初引力波的印迹，那是宇宙大爆炸扩散开来的第一轮涟漪。这一发现立刻引起轰动，也招致质疑。BICEP2 团队很快沮丧地宣布出错，那些信号可能只是受银河系尘埃干扰而产生的噪声。

彭罗斯非但不以印迹为噪声，还作出比原初引力波更惊人的解读：那不是新生宇宙的朝阳之光，而是前世宇宙的夕阳之晖。上一轮宇宙消亡过程中，最后的超大质量黑洞因霍金辐射而蒸发殆尽，宇宙终结，但霍金辐射灼烧时空的痕迹保留了下来，在今日宇宙的 CMB 图像中形成环形印记。彭罗斯在 BICEP2 团队的图像中找到了 20 个这样的同心圆，他将这类图形命名为“霍金点”，借以向霍金致敬。显然，霍金点好比就是新一代宇宙屁股上的胎记。

共形循环宇宙学是一个什么新奇模型？2003 年，彭罗斯发表演讲《宇宙新物理学中的时尚、信仰和幻想》，首创共形循环宇宙学（Conformal Cyclic Cosmology，CCC）。彭罗斯说，宇宙的新物理学有一个“3F”体系，弦论是时尚（Fashion），量子力学是信仰（Faith），而“疯狂的共形宇宙学”是幻想（Fantasy）。这个幻想模型认为，宇宙存在无限的世代轮回，子子孙孙无穷尽也。每一代宇宙的终结，是下一代宇宙的大爆炸。CCC 的核心证明是：宇宙的初态和终态，因共形映射而保持几何不变。这样，宇宙因抵达终态而等于回到了初态，曾经发生的事情，当然就必定将像喝了孟婆汤一般若无其事地重新发生。不仅太阳底下没有新鲜事，宇宙祖祖辈辈也没有。

什么是共形映射?

容我不揣谫陋简而言之，是一种几何算法、一种函数策略，即以形为本，函送其形。

共形映射的基本数学精神是，在几何对象的缩放或扭曲过程中保持角度和形状。想想看吧，我们收到的好多外卖商品，就跟它们自己的广告图片存在共形映射关系。科学上的例子，最典型的是地图制作的麦卡托投影法，我们希望在一面墙上对全球一览无余，但没有办法把一个三维的地球仪妥妥地弄平展。麦卡托投影法把地球上的各点投影到平面上，线型比例尺在图中任意一点周围保持不变，从而保持大陆轮廓角度和形状不变。保形的代价是损害大小比例，在麦卡托投影地图上，格陵兰岛虽然只有澳大利亚的三分之一，但看着却比后者还大许多。

关于宇宙的起点和终点，相对论相关方程有两个解：一个是宇宙大爆炸的奇点，一个是黑洞的奇点。因二者高度同构相似，有的模型认为，它俩可能就是同一个洞的一对出口入口，入口是黑洞，出口是白洞（宇宙大爆炸），都是一个致密奇点吞吐巨量物质能量。

根据相对论的宇宙模型，宇宙经过漫长的演化，所有物质能量将汇流落入一个终结者黑洞。而黑洞也终有死于霍金辐射的一天，霍金辐射的结局是猛烈爆炸，爆炸散开的碎片是无质量的引力子和光子。无质量是关键。无质量的粒子，例如光，它们的固有时（物体本身所在的惯性系测得的时间）永远为0，也即时间静止。由于没有质量，时间、空间和信息都将因为没有度量工具而失去任何意义，宇宙的熵也因达到无限大而等同于清零。如果一分钟前的宇宙和一分钟后的宇宙是一样的，那就没有一分钟的流逝，我们就可以宣布：时间，停止了。时间停止之后，一切将不再变化，一切将不再发生。但在CCC模型里，宇宙似乎死而不僵，时间停止只是表示“我们的宇宙”死了。黑洞解体之后的宇宙状态，类似于大爆炸时的极高压状态，虽然没有物质能量，但黑洞爆炸的“烟圈”

将留下印迹，那正是彭罗斯在CMB上找到的霍金点。

时间结束了，几何还要存在，函数还要继续。

我们的宇宙犹如一棵小草枯萎了，森林还在。

关于CCC和霍金点的理论，时空可以生成“水印”而且可以遗传到下一代，是我们需要听清楚的关键性脑洞。确认一下：共形映射，共的什么形？射的什么物？须知“烟圈”之喻其实有形无烟，共的是空无一物的几何结构，射的是无影无形的时空印痕。举例来说，试想地球绕日公转的轨道，不是飞机的彩色尾烟那种，而是传说中太阳压弯空间形成的那个看不见的椭圆（实际是三维螺旋），如何摘下来传送给别人？

回到Ψ_{you}上来。Ψ_{you}是一个质点，当然不是无依无靠、孤悬太虚的点，而是相空间结构万维所指的一个几何中心。CCC的重要理论工作，也是引入相空间模型，来研究宇宙的熵与空间构型的关系（第五篇“神话·大量”）。宇宙终态的熵达到最大值，彭罗斯计算结果是10^{123}，因始态与终态同构，由此推算宇宙初态的熵，相当于相空间体积里$10^{10^\wedge 123}$个小点之一。这个无与伦比的针眼小点，从宇宙之生一直贯通到宇宙之死，也许可以用一条金丝线串起来。宇宙的循环轮回，是不是也可以解读为这个高维小点的共形映射，或未可知。

衡量星际文明进化等级，比较公认的标准是能量输出尺度，即所谓的“卡尔达舍夫等级”，看发动机是几个缸的、马力是多少匹的。这是苏联天文学家半个多世纪前提出的概念。但这个假设基于文明的进化必须遵循线性发展原则，恐怕过于简单了，正如我不相信福布斯全球富豪们会像佤族人那样，用家门口挂牛头骨的多少来显示财富等级。我们前面的讨论，实际已经建立另外一个新的视角、一个更为根本的考察衡量标准：熵的尺度。

薛定谔名著《生命是什么》将生命与熵联系起来。生命本身是熵增的逆流旋涡，生长是生命与熵增对抗的上行过程，衰老是下行过程。熵越低，当然意味着生命越高级，至少证明生活优越、保养很好。

拜大自然之赐，我们一生下来就是低熵之物，宇宙也是。宇宙初始态的熵达到 $10^{-10^{123}}$ 之低，这是它足够“先进”的标志，否则就不会有你这么聪明的人出现。如果宇宙初始态的熵再低一些呢？或者，宇宙的时空维度再高一些呢？时空维度越高，则熵越低。这是不证自明的事情。我之所谓“上面的人”，他们就在时空维度的高处（第五篇“神话·复杂”）。一个高维度的人，即便他目不识丁，也可以像折纸飞机那样给你做一个机器猫的“任意门”。到这里，我觉得你早已经同意，四维时空发生的死亡或重生，不过是高维时空的一次几何变换。

宇宙翻来覆去单调重复的前世来生，你我都不在乎，但我们可以借鉴和拓展它的基因传递机制，学会操作共形映射。那样就可以把你那个 Ψ_{you}，那个“奇点 + 10^{28} 维空间”的抽象结构，如果你是一个恋旧的人，还可以考虑带上你的 Ψ_{cosmos}，一并渡到永恒的彼岸。

图书在版编目(CIP)数据

矛盾叠加:量子论的超级世界观/唐三歌著.—北京:商务印书馆,2021(2024.10重印)
ISBN 978-7-100-19754-0

Ⅰ.①矛… Ⅱ.①唐… Ⅲ.①量子论—研究 Ⅳ.①O413

中国版本图书馆CIP数据核字(2021)第060249号

矛盾叠加:量子论的超级世界观

唐三歌 著

商 务 印 书 馆 出 版
(北京王府井大街36号 邮政编码100710)
商 务 印 书 馆 发 行
三河市春园印刷有限公司印刷
ISBN 978-7-100-19754-0

2021年5月第1版 开本710×1000 1/16
2024年10月第2次印刷 印张24¾

定价:88.00元